中亚干旱区水资源安全分析

刘海隆　王　玲　包安明　著

科学出版社
北　京

内 容 简 介

全书包括5章，以干旱区水文陆地内循环为主线，基于遥感、气象、水文和实验数据，系统分析干旱区水资源与生态环境的关系，对水资源安全性进行评价。

本书应用并发展了气象水文和生态水文的分析理论与方法，可供水利、气象、生态环境管理者参考，也可供水文水资源、生态水文及环境保护等方向的高等院校师生借鉴和参考。

审图号：新S(2020)026号

图书在版编目(CIP)数据

中亚干旱区水资源安全分析 / 刘海隆，王玲，包安明著. —北京：科学出版社，2022.8

ISBN 978-7-03-067199-8

Ⅰ. ①中… Ⅱ. ①刘… ②王… ③包… Ⅲ. ①干旱区-水资源管理-研究-中亚 Ⅳ. ①TV213.4

中国版本图书馆CIP数据核字（2020）第248811号

责任编辑：李小锐 / 责任校对：彭 映

责任印制：罗 科 / 封面设计：墨创文化

科学出版社出版

北京东黄城根北街16号

邮政编码：100717

http://www.sciencep.com

成都锦瑞印刷有限责任公司印刷

科学出版社发行 各地新华书店经销

*

2022年8月第 一 版 开本：787×1092 1/16

2022年8月第一次印刷 印张：13 3/4

字数：326 000

定价：162.00元

（如有印装质量问题，我社负责调换）

前　言

中亚属于典型的大陆性气候，水资源严重不足。近年来咸海近四分之三的面积萎缩，中亚地区生态环境持续恶化，跨境水资源争端日益尖锐。针对中亚干旱区水资源变化的成因，部分学者认为人为因素影响的可能性更大，而气候变化的影响尚未形成统一的认识。另外，该区域地面观测资料十分缺乏，因此中亚水资源变化及其成因分析一直是关注的焦点。气候变化会增加干旱区极端水文事件是不争的事实。如在我国西北干旱地区，极端水文事件发生频率表现为增加趋势，尤其是雪灾和融雪性洪水事件。分析成因规律、实现模型模拟预测、建立预警机制，以更好地应对极端气候事件的发生，逐步完成水资源的综合管理，一直是研究的热点。

水是中亚干旱区的生命线。水资源空间分布不均进一步加剧，导致绿洲天然植被、湿地等的生态需水得不到满足，湿地面积不断萎缩，天然植被逐渐退化。与此同时，水资源承载力也成为区域经济可持续发展的制约因素，规划并建立与水资源承载力相适应的水资源管理方案，成为当前应对中亚乃至全球变化的重要手段。因此研究中亚干旱区水循环的演变机制，阐述水资源变化对生态环境的影响，分析变化环境下水资源承载力的变化趋势和应对方案，对建设高度生态文明的绿色丝绸之路具有重要意义。

本书紧密围绕中亚水资源的变化与利用进行较为系统的阐述，主要包括以下几方面内容。

(1) 山区降水相态分布特征与极端水文过程模拟。基于1961～2015年的日平均温度、日平均相对湿度、日降水量等气象观测资料，统计分析天山山区降水相态的时空分布特征；对天山山区南北坡典型流域日径流量数据进行累计频率计算，筛选出典型流域的极端水文事件并分析极端事件年际及年内变化；通过分析天山山区典型流域降水相态和极端水文事件的相互关系，研究不同降水相态比例对极端水文事件的影响；根据能量平衡原理，考虑积雪消融的物理过程并利用多源遥感数据反演模型参数，结合气象数据获取瞬时能量平衡信息，改进融雪模型的算法；最后基于Visual Studio平台，运用AE二次开发，实现研究区洪水淹没过程三维可视化模拟。

(2) 中亚干旱区水资源变化特征分析。通过最小二乘谱分析方法获得中亚干旱区陆地水储量的线性变化，给出其多年变化趋势、季节变化趋势以及各年变化趋势的时间空间分布特征；结合ECMWF分析数据，通过计算陆地水储量变化与气温及降水量的相关性，反映陆地水储量变化与气温及降水量变化的关系，分析陆地水储量变化对气候变化的响应规律。

(3) 典型干旱区内陆河流域水资源分布与生态环境的关系。基于遥感、地理信息系统(Geographic Information System，GIS)技术和站点实测资料，采用FAO 56 Penman-Monteith模型计算研究区的生态需水，得出生态需水的时空变化特征；以玛纳斯流域为例，对生态缺水进行评价，分析生态需水变化与景观格局演变的时空关系；基于人工绿洲植被和天然绿洲植被的特征，分析它们与土壤含盐量响应关系、与地下水分布的关系，从而阐述水资源分布与生态环境的关系。

(4) 新疆干旱半干旱区水资源承载力变化。利用 GCMs 数据建立典型流域 SWAT 分布式水文模型，模拟不同气候情景下可利用水资源量；建立水资源承载力系统动力学仿真模型，设计三种不同用水情景，分别模拟不同情景下需水量，通过不同情景下供需水情况，进一步预测新疆水资源承载能力，最后分析未来新疆所面临的水资源关键问题，提出合理的政策性建议。

本书内容包括 5 章。第 1 章由刘海隆、常玉婷、范雪薇、姜亮亮和王静完成，第 2 章由包安明、范雪薇和王辉完成，第 3 章由王玲和常玉婷完成，第 4 章由王玲、姜亮亮、王静完成，第 5 章由刘海隆、包安明和朱明飞完成。全书由刘海隆、王玲和包安明负责统稿和校稿。陈绘、李昊、魏碧、赵俊人、于雷、牟振汉、孙雅琦和时雨农等参与了本书的文字处理工作。

本书是在国家自然基金项目“变化环境下内陆河流域水资源承载力演变及绿洲适度规模研究(51569027)”、中国科学院 A 类战略性先导科技专项项目“中亚大湖区水-生态系统相互作用与协同管理(XDA20060303)”、新疆维吾尔自治区重大科技专项项目“南疆苦咸水可持续开发利用模式研究(2016A03008-04)”、四川省国际科技创新合作项目“基于物联网技术的中亚咸海流域地下水监测研究(2020YFH0067)”等共同资助下完成的。

本书在写作过程中参考了国内外相关研究资料，在此对相关作者表示衷心感谢。虽然作者试图在参考文献中把所引用参考资料全部列出并在文中标明出处，但难免有疏漏之处，望能谅解。本书虽几易其稿，但作者水平有限，疏漏之处在所难免，恳请读者批评指正。

目　录

第1章 绪　论

1.1 研究背景

在全球气候变化背景下，了解水资源的变化至关重要，有助于社会和经济发展的决策。亚洲中部干旱区是全球最大的非地带性干旱区，近百年来气候变暖幅度是北半球的两倍多(Mann et al.，2008；Chen et al.，2008)。其中中亚干旱区是其主体部分，包括中亚五国及其周边区域，气候以干旱和半干旱的大陆性气候为主，年降水量相对较少，在400mm以下，局部地区甚至不足100mm(IPCC，2013)。近几十年来，中亚干旱区气候变暖导致水循环加快，使得依赖山区冰雪融水补给的各主要流域水资源发生变化，再加之经济发展对水资源需求的不断增加，陆地水资源被大量开采，进而加剧了区域水资源纷争，引起国家之间的摩擦，影响区域稳定和国家安全的水资源量变化成为中亚干旱区最关心的问题之一(Qi and Kyle，2008)。

政府间气候变化专门委员会(International Panel on Climate Change，IPCC)第五次评估综合报告指出，近百年全球变暖毋庸置疑，中国气候变暖与全球趋势一致(IPCC，2014)。全球变暖加速了水循环，气温升高导致山区不仅仅降水量发生变化，同时可能会对降水相态(降雨、降雪等)产生影响，从而改变山区的水循环过程(Regonda et al.，2005；Berghuijs et al，2014；陈亚宁等，2017)。

一方面，气候变化引起干旱区极端水文事件的增加。在中国高寒山区，固态降水是流域水量的重要组成部分和储备水源(冯德光和陈民，2006)。例如天山山区径流来自山区冰川积雪融水和降雨(陈亚宁等，2014)，夏季降雨增多，河流以雨水补给为主，在夏秋季节常出现洪峰；而降雪增加会使降雪堆积到地表，翌年春天积雪融化，增加山区融雪型补给的河流水量，径流峰值向春季移动(Barnett and Adam，2005)。气候变化不仅加剧了洪涝、干旱等极端水文事件，而且使水资源利用的有效性降低，成为人类生存所面临的重大挑战(Douville et al，2002)。统计显示，在过去40年里全球气候变化引起的极端事件所造成的经济损失平均上升了10倍(韩春坛等，2010)，几乎每年都会给人民生命财产造成重大损失。

另一方面，随着气候变化和人类活动加剧，生态环境问题越发受到关注。随着人口和耕地的快速增长，往往过度满足经济用水，却忽略了生态需水(胡廷兰和杨志峰，2006)，从而导致了生态环境的破坏(Buyantuyev and Wu，2012)。水土环境恶化和水资源的短缺不仅制约农业和国民经济的发展，更给人类的生存环境带来了严重的影响。

随着我国水文信息化建设的深入以及数值模拟技术的发展，及时、可靠、直观的决策支持系统成为水资源调控、配置和管理的迫切需求，我国干旱区特殊的生态和地理条件给水文信息化建设带来了严峻的考验。

1.2 陆地水储量与中亚水资源变化研究进展

1.2.1 陆地水储量的观测方法

陆地水储量变化是陆地水量平衡的基本变量之一，它随降水入渗而增加，随着土壤水分蒸发、植被蒸腾、河流输送以及深层地下水渗透等过程而减少(马倩等，2011)。水储量变化是全球重力场时变特性变化的主要因素(Barnett and Adam，2005；Schaefer et al.，2006)。

目前陆地水储量的观测方法主要有：①传统的地基观测(地表水、土壤湿度和地下水)，特点是单站覆盖范围小，局限于观测台站附近数公里以内的范围。由于地基观测受观测条件的限制，观测空间分布不均匀，缺乏必要、翔实的观测资料和数据，因此对大、中空间尺度陆地水量变化定量估计的不确定性较大，制约了人类对陆地水量（含地下水、冰川、冰盖融化等)地球物理变化过程的认识和研究(罗志才等，2012；许民等，2014)。②利用遥感卫星观测反演，这种方法只能得到十几厘米厚度的土壤含水量。③以气象和水文观测资料为基础，结合相关物理规律模式［如全球陆面数据同化系统(global land data assimilation system，GLDAS)］的模拟方法(Severskiy，2004)，这种方法在观测资料稀疏的地区不确定性较大，导致大气与陆地水文模式输出的陆地水量变化结果存在一定的差异(Cazenave and Nerem，2002；Cox and Chao，2002)。④将重力卫星数据用于大、中空间尺度陆地水储量变化监测，这种方法的优点是全球观测分布均匀，并且观测尺度统一。在研究陆地水储量变化方面，相较于传统的地基观测、遥感卫星观测以及水文模式等研究而言，GRACE 重力卫星能在极大程度上弥补地表观测台站空间分布不均匀、遥感卫星测量范围不深、资料获取不充分以及水文模拟不均匀等不足，为定量研究大、中尺度陆地水储量的变化提供了可能(IPCC，2014)。

GRACE 是由德国空间飞行中心(DLS)和美国航天局(NASA)联合研发，于 2002 年 3 月 17 日发射的重力卫星。该卫星采用两颗初始高度为 500km 的圆形近极轨卫星，通过微波系统精确测定出两颗星之间的距离及速率变化求解每月球谐系数(Immerzeel et al.，2010)。GRACE 重力卫星的优势在于能不受陆地条件限制进行快速、连续和重复的观测，由 GRACE 重力卫星数据获取的时变重力场球谐系数，近年来被广泛地应用到高精度全球重力场模型和区域质量季节性及长期变化(包括陆地水储量变化及河流、冰川的质量迁移)。借助 GRACE 时变重力数据反演得到的地球重力场，在估算全球、区域以及流域等各种尺度的陆地水储量变化研究中，得到了广泛应用(IPCC，2014)。

1.2.2 GRACE 数据在陆地水储量变化中的应用

GRACE 重力卫星数据经过数值模拟扣除和模型校正后(刘兆飞和徐宗学，2007；董志文等，2013)，得到一定区域尺度的非大气、非海洋的质量变化，在季节或者月等短时间尺度上，获得的质量变化在陆地区域主要与水储量变化相关(Funk et al.，2008；胡汝骥等，2014）。在计算陆地水储量变化的过程中，实质上是将时变地球重力场球谐系数转换为对地球表面及其浅层地下区域的质量重新分布数据，可将其理想化地假想为地球表面的一个薄层或者等效水高来衡量其质量变化（Severskiy，2004）。

Bettadpur（2007）利用 GRACE 重力卫星数据获取了空间分辨率为 400km×400km 的地球重力场解，得到了全球及南美洲水量变化；Schmidt 等（2008）利用 GRACE 计算了全球水储量变化量，分析由地球表面水质量重新分布引起的表面质量时空变化异常。Andersen 和 Hinderer（2005）利用 GRACE 卫星 15 个月重力场模型研究全球重力的年际变化，研究表明，对于空间尺度为 1300km 或者更大的区域，GRACE 卫星可以监测到地下水约 0.9mm 的等效水高变化。GRACE 数据反演结果与目前最优秀的两个水文模型所得结果拟合得相当好，其差别小于 1cm，且呈现明显的季节性特征。对比发现在陆地的变化是一致的，基本体现出陆地水储量的变化，但是实质差异依然很明显，主要在海洋地区差异较大。这可能是两种原因造成的：一是 GRACE 重力卫星在观测数据以及在数据分析过程中带来的误差；二是当前的水文模型可能仍存在不完善之处，不能正确反映水储量的变化。以上研究结果足以证明 GRACE 重力卫星数据能揭示全球的水储量变化（周旭华等，2006；朱广彬等，2008）。

1. 区域陆地水储量变化

GRACE 卫星数据对区域水储量变化可探测到约 2cm 的等效水高（汪汉胜等，2007）。通过选取合适的滤波策略并结合水文模型分析，研究者获取了中欧地区 2002～2003 年的陆地水储量年际变化量（Andersen and Hinderer，2005）、高地平原含水层的季节性陆地水储量变化量（Strassberg et al.，2007）、北极地区的水储量及雪水储量（Niu et al.，2007）、伊利诺伊州地区的陆地水储量变化（Swenson et al.，2006）等。质量集中法（mass concentration，Mascon）（Schmidt et al.，2008）是另一种减少 GRACE 空间分辨率限制的方法，Andersen 等（2005）采用此方法研究孟加拉国（Bangladesh）陆地水储量的年变化，并将其与其他 3 种方式获取的结果进行比较，得出该地区水储量呈现显著的年变化。此外，利用 GRACE 卫星获取的区域陆地水储量并运用水量平衡方程能够求得区域蒸散发时变量（Ramillien et al.，2006）、渗透量（Niu and Yang，2006）、土壤含水量和地下水储量变化量（Strassberg et al.，2009）。

然而 GRACE 卫星数据的区域应用受其空间分辨率限制，区域尺度越小，误差越大。一些学者利用 GRACE 对中亚地区水储量进行了估算研究，验证了 GRACE 数据在中亚的适应性较好（Mu et al.，2014；Yang and Chen，2015）。国内研究学者也对中国及其周边地区的水储量变化进行了估算，详见表 1-1。

表 1-1　GRACE 在国内的区域水储量变化应用实例

文献	研究区域	时间段	主要结论
王永前等（2009）	中国及周边地区	2005 年	监测到我国水储量几厘米等效水高变化
罗志才等（2012）	中国	2003～2007 年	得出我国水储量变化的五大典型地区
叶叔华等（2011）	中国及周边地区	2003～2009 年	解释了我国陆地水储量季节性变化的特征
苏晓莉等（2012）	华北地区	2002～2010 年	减少速率为 11 mm/a
李琼等（2013）	西南地区	2003～2010 年	GRACE 对于干旱导致的水储量变化存在敏感性

2. 流域陆地水储量变化

大批学者将 GRACE 卫星数据应用于估算流域的水储量变化，但由于 GRACE 空间分辨率的限制，其在流域尺度的应用目前主要集中在面积较大的流域，如亚马孙河流域(Han et al.，2005)、密西西比河流域(Swenson et al.，2003)、尼罗河流域(Schaefer et al.，2006)等，其精度可达 1.0～1.5cm 等效水柱高(Yamamoto et al.，2007)。GRACE 卫星数据对于大尺度流域严重干旱和洪灾事件也具有预测能力(Barnett et al.，2005；Immerzeel et al.，2010)，Chen 等(2005)利用 GRACE 反演亚马孙河流域 2005 年陆地水储量变化，监测到其干旱事件，证实了 GRACE 卫星监测大尺度流域严重干旱和洪灾事件的潜力及改进气候和陆表水文模型的能力(IPCC，2014)。结合水量平衡方程和水文模型，还可以估算河流的流量(Unger-Shayesteh et al.，2013)。

GRACE 卫星数据在国内几个大的典型流域的研究中也得到了应用，如长江、海河等(刘兆飞和徐宗学，2007；董志文等，2013)。表 1-2 归纳了国内近年来发表的流域水储量变化主要研究。翟宁等(2009)和胡汝骥等(2014)利用 GRACE 数据从不同侧重点分析了长江流域水储量的变化，研究表明，长江流域水储量的周年变幅可达 34mm 等效水深。

表 1-2　GRACE 在国内流域水储量变化应用实例

文献	研究流域	时间段	主要结论
汪汉胜等(2007)	三峡补给水系	2002～2004 年	周年振幅为 58 mm
胡小工等(2006)	长江流域	2002～2003 年	周年振幅为 34 mm
罗志才等(2012)	黑河流域	2002～2011 年	整体减少速率为 23 mm/a

3. GRACE 数据的验证

GRACE 监测重力变化结果是相对容易验证的，有直接的地面重力监测数据可以对比。到目前为止，GRACE 计算得到的陆地水储量变化是时间空间尺度上的总水储量变化，包括地下水、土壤含水量、地表水、冰雪和生物含水量，导致 GRACE 卫星估算水储量欠缺直接的监测数据进行对比。因此，目前普遍采用气候水文数据模型或者数值模型等对 GRACE 数据模型进行检验或验证(Kusche et al.，2009)，还可结合绝对重力仪或超导重力仪数据对 GRACE 水储量变化估算进行验证(Funk et al.，2008；王永前等，2009)。

在水文领域，水文模型已经成为验证 GRACE 精度的主要方式(Chen et al.，2008)。水文模型主要分为两类，水平衡模型(water budget model，WBM)和陆面过程模型(land surface model，LAM)。水平衡模型主要考虑河流区域的水流量(张渝，2005)，而陆面过程模型则主要表达气候模型和天气数值预测对陆地表面的影响等(Severskiy，2004)。目前常用全球陆地资料同化系统(global land data assimilation system，GLDAS)、气候预测中心(climate prediction center，CPC)以及全球水文模型(water GAP global hydrology model，WGHM)数据来验证 GRACE 水储量变化估算(Chen et al.，2005)。

GLDAS 是由美国航空航天局(NASA)戈达德空间飞行中心(GSFC)和美国海洋和大气局(NOAA)国家环境预报中心(NCEP)联合开发的水储量模型，其目标是使用卫星(如

MODIS 卫星数据）和地面观测数据，通过先进的地表模型和数据同化技术，获取地表流体的变化（李琼等，2013）。GLDAS 模型包含许多参数，与水储量直接相关的是地表土壤湿度以及地表冰雪覆盖度，地下水变化不在其内，其时间间隔为 3 个小时或 1 个月，提供了公用陆面模式（community land model，CLM）、Catchment、Noah 和可变渗透能力模型（variable infiltration capacity，VIC）四个模型数据，产品空间格网分为 0.25° 和 1° 两种，但 GLDAS 缺乏南极数据。

CPC 水文模型来自美国海洋和大气局的气象预报中心（CPC），主要反映土壤水分和积雪变化。该模型主要根据全球观测到的降水分布而建立，采用的数据包括 CPC 每日和每小时的降水分析结果、地表大气压、水平风速、湿度、温度以及太阳辐射分布等。CPC 提供的产品包括地表积雪分布以及厚度、土壤湿度、地表以下 4 层的土壤含水量等，时间间隔为 1 个月，经纬度格网为 0.5° ×0.5° ，时间跨度从 1948 年至今。CPC 水文模型同样不含南极数据。

WGHM 水文模型计算了各个国家及流域的长期平均水资源，还研究了土壤水、径流、地下水补给、地表积雪和地表水储量（包括河流、湖泊、水库）变化，空间分辨率为 0.5° ×0.5° 。

大量研究结果表明，GRACE 与水文模型具有很好的一致性。目前 GLDAS 被广泛应用于 GRACE 结果的验证，表明 GRACE 卫星数据能够精确地监测较大流域水储量变化量（IPCC，2014）和区域水储量变化量。Kusche 等（2009）利用全球陆地水文模型（WGHM）估算结果验证 GRACE 估算的质量，结果表明两者具有较好的一致性。Wahr 等（1998）研究表明，基于 GRACE 的孟加拉国和美国密西西比河流域的水储量估算振幅和相位与 CPC 水文模型模拟值相一致。

1.2.3　中亚水资源研究现状

国内外研究表明，小尺度的气候波动也会对过去 1 亿年的冰川产生很大影响（Barnett et al.，2005；Schaefer et al.，2006；Immerzeel et al.，2010），中亚主要河流依靠积雪和冰川融水补给为主。Osciusko 等（2000）基于水文和气象监测站在很长一段时间的观察结果，进行区域气候变化水资源和水周期预测。结果表明，气候变化对冰川积雪融化有很大的影响，例如，咸海流域不同地区的变化程度并不一样，阿姆河流域以冰川补给为主，锡尔河流域以季节性积雪融化补给为主，相比之下，气候变化对阿姆河流域的影响更明显。此外，也有一些学者认为，气候变化不会对中亚干旱区的水资源有太大影响，甚至一些学者认为目前水资源在中亚干旱区的剧烈变化人为因素影响的可能更大，气候变化的影响可能在未来 40 年逐渐显现（Oberhänsli et al.，2011）。

虽然关于气候变化对中亚干旱区水资源的影响尚未形成统一的认识，但变化是一定存在的，所以国内外学者在面对气候变化时提出了各种适应措施（Siegfried et al.，2012）。他们指出，为了更好地应对气候变化，实现社会经济与环境保护协调可持续发展，中亚各国有必要制定与水资源管理相关的适应方案，实现信息的公平共享，改变产业结构及种植计划，成立一个覆盖不同区域的管理机构，采取灵活的管理政策，并建立预警机制，以便更好地应对极端气候事件的发生，逐步完成水资源的综合管理。

中亚干旱区的水资源变化受自然因素和人为因素的共同影响。在苏联解体前，受政治因素的影响，在咸海、锡尔河和阿姆河上大规模的筑坝，改变了水资源的分布格局。后来中亚各国为争夺水资源用于农业灌溉，又重新筑坝拦截河流。在中亚五国，农业灌溉用水占总用水量的90%以上(Unger-Shayesteh et al., 2013)。Under-Shyesteh 等(2013)指出，要认识中亚干旱区的水资源，需要确认水资源的变化与需求，特别是农业灌溉的作用。研究还表明，中亚干旱区在 1970 年代后的变暖趋势很明显，卫星遥感图像显示，天山和帕米尔地区的冰川面积在逐渐减少。

许多学者对中亚干旱区植被变化和降水、作物分布及灌溉用水需求之间的关系进行了全面的分析。比如，Gessner 等(2013)等基于时间序列 NDVI 数据和降水网格数据 GPCC(1982～2006 年)，发现中亚五国地区 80%陆地面积中植被与降水相关，特别是在年降水量为 100～400 mm 的地区。

当前研究中仍然缺少中亚水资源的一个重要参数——水质量的变化，特别是空间大尺度的变化。另外，尽管使用遥感影像和卫星测高方法可以确定冰川面积和积雪高程变化，但受到空间尺度较小的限制，只能研究小区域内的变化。

1.3 降水相态与极端水文事件研究进展

1.3.1 降水相态研究进展

近年来我国学者从降水相态的识别、转变到分布都有了大量的研究，主要的研究成果分为三个方面。

1)降水相态的识别研究

降水相态的判定和特定的大气条件有关，包括热量、水分的分布、垂直运动、云和冰核的分布。人们早就认识到，温度的垂直分布是最重要的(Arnold et al., 1998)。国外学者侧重于研究温度垂直廓线和气压层位势厚度对降水相态的影响。他们的研究认为，对温度垂直廓线的界定是判定降水类型的主导因素(Czys et al., 1996)。在某些情况下，温度仅仅 1℃的改变就足以产生不同相态降水之间的转变，如雨、雨夹雪、雪之间的转换。由此说明，如果希望准确地判定降水相态的转换过程，就需要精确地分析温度廓线的垂直变化特征(夏倩云等，2015)。Pierre(2000)研究了不同降水类型和典型的温度廓线关系，其实质为降水相态取决于冷暖层厚度。他认为，如果高空大于 0℃的暖层很薄，降水相态就是雪；如果冷层薄，则可能会雨雪共存，为雨夹雪；各层温度都在 0℃以下，则通常是雪。

除将温度垂直廓线作为判断降水相态的依据外，还有较多的国外学者用气压层位势厚度作为判据。Lowndes 等(1974)提出了区别降雨和降雪的厚度参数 $H_{850\sim1000}$(表示 850～1000hPa 的气压层位势厚度)，得出判断降水相态的阈值为 128dagpm，当 $H_{850\sim1000} \leqslant$ 128dagpm 时，认为此时的降水相态为降雪；反之，则认为是降雨。Heppner(2009)对北美洲的降水相态判断进行了研究和总结，提出区分降水相态的方法，主要的判断依据是

850～1000hPa 和 700～850hPa 的气压层位势厚度。$H_{850\sim1000}$ 用来表征低层大气的冷暖，$H_{700\sim850}$ 用来表征中层大气的冷暖。

也有学者结合地面观测资料和高空探测资料进行识别。漆梁波和张瑛(2012)基于中国东部冬季的地面降水观测和高空探测资料，针对不同的降水相态，对它们对应的不同温度及厚度进行统计分析，最终得到中国东部地区冬季降水相态的推荐识别判据。一些学者利用高空、地面气象资料分别在北京、丹东、大连、昆明地区选取 700hPa 温度、850hPa 温度、0℃层高度、700～850hPa 位势厚度、地面日最低温度和日平均温度等判据因子针对雨和雪的降水相态进行统计分析，综合各项因子评价结果确定各物理量的阈值范围并得到最佳的判据因子。经检验，每种物理量的判定指标在相态预报中的准确率都达到较高的准确率，可为降水相态的客观预报提供更加精确的参考(张琳娜等，2013；高松影等，2014；隋玉秀等，2015；许美玲等，2015)。

2)从微物理方面对雨转雪过程进行研究

孙晶等(2007)利用中尺度模式 MM5，模拟了 1999 年 11 月 23～24 日辽宁雨转雪过程，认为雨转雪过程是气、液、固三相粒子相互作用的过程。王亮和王春明(2010)同样用 MM5 模式对 2009 年 2 月辽宁省一次雨夹雪转暴雪天气过程进行模拟，指出地面降水性质与近地面层温度密切相关。崔锦等(2014)利用 WRFV3.1.1 中尺度数值模式，对东北地区冬季降水相态进行预报试验。在模式预报输出场中，通过对近地面大气层中冻结部分降水混合比进行计算，判断雨雪分界线及雨夹雪区或雨、雪过渡区。这些结论为降水相态预报提供了借鉴，提高了降水相态预报的准确率。

3)不同区域的降水相态时空分布

孙燕等(2014)在华东地区，利用气象站逐日降水观测资料、国家气候中心整编的逐月环流特征指数和 NCEP/NCAR 再分析资料，统计分析了该地区冬季 5 种降水相态的时空变化特征，发现了华东地区的雨、雪地理分界线及冬季不同降水相态明显的年际波动变化。刘原峰等(2016)分析了黄土高原区不同降水相态的时空分布特征，也得出该区域的雨雪分界线，但发现黄土高原区降雨有明显的年际波动，而降雪的波动不是很明显，雨夹雪和雾(露、霜)这几种降水相态年际波动较小且趋势一致。龙柯吉等(2015)统计分析了四川省雨、雪与雨夹雪日数的年平均、月平均特征以及雨雪转换情况，采用线性趋势法和 M-K 检验法对不同相态降水的时空分布及气候变化特征进行定量分析，得出四川地区不同降水相态年发生日数总体都在减少的结论。

从以上可以看出，目前对于系统分析干旱区山区降水相态变化的研究还十分有限。研究该区域的降水相态时空变化特征，提出合理的判据，并评估降雪、降雨的比例变化，对促进干旱区水资源的预报和合理配置显得非常重要。

1.3.2　极端水文事件研究进展

1. 极端水文事件的成因

极端水文事件主要包括极端洪水和极端枯水，而两者的实质是洪水和枯水事件的极值化，研究极端水文事件就是在研究洪水事件和枯水事件的基础上进一步深化研究。关于极端事件的定义，Beniston 等(2007)定义了极端事件的 3 种标准：①发生的频率相对较低；②有相对较大或较小的强度值；③造成了严重的社会经济损失。

不同的降水相态会引发不同的极端水文事件。在降雨为主的区域易发生暴雨洪水灾害，而冬季降雪较多的区域则易发生融雪型洪水。暴雨洪水主要由暴雨引起，是我国绝大多数河流洪水的常见形式。Xu(1986)指出，雨带与热成风方向几乎平行，最大降水出现在湿对称不稳定区是重要原因。Uccellini 等(1979)指出，高空急流和低空急流的涡合作用也能够产生强降水带。我国长江流域洪涝灾害频繁发生，主要是由长江流域东南部和西南部极端降水强度增强和极端降水事件频率增加的双重结果所致(俄有浩和霍治国，2016)。卞洁等(2011)分析了夏季江淮流域持久性旱涝时期高空环流的特征，指出旱涝持续期间，中纬度和副热带地区高度场环流型式均表现出异常性及稳定性。这些成因的研究为洪水特征的分析及之后的灾害评估提供了依据。

尤其是在我国的东部季风区，由于冬季少有积雪，洪水几乎全由暴雨所形成(王家祁和骆承政，2006)。郑子彦等(2012)基于中尺度天气研究预报模式 WRF 和流域水文模型对我国夏季山区的暴雨洪水进行模拟研究，为山区暴雨洪水的预报预警和防汛决策提供了参考。也有学者在我国不同流域的暴雨洪水特性进行了分析，提出了相应防御措施(郑自宽，2003；王殿武等，2006；蒲金涌等，2006；殷淑燕和黄春长，2012)。在我国西北干旱地区，极端洪水的气象成因比较复杂，除了暴雨引发洪水之外，还存在融冰(雪)洪峰(新疆通志编撰委员会，1998)。现已有很多学者对新疆的融雪洪水特征及灾害成因进行研究。如阿不力米提江·阿布力克木等(2015)利用 2001～2012 年新疆区域内发生的融雪型洪水资料，分析研究了近 12 年间新疆融雪型洪水时空分布特征，发现了新疆融雪型洪水的高发区。陆智等(2007)对新疆融雪洪水的特征及其成因进行了详细的分析，据此提出了相应的防洪措施。冯德光和陈民(2006)、吴素芬等(2006)分别对天山和北疆地区的积雪特征进行分析，揭示了区域性融雪型洪水的规律。

枯水研究主要从枯水的影响因素、枯水频率、枯水径流以及系统预测等方面展开。目前国内外枯水研究的方法主要以概率统计理论为工具的分析方法。Mamun 等(2010)应用四种频率曲线对马来西亚半岛河流的枯水频率进行研究，证明对数 P-III 型分布适合该地区河流枯水频率分布。孟钰秀和陈喜(2009)根据贵州 15 个典型喀斯特流域的实测流量数据，分别应用几种常用的频率曲线进行了枯水径流的频率分析。

2. 洪水数值模拟研究进展

河道洪水数值模拟是通过河流上断面信息来推求下游区域水位或流量的过程(高亮，2013)，计算出河道及周边的淹没范围、水深和洪水流速、时间等基本信息(李昌志等，2010)。一维水力学方法运用一维非恒定流方程，通常用来推求江河的河道水面线(吴持恭，2008)；二维水力学方法一般是在浅水假定和布西内斯克(Boussinesq)假定的前提下，求解流体的纳维-斯托克斯(Navier-Stokes)方程，并结合相应的边界条件和初始条件，利用有限差分法求解网格上的数值。马斯京根洪水演算模型由 Mccarthy 提出，在 1938 年首次应用在马斯京根河上，由于计算方便、对河道资料要求低、演算效果好，在世界上被广泛应用(詹道江和叶守泽，2000)。随后，以圣维南方程组和马斯京根法为基础的各种水文模型广泛应用在河道洪水演算中(Strupczewski et al.，1989)。一些研究机构［如法国国家水力学与环境实验室、荷兰德尔夫特水工实验室(DELFT)、美国陆军工程兵团水文工程中心(HEC)等］先后研发出基于水文水力学模型的水文过程数值模拟软件，如 TELEMAC-2D、Flo-2D、HEC-RAS 等(Galland et al.，1991；O' Brien and Julien，2000；Hydrologic Engineering Center，2010)。目前，由于 HEC 系列模型的简便性、功能性和软件开源免费性，使其在很多国家得到广泛的应用，尤其是 HEC-RAS 模型，很多学者对其开展了更深入的研究。Pappenberger 等(2005)针对 HEC-RAS 模型中一维非恒定流的参数运用普适似然不确定性估计方法(generalized likelihood uncertainty estimation，GLUE)做了不确定性分析。同年，Hicks 和 Peacock(2005)对 HEC-RAS 模型的非稳定流进行了研究。Thomas 和 Williams(2007)探讨了 HEC-RAS 模型应用中易出现的问题。

我国从 20 世纪 60 年代开始对防洪方面进行研究，根据水文观测资料，总结出排水模数的经验公式和参数(郭元裕，2007)。20 世纪 80 年代开始，我国在河道防洪的研究上快速发展。管声明(1982)在平原湖区采用线性规划的思想研究最优排涝策略，对于无自流外排的湖区，建议分开田湖并划分高低片区，排涝时按照先排低水后排高水的设计标准，寻求最优效果。郭元裕等(1986)以洞庭湖圩垸区为研究区，运用“混合罚函数法”和“权重法”两种方法研究排涝系统的优化模型，最终分析出洞庭湖圩垸区最优排涝规划效果。刘树坤等(1991)模拟计算了小清河的洪水演进过程，并编制了洪水风险图。王士武等(1997)研究优化排涝系统，以一湖多站型为研究对象，目标值选择运行指标，并构造罚函数，考虑和目标值的偏差，构建了优化调度模型，对系统进行实时优化，在实际应用中有很好的效果。

2000 年前后，学者们开始研究二维水力学方法在洪水数值模拟中的应用。邢大韦等(1997)运用二维非恒定流模拟计算了渭河的洪水风险性。周祖昊和郭宗楼(2000)以湖北四湖为研究区，在平原圩区运用神经网络算法构建了实时调度模型，实时调度效果较好。李娜等(2002)利用二维非恒定流模型并结合计算机技术，研发出天津市暴雨洪水模拟系统。葛兰(2006)基于河道洪水演算模型，采用水力数学模型定量分析永定新河口建设项目，并进行了验证。陈建峰(2007)基于 ArcView GIS，结合 HEC-RAS 和 HEC-GeoRAS 对黑河金盆水库下游河道的洪水演进情况进行了模拟，将洪水期分为百年一遇与千年一遇两种形式，并做了对比分析。张行南和彭顺风(2010)以平原区河段为研究对象，基于数字流域平台，运用 HEC-RAS 模型构建多种几何模型(如水工建筑物、行蓄洪区和河道等)，模拟了河道的洪水演进，开发了平原区河段河道洪水模拟系统，为防洪调度提供技术支持。张旭昇(2012)运用 HEC-RAS 和 MIKE11HD，基于数字高程模型(digital elevation model，DEM)数据并设置虚拟边界，模拟了泾河的洪水演进，并用多年洪水数据进行验证，探索将水动力学方法应用于河道洪水演算中的效果。

3. 融雪型洪水模拟研究进展

由于融雪径流过程主要分布在河流的上游山区，在该区域气象、水文站点较少，基础数据很难获取，以概念性为主的模型开始被提出(Hoinkes and Steinacker，1975)。Finsterwalder 和 Schunk(1887)在探讨冰雪消融速率过程中，发现冰雪消融速率和冰雪表面积温有线性关系，基于这一发现并结合经验方法构建了“度-日”融雪模型。Singh 和 Kumar(1996)在喜马拉雅山结合积雪表面的污染情况研究积雪消融特点，并对消融过程中度日因子进行单独分析、修正。Marinec 和 Rango(1986)在流域上根据有无植被覆盖划分区域，结果表明，“度-日”模型在有植被覆盖的地区要依据植被覆盖情况调整度日因子，在无植被覆盖区，度日因子主要受积雪密度的影响。为了提高模型精度，学者们通过添加其他因素改进“度-日”模型。Lang(1968)采用多元回归法进行分析研究，在“度-日”模型中加入水汽压和辐射变量以提高模型模拟精度。

由于积雪消融过程受气象、植被、积雪等物理因素的影响，概念性模型存在经验性而很难准确模拟积雪消融过程的问题，学者们开始研究考虑物理过程的分布式融雪径流模型。1956 年，美国陆军工程兵团进行积雪消融调查，在北太平洋首次提出积雪与环境的能量交换观念，而且将能量交换加入融雪模型中，开发出能量平衡模型(The U.S. Army Crops of Engineers，1956)。能量平衡模型通过能量交换平衡来计算融雪量，具有很强的物理意义，经过应用与完善，模型中主要包括短波辐射、雪面长波辐射、雪面蒸散发和雪面反照率的计算。随后，能量平衡模型进入快速发展的阶段，但现在的能量平衡模型还属于简单的单点模型(Anderson，1976；Male and Granger，1981；Jordan，1991)。

20 世纪 70 年代以后，随着计算机技术的飞速发展，对分布式物理融雪模型进行了更加深入的研究。英国、法国和丹麦三国水文学者合作开发出 SHE(systeme hydrologique europeen)模型(Abbott et al.，1986)，它是第一个典型的有物理基础的分布式水文模型。SHE 模型基于水动力学结合能量守恒定律与质量守恒定律计算蒸散发、植物截留、坡面汇流、河网汇流、土壤非饱和流、地下水流、土壤饱和流、融雪径流等物理水文过程，充分考虑下垫面信息和降水信息，把整个流域划分为多个网格，来实现对降雨输入、模型参数和水文响应单元空间差异性的处理，在计算融雪模块上采用能量平衡模型，并应用在每一个网格上。

20 世纪 90 年代以后，学者们开始将单点式融雪模型发展为分布式融雪模型，并引入一些具有代表性的模型，同时重视融雪模块。由华盛顿大学、普林斯顿大学以及加州大学伯克利分校合作开发的可变渗透能力(variable infiltration capacity，VIC)模型，采用能量平衡模型计算双层融化(Liang and Lettenmaier，1996)。VIC 模型是典型的分布式水文模型，将研究区进行空间网格化处理，基于超渗产流和蓄满产流，主要分析植被、土壤和大气间的能量交换，研究其水热状态和水热传输过程。VIC 模型还加入积雪、土壤冻融和积雪消融等水文过程，可以基于不同气候模式对研究区进行水资源评估和预测。与此同时，基于能量平衡模型，学者们开发出较多双层或多层融雪模型，可以分析积雪消融的垂直差异，如 CROCUS 模型(Brun et al.，1989)、SNOBAL 模型(Marks et al.，1999)、SNTHERM 模型(Jordan et al.，1999)和 SNOWPACK 模型(Bartelt and Lehning，2002)等，这些模型较为详细地考虑了积雪的垂直分布特性，广泛应用于工程领域。

随着“3S”技术的发展和数字高程(DEM)的广泛使用，2006 年以后分布式融雪径流模型成为研究的热点。陈仁升等(2006)研究黑河山区流域水文特征，在高寒山区构建了分布式融雪预报模型 DWHC。赵求东等(2007)基于能量平衡构建分布式融雪径流模型，运用 GIS 技术并加入 DEM 数据，对模型的分辨率有很大提高，同时结合 EOS/MODIS 遥感数据和气象数据反演积雪信息，改进融雪算法，并把反演结果输入融雪模型，模拟精度有较大提高。房世峰等(2008)基于遥感和地理信息系统技术，引入“度分模型”概念，把握融雪物理过程，建立了一个分布式融雪径流模型，模拟精度较高。万育安等(2010)以岷江流域为研究区，构建基于温度指标的融雪模型，并与分布式模型(BTOPMC)耦合，使模拟精度有很大提高。乔鹏等(2011)应用 MODIS 数据和气象预报场数据，实现了以能量平衡为基础的分布式融雪径流的模拟研究。吴晓玲等(2012)基于能量平衡和水量平衡构建融雪模型，结合有限体积法和非饱和土壤水运动方程，描述积雪变化和土壤水热变化，并在冻土区构建了冻土耦合模型。冯曦等(2013)建立基于能量平衡法的融雪模型，并对不同时间尺度的融雪模型进行比较。

综上所述，我国在融雪径流模型的研究上还处于起步阶段，还需要进一步的发展，而随着融雪理论和遥感技术的发展，基于能量平衡的分布式融雪径流模型成为研究融雪径流的新思路，是目前研究的热点。

4. 洪水演进三维仿真研究进展

三维可视化技术于 20 世纪 80 年代正式提出(张卓等，2010)，现在已广泛应用于很多领域。目前，三维 GIS 在国内呈快速发展的趋势，研发出了许多成功的商业化三维 GIS 软件(钟登华和李明超，2006)。将洪水演进模型与可视化技术相结合进行研究逐渐形成了一种发展趋势。如丹麦水力研究院研发的 MIKE 模型、美国杨百翰大学研发的 SMS(地表水环境模型系统)模型和荷兰德尔夫特水工实验室研发的 Delft-3D 模型等(程文龙，2005)。

在三维 GIS 软件发展的同时，水文学者开始重点发展三维 GIS 在洪水淹没、堤坝溃决和流域规划上的应用。斯特拉斯堡市的环境生物工程研究中心结合三维 GIS 技术和水文模型实现了洪水线性径流模拟(Drogue et al.，2002)。O' Connor 等(2003)对奎兹河进行了长期的研究，实现了洪水淹没和河道变化的动态模拟。Poole 等(2002)结合水文学、GIS 和 RS 实现了洪水的三维可视化模拟。Carroll 等(2004)利用可视化技术对洪水的冲蚀进行建模，从而研究卡森河的河道河床变化及其对洪水影响。

张成才等(2010)基于二维浅水方程建立洪水演进数值模型，采用 C#编程语言，结合 ArcGIS Engine 组件库，研发出洪水淹没三维可视化系统，并应用于黄河东平湖内蓄滞洪区的洪水模拟。王克刚(2011)将洪水演进模型与 GIS 技术结合进行研究，并成功应用于实际工程。同年，冶运涛等(2011)基于 VC++和 OpenGVS，结合 GIS 技术，开发出汶川地震灾区内堰塞湖溃决时洪水淹没过程的三维可视化系统。现在主流的三维可视化技术主要基于 ArcGIS 和专业图形接口软件的二次开发构建可视化系统，运用三维地形数据并叠加卫星遥感影像数据，提升三维场景的立体感和视觉效果，使得三维场景更加具有真实感(李成名等，2008)。

1.4 干旱区生态环境变化与水盐的关系研究进展

1.4.1 干旱区景观格局演变研究进展

景观格局演变是景观结构、功能和空间结构随时间动态变化过程(Forman and Godron，1981；Turner and Gardner，1991)。景观格局的演变常常是自然驱动因子和人为驱动因子叠加的结果(Carlson and Traci，2000)。

在西北干旱地区，气候干燥，少雨，而且蒸发量还在增加，地表水面蒸发持续增加，导致绿洲的天然植被、湿地等生态需水得不到满足，湿地的面积不断萎缩，在没有人为灌溉情况下，天然植被也无法正常生长。施雅风(1990)对高山湖泊的研究表明，20 世纪 50 年代以来湖泊萎缩的主要原因是气候逐渐向暖干化发展，因此在干旱区气候变化对景观格局的影响很大。

近几十年，人口的快速增长、节水灌溉技术普遍应用，使大量的草地和湿地被开垦为耕地(贡璐等，2005)。绿洲面积的不断扩张，经济用水与生态用水产生矛盾，生态可用水量下降，也是湿地和天然植被萎缩的原因(段水强，2005)。生态环境的恶化也受到水质的影响，生活废水和工业排放的污水增加，水质下降明显。

在人类活动和自然因素驱动下，大面积的天然植被被占用而丧失，导致生态环境逐渐恶化。18 世纪，因发展经济的需要，欧洲各国想利用湿地和泥炭，由此展开了研究(阪口丰，1983)。随着“3S”技术(GIS、RS 和 GPS)的发展，对景观各类型动态变化进行了更加深入的研究。干旱半干旱区湿地的变化研究成为学者的研究焦点，利用“3S”技术，首先对湿地进行细致的调查分类，然后对其进行定量定性的研究(Owen et al.，2004)，从而研究湿地的景观格局变化特征(Kingsford and Thomas，2004)，从人类活动和气候变化角度出发，揭示景观格局变化的驱动机制(Uluocha and Okeke，2004)。后期的景观格局变化研究从多期的静态景观格局分布中找出变化规律，然后重点研究其主要影响因子，建立符合该地区景观格局变化的动态模型，以便预测后期变化的趋势，从而可以提前对景观格局变化采取有效的控制措施(郭晋平，2003)。

1.4.2 干旱区植被与水循环的关系研究进展

由于不同植被的根系吸收能力和生长习性存在差异，故生态水位也存在差异，所以地下水位对不同植被生长的影响也不同。对于木本植被而言，主要受地下水位的影响，但地下水位很低时，降雨成为木本植被生态需水的主要来源(肖生春和肖洪浪，2006)。对于草本植被而言，根系较浅，生态需水对降雨的依赖大于地下水位，降雨多则植被长势较好；反之亦然。这是由于草本植被的生命周期短，覆盖度的大小与当年降雨的多少有关，而与前几年的降雨关系不明显(杨自辉和高志海，2000)。李卫红等(2009)对塔里木河生态环境恢复研究发现，地下水位和物种多样性同步变化，地下水位上升，物种的多样性也随之上升，但多样性的变化要慢于地下水位的上升，这是一个渐变的过程。

干旱区地下水的主要消耗是蒸发与植被蒸腾，天然植被的蒸腾是植物生长过程中的一个重要环节。不同植被的生态需水量不同，从而导致消耗地下水量也不同，生态需水量的大小一般为乔木＞灌木＞草地，其中生态需水量还与植被的密度有密切关系。在干旱缺水区域的林地蒸散耗水研究中，发现不同群落的植被蒸腾作用受植被密度的影响程度不同(王彦辉等，2006)，所以生态需水受景观格局变化的影响是时间和空间长期累积的结果。

1.4.3　土壤盐分对植被生长的影响研究进展

新疆属于干旱半干旱区域，植被与水矿化度有密切联系。夏含峰等(2018)通过分析新疆伊犁河谷与水矿化度的关系发现，过去 10 年间，新疆植被覆盖度总体呈上升趋势。当地下水矿化度大于 1000mg/L 时，植被生长状况与地下水矿化度负相关，相关系数为 -0.7335。袁玉芸(2017)通过对克里雅绿洲中植被覆盖的空间特征与其环境因子进行分析，发现地下水矿化度是影响植被覆盖空间分异的最重要的生态因子。因此在分析植被与地下水的关系研究中，矿化度是非常重要的一个因子。Huang 等(2013)通过分析塔里木河下游极端干旱地区(包括绿洲、沙漠和河流)的 30km 地下水样带的地下水和植被发现，沙漠区地下水补给速度慢、地下水位高(6.17～9.43m)且含盐量高(15.32～26.50g/L)，绿洲区和河岸区地下水补给速度相对较快、地下水位低(3.56～8.36m)且含盐量低(1.25～1.95g/L)。研究者们通过单因素分析得到植被与矿化度或盐分的关系，但不能完整地分析矿化度与某些多因素即共同因素作用下对植被的影响。

不同植物对盐分的适应性是不同的。Liu 和 Staden(2001)通过对经济作物——大豆进行生长季不同盐分胁迫试验发现，大豆可以适应不同盐分浓度的土壤，其内部部分组织可以对盐分进行分解和吸收。武燕(2017)通过分析荒漠植物黑果枸杞与盐分的关系发现，黑果枸杞的含盐量在 5～25mmol/L，属于低浓度盐分范畴，适当的碱性条件可促进黑果枸杞种子生长萌发。刘帅华(2013)通过分析柴达木地区 4 种荒漠植物(白刺、柽柳、金露梅和梭梭)的耐盐性发现，白刺和柽柳在逆境中没有受到强烈抑制，保证了植物正常的新陈代谢，表明这两种植物具有较强的耐盐能力，梭梭对浓度盐分环境的适应能力稍弱，对盐浓度环境敏感。刘亚琦(2017)通过研究塔里木河干流下游植物对盐分的适应性发现，高水位耐盐植物类群适应盐环境，具有多物种-低覆盖度与稀少物种-高覆盖度的群落特征。

参考文献

阿不力米提江·阿布力克木, 陈春艳, 玉素甫·阿不都拉, 等, 2015. 2001～2012 年新疆融雪型洪水时空分布特征[J]. 冰川冻土, 37(1): 226-232.

阪口丰, 1983. 泥炭地质学——对环境变化的探讨[M]. 刘哲明, 华国学, 译. 北京: 科学出版社.

卞洁, 李双林, 何金海, 2011. 长江中下游地区洪涝灾害风险性评估[J]. 应用气象学报, 22(5): 604-611.

陈建峰, 2007. 黑河金盆水库下游洪水模拟研究[D]. 西安: 西安理工大学.

陈仁升, 吕世华, 康尔泗, 等, 2006. 内陆河高寒山区流域分布式水热耦合模型(Ⅰ): 模型原理[J]. 地球科学进展, (8): 806-818.

陈亚宁, 李稚, 范煜婷, 等, 2014. 西北干旱区气候变化对水文水资源影响研究进展[J]. 地理学报, 69(9): 1295-1304.

陈亚宁, 李稚, 方功焕, 等, 2017. 气候变化对中亚天山山区水资源影响研究[J]. 地理学报, 72(1): 18-26.

程文龙, 2005. 洪水演进数值模拟的可视化研究[D]. 武汉: 武汉大学.

崔锦, 周晓珊, 阎琦, 等, 2014. WRF 模式不同微物理过程对东北降水相态预报的影响[J]. 气象与环境学报, 30(5): 1-6.

董志文, 秦大河, 任贾文, 等, 2013. 近 50 年来天山乌鲁木齐河源 1 号冰川平衡线高度对气候变化的响应[J]. 科学通报, 58(9): 825-832.

段水强, 2005. 德令哈盆地湖泊湿地变化与生态需水初步研究[J]. 中国农村水利水电, (09): 22-23.
俄有浩, 霍治国, 2016. 长江中下游地区暴雨特征及洪涝淹没风险分析[J]. 生态学杂志, 35(4): 1053-1062.
房世峰, 裴欢, 刘志辉, 等, 2008. 遥感和GIS支持下的分布式融雪径流过程模拟研究[J]. 遥感学报, (4): 655-662.
冯德光, 陈民, 2006. 新疆天山冰川区融雪洪水规律探讨[J]. 水文, 25(4): 88-90.
冯曦, 王船海, 李书建, 等, 2013. 基于能量平衡法的融雪模型多时间尺度模拟[J]. 河海大学学报(自然科学版), (01): 26-31.
高亮, 2013. 基于HEC-RAS模型惠济河开封段防洪除涝研究[D]. 太原: 太原理工大学.
高松影, 李慧琳, 宋丽丽, 等, 2014. 丹东冬季降水相态判据研究[J]. 气象与环境学报, 30(2): 38-44.
葛兰, 2006. 永定新河口围海造陆工程防洪影响评价问题的研究[D]. 天津: 天津大学.
贡璐, 潘晓玲, 师庆东, 等, 2005. 塔里木河上游土地利用格局变化及其影响因子分析[J]. 资源科学, (04): 71-75.
管声明, 1982. 用线性规划法推算平原湖区最优除涝方案[J]. 农田水利与小水电, (05): 11-14.
郭晋平, 2003. 景观生态学的学科整合与中国景观生态学展望[J]. 地理科学, 23(3): 277-281.
郭元裕, 邹时民, 骆辛磊, 等, 1986. 大系统多目标优化理论在洞庭湖区圩垸排涝规划中的应用[J]. 水利学报, (2): 13-27.
郭元裕, 2007. 农田水利学[M]. 北京: 中国水利水电出版社.
韩春坛, 陈仁升, 刘俊峰, 等, 2010. 固液态降水分离方法探讨[J]. 冰川冻土, 32(4): 249-256.
胡汝骥, 姜逢清, 王亚俊, 等, 2014. 中亚(五国)干旱生态地理环境特征[J]. 干旱区研究, 31(1): 1-12.
胡廷兰, 杨志峰, 2006. 林地生态用水亏缺的经济损失估算研究[J]. 环境科学学报, 26(2): 345-351.
胡小工, 陈剑利, 周永宏, 等, 2006. 利用GRACE空间重力测量监测长江流域水储量的季节性变化[J]. 中国科学(D辑), 36(3): 225-232.
李昌志, 向立云, 王珊, 2010. 洪水风险图绘制平台研发[J]. 中国防汛抗旱, (02): 52-55.
李成名, 王继周, 马照亭, 2008. 数字城市三维地理空间框架原理与方法[M]. 北京: 科学出版社.
李娜, 仇劲卫, 程晓陶, 等, 2002. 天津市城区暴雨沥涝仿真模拟系统的研究[J]. 自然灾害学报, (2): 112-118.
李琼, 罗志才, 钟波, 等, 2013. 利用GRACE时变重力场探测2010年中国西南干旱陆地水储量变化[J]. 地球物理学报, 56(6): 1843-1849.
李卫红, 杨玉海, 覃新闻, 等, 2009. 塔里木河下游断流河道输水的生态变化分析[J]. 中国水土保持, (06): 10-2, 9, 64.
刘树坤, 李小佩, 李氏功, 等, 1991. 小清河分洪区洪水演进的数值模拟[J]. 水科学进展, (3): 188-193.
刘帅华, 2013. 柴达木地区四种灌木的盐胁迫响应研究[D]. 北京: 北京林业大学.
刘亚琦, 2017. 塔里木河下游沿河淡化带及其与植被关系研究[D]. 聊城: 聊城大学.
刘原峰, 朱国锋, 赵军, 等, 2016. 黄土高原区不同降水相态的时空变化[J]. 地理科学, 36(8): 1227-1233.
刘兆飞, 徐宗学, 2007. 塔里木河流域水文气象要素时空变化特征及其影响因素分析[J]. 水文, 27(5): 69-73.
龙柯吉, 郭旭, 陈朝平, 等, 2015. 四川省降水相态时空分布及变化特征[J]. 高原山地气象研究, 35(3): 50-56.
陆智, 刘志辉, 闫彦, 2007. 新疆融雪洪水特征分析及防洪措施研究[J]. 水土保持研究, 14(6): 216-218+222.
罗志才, 李琼, 钟波, 2012. 利用GRACE时变重力场反演黑河流域水储量变化[J]. 测绘学报, 41(5): 676-681.
马倩, 谢正辉, 陈锋, 等, 2011. 长江流域1982～2005年陆地水储量变化及时空分布特征[J]. 气候与环境研究, 16(4): 429-440.
孟钲秀, 陈喜, 2009. 喀斯特流域枯水频率分析线型的比较研究[J]. 人民黄河, 31(2): 34-37.
蒲金涌, 苗具全, 姚小英, 等, 2006. 甘肃省暴雨洪水灾害分布特征研究[J]. 灾害学, (21): 27-31.
漆梁波, 张瑛, 2012. 中国东部地区冬季降水相态的识别判据研究[J]. 气象, 38(1): 96-102.
乔鹏, 秦艳, 刘志辉, 2011. 基于能量平衡的分布式融雪径流模型[J]. 水文, (3): 22-26, 35.
施雅风, 1990. 山地冰川与湖泊萎缩所指示的亚洲中部气候干暖趋势与未来展望[J]. 地理学报, 45(1): 1-13.

苏晓莉, 平劲松, 叶其欣, 2012. GRACE 卫星重力观测揭示华北地区陆地水量变化[J]. 中国科学: 地球科学, 42(6): 917-922.

隋玉秀, 杨景泰, 王健, 等, 2015. 大连地区冬季降水相态的预报方法初探[J]. 气象, 41(4): 464-473.

孙晶, 王鹏云, 李想, 等, 2007. 北方两次不同类型降雪过程的微物理模拟研究[J]. 气象学报, 65(1) : 29 -43.

孙燕, 尹东屏, 顾沛澍, 等, 2014. 华东地区冬季不同降水相态的时空变化特征[J]. 地理科学, 34(3): 370-376.

万育安, 敖天其, 刘占洲, 等, 2010. 考虑积融雪的 BTOPMC 模型及其在岷江上游流域的应用[J]. 北京师范大学学报(自然科学版), (3): 322-328.

汪汉胜, 王志勇, 袁旭东, 2007. 基于 GRACE 时变重力场的三峡水库补给水系水储量变化[J]. 地球物理学报, 50(3): 730-736.

王殿武, 王才, 付洪涛, 等, 2006. 辽河流域"2005·08"暴雨洪水分析[J]. 水文, (26) 1: 76-79.

王家祁, 骆承政, 2006. 中国暴雨和洪水特性的研究[J]. 水文, 26(3): 33-36.

王克刚, 2011. 基于水文模型与 DEM 3 维可视化在洪水淹没中的模拟研究[J]. 测绘与空间地理信息, (1): 112-114, 117.

王亮, 王春明, 2010. 一次雨夹雪转暴雪天气过程的微物理模拟研究[J]. 气象与环境学报, 26(2) : 31-39.

王士武, 白宪台, 郭宗楼, 1997. 平原湖区除涝排水系统实时优化调度模型[J]. 黑龙江水专学报, (4): 41-45.

王彦辉, 熊伟, 于澎涛, 等, 2006. 干旱缺水地区森林植被蒸散耗水研究[J]. 中国水土保持科学, (4): 19-25, 32.

王永前, 施建成, 胡小工, 等, 2009. 关于利用重力卫星对青藏高原水储量年际变化和季节性变化进行监测并用微波数据产品进行验证的研究[J]. 地球物理学进展, (4): 1235-1242.

吴持恭, 2008. 水力学[M]. 北京: 高等教育出版社.

吴素芬, 刘志辉, 邱建华, 2006. 北疆地区融雪洪水及其前期气候积雪特征分析[J]. 水文, 25(6): 84-87.

吴晓玲, 向小华, 王船海, 等, 2012. 季节冻土区融雪冻土水热耦合模型研究[J]. 水文, (5): 12-16.

武燕, 2017. 荒漠植物黑果枸杞盐碱适应性研究[D]. 兰州: 兰州理工大学.

夏含峰, 谢洪波, 刘浩, 等, 2018. 新疆伊犁河谷植被与地形地貌及地下水关系[J]. 长江科学院院报, 35(9): 54-57.

夏倩云, 钱贞成, 唐千红, 等, 2015. 冬季降水相态的探空廓线分型研究[J]. 气象与减灾研究, 38(4): 54-59.

肖生春, 肖洪浪, 2006. 极端干旱区湖岸柽柳径向生长对水环境演变的响应[J]. 北京林业大学学报, 28(2): 39-45.

新疆通志编撰委员会, 1998. 新疆通志·水利志[M]. 乌鲁木齐: 新疆人民出版社.

邢大韦, 粟晓玲, 张玉芳, 1997. 渭河下游"二华夹槽"洪灾风险模拟[J]. 西北水资源与水工程, (01): 4-9.

许美玲, 梁红丽, 金少华, 等, 2015. 昆明冬季降水相态识别判据研究[J]. 气象, 41(4): 474-479.

许民, 张世强, 王建, 等, 2014. 利用 GRACE 重力卫星监测祁连山水储量时空变化[J]. 干旱区地理, 37(3): 458-467.

杨自辉, 高志海, 2000. 荒漠绿洲边缘降水和地下水对白刺群落消长的影响[J]. 应用生态学报, (6): 923-926.

冶运涛, 李丹勋, 王兴奎, 等, 2011. 汶川地震灾区堰塞湖溃决洪水淹没过程三维可视化[J]. 水力发电学报, (1): 62-69.

叶叔华, 苏晓莉, 平劲松, 等, 2011. 基于 GRACE 卫星测量得到的中国及其周边地区陆地水量变化[J]. 吉林大学学报: 地球科学版, 41(5): 1580-1586.

殷淑燕, 黄春长, 2012. 汉江上游近 50a 来降水变化与暴雨洪水发生规律[J]. 水土保持通报, 32(1): 19-25.

袁玉芸, 2017. 克里雅绿洲植被覆盖的空间特征与其环境因子分析[D]. 乌鲁木齐: 新疆大学.

翟宁, 王泽民, 伍岳, 等,2009. 利用 GRACE 反演长江流域水储量变化[J]. 武汉大学学报信息科学版, 34(4): 436-439.

詹道江, 叶守泽, 2000. 工程水文学[M]. 北京: 中国水利水电出版社.

张成才, 常静, 孙喜梅, 等, 2010. 基于 GIS 的洪水淹没场景三维可视化研究[J]. 北京师范大学学报(自然科学版), (3): 329-332.

张行南, 彭顺风, 2010. 平原区河段洪水演进模拟系统研究与应用[J]. 水利学报, (7): 803-809.

张琳娜, 郭锐, 曾剑, 等, 2013. 北京地区冬季降水相态的识别判据研究[J]. 高原气象, 32(6): 1780-1786.

张旭昇, 2012. 泾河部分河段河道洪水演算研究[D]. 兰州: 兰州大学.

张渝, 2005. 中亚地区水资源问题[J]. 中亚信息, (10): 9-13.

张卓, 宣蕾, 郝树勇, 2010. 可视化技术研究与比较[J]. 现代电子技术, (17): 133-138.

赵求东, 刘志辉, 房世峰, 等, 2007. 基于EOS/MODIS遥感数据改进式融雪模型[J]. 干旱区地理, (6): 915-920.

郑子彦, 张万昌, 徐精文, 2012. 山区流域暴雨洪水的数值模拟[J]. 山地学报, 30(2): 222-229.

郑自宽, 2003. 泾河流域暴雨洪水特性[J]. 水文, 5(23): 57-60.

钟登华, 李明超, 2006. 水利水电工程地质三维建模与分析理论及实践[M]. 北京: 中国水利水电出版社.

周旭华, 吴斌, 彭碧波, 等, 2006. 全球水储量变化的GRACE卫星检测[J]. 地球物理学报, 49(6): 1644-1650.

周祖昊, 郭宗楼, 2000. 平原圩区除涝排水系统实时调度中的神经网络方法研究[J]. 水利学报, (7): 1-6.

朱广彬, 李建成, 文汉江, 等, 2008. 利用GRACE时变重力位模型研究全球陆地水储量变化[J]. 大地测量与地球动力学, 28(5): 39-44.

Abbott M B, Bathurst J C, Cunge J A, et al., 1986. An introduction to European Hydrological System—Systeme Hydrological European (SHE) [J]. Journal of Hydrology, 87(1-2): 45-77.

Andersen O B, Hinderer J, 2005. Global inter-annual gravity changes from GRACE: early results[J]. Geophysical Research Letters, 32(1): 1232-1240.

Andersen O B, Seneviratne S I, Hinderer J, et al., 2005. GRACE-derived terrestrial water storage depletion associated with the 2003 European heat wave[J]. Geophysical Research Letters, 32(18): 78-85.

Anderson E A, 1976. A Point Energy and MSS Balance Model of a Snow Cover. Silver Spring, MD US. National Oceanic and Atmospheric Administration[R]. Technical Report NWS 19.

Arnold J G , Srinivasan R, Muttiah R S, et al., 1998. Large area hydrologic modeling and assessment part I: model development[J]. Journal of the American Water Resources Association, 34(1): 73-89.

Barnett T P, Adam J C, 2005. Lettenmaier, D. P. Potential impacts of a warming climate on water availability in snow-dominated regions[J]. Nature, 438(7066): 303-309.

Bartelt P, Lehning M, 2002. A physical SNOWPACK model for the Swiss avalanche warning: part I: numerical model[J]. Cold Regions Science and Technology, 35(3): 123-145.

Beniston M, Stephenson D B, Christensen O B, et al., 2007. Future extreme events in European climate: an exploration of regional climate model projections[J]. Climate Change, 81(S1): 71-95.

Berghuijs W R, Woods R A, Hrachowitz M, et al., 2014. A precipitation shift from snow towards rain leads to a decrease in streamflow[J]. Nature Climate Change, 4: 583-586.

Bettadpur S, 2007. Level-2 gravity field product user handbook [J]. The GRACE Project (Jet Propulsion Laboratory, Pasadena, CA, 2003), 13(4):56-70.

Brun E, Martin E, Simon V, et al., 1989. An energy and mass model of snow cover sidtable for operational avalanche forecasting[J]. Journal of Glaciology, 35(12): 1.

Buyantuyev A, Wu J, 2012. Urbanization diversifies land surface phenology in arid environments: interactions among vegetation, climatic variation, and land use pattern in the Phoenix metropolitan region, USA[J]. Landscape and Urban Planning, 105(1): 149-59.

Carlson T N, Traci A S, 2000. The impact of land use—land cover changes due to urbanization on surface microclimate and hydrology: a satellite perspective[J]. Global and Planetary Change, 25(1): 49-65.

Carroll R W H, Warwick J J, James A I, et al., 2004. Modeling erosion and overbank deposition during extreme flood conditions on the Carson River, Nevada[J]. Journal of Hydrology, 297(1): 1-21.

Cazenave A, Nerem R S, 2002. Redistributing Earth' s mass[J]. Science, 297(5582): 783.

Chen F, Yu Z, Yang M, et al., 2008. Holocene moisture evolution in arid central Asia and its out-of-phase relationship with Asian monsoon history[J]. Quaternary Science Reviews, 27(3): 351-364.

Chen J L, Wilson C R, Tapley B D, et al., 2005. Seasonal global mean sea level change from satellite altimeter, GRACE, and geophysical models[J]. Journal of Geodesy, 79(9): 532-539.

Cox C M, Chao B F, 2002. Detection of a large-scale mass redistribution in the terrestrial system since 1998[J]. Science, 297(5582): 831-833.

Czys R R, Scott R W, Tang K C, et al., 1996. A physically based nondimensional parameter for discriminating between locations of freezing rain and ice pellets[J]. Weather & Forecasting, 11(4): 591-598.

Douville H, Chauvin F, Planton S, et al., 2002. Sensitivity of the hydrological cycle in increasing amounts of greenhouse gases and aerosols[J]. Climate Dynamics, 20: 45-68.

Drogue G, Pfister L, Leviandier T, et al., 2002. Using 3D dynamic cartography and hydrological modelling for linear streamflow mapping[J]. Computers & Geosciences, 28(8): 981-994.

Finsterwalder S, Schunk H, 1887. Der suldenferner[J]. Zeitschrift des Deutschen und Österreichischen Alpenvereins, 18: 72-89.

Forman R T, Godron M, 1981. Patches and structural components for a landscape ecology[J]. BioScience, 31(10): 733-40.

Funk C, Dettinger M D, Michaelsen J C, et al., 2008. Warming of the Indian Ocean threatens eastern and southern African food security but could be mitigated by agricultural development[J]. Proceedings of the National Academy of Sciences, 105(32): 11081-11086.

Galland J C, Goutal N, Hervouet J M, 1991. TELEMAC: a new numerical model for solving shallow water equations[J]. Advances in Water Resources, 14(3): 138-148.

Gessner U, Naeimi V, Klein I, et al., 2013. The relationship between precipitation anomalies and satellite-derived vegetation activity in Central Asia[J]. Global and Planetary Change, 110: 74-87.

Han S C, Shum C K, Jekeli C, et al., 2005. Improved estimation of terrestrial water storage changes from GRACE[J]. Geophysical Research Letters, 32(7): 156-171.

Heppner P O G, 2009. Snow versus rain: Looking beyond the "Magic" numbers[J]. Weather & Forecasting, 7(4): 683-691.

Hicks F E, Peacock T, 2005. Suitability of HEC-RAS for flood forecasting[J]. Canadian Water Resources Journal, 30(2): 159-174.

Hoinkes H, Steinacker R, 1975. Hydrometeorological implications of the mass balance of Hintereisferner, 1952-53 to 1968–69[J]. IAHS Publ, 104: 144-149.

Huang T M, Pang Z H, Chen Y N, et al., 2013. Groundwater circulation relative to water quality and vegetation in an arid transitional zone linking oasis, desert and river[J]. Chinese Science Bulletin, 58(25):3088-3097.

Hydrologic Engineering Center, 2010. HEC-RAS River Analysis System User' s Manual, Version 4.1[Z]. Davis, CA: US Army Corps of Engineers Institute for Water Resources.

Immerzeel W W, Beek L P V, Bierkens M F, 2010.Climate change will affect the Asian water towers[J]. Science, 328(5984): 1382-1385.

IPCC, 2013. Climate Change 2013: The Physical Science Basis. Working Group I Contribution to the Fifth Assessment Report of the Intergovernmental Panel on Climate Change[M]. Cambridge: Cambridge University Press.

IPCC, 2014. Climate change 2014: Impact, Adaptation, and Vulnerability[M]. Cambridge: Cambridge University Press.

Jordan R E, Andreas E L, Makshtas A P, 1999. Heat budget of snow-covered sea ice at North Pole 4[J]. Journal of Geophysical Research: Oceans (1978–2012), 104(C4): 7785-7806.

Jordan R A, 1991.One-dimensional Temperature Model for A Snow Cover: Technical Documentation for SNTHERM[R]. CRRL Special Report 91-16. Hanover, NH: US Army Cold Regions Research and Engineering Laboratory.

Kingsford R, Thomas R, 2004. Destruction of wetlands and waterbird populations by dams and irrigation on the Murrumbidgee River in arid Australia[J]. Environmental Management, 34(3): 383-396.

Kusche J, Schmidt R, Petrovic S, et al., 2009. Decorrelated GRACE time-variable gravity solutions by GFZ, and their validation using a hydrological model[J]. Journal of Geodesy, 83(10): 903-913.

Lang H, 1968. Relations between glacier runoff and meteorological factors observed on and outside the glacier[J]. IAHS Publ, 79:429-439.

Liang X, Lettenmaier D P, Wood E F, 1996. Surface soil moisture parameterization of the VIC-2L model: elevation and modification[J]. Global Plant Change, 13(1): 195-206.

Liu T, Staden J V, 2001. Growth rate, water relations and ion accumulation of soybean callus lines differing in salinity tolerance under salinity stress and its subsequent relief[J]. Plant Growth Regulation, 34(3):277-285.

Lowndes C A S, Beynon A, Hawson C L, 1974. An assessment of the usefulness of some snow predictors[J]. Meteorological Magazine, 5(3): 61-67.

Male D H, Granger R J, 1981. Snow surface energy exchange[J]. Water Resources Research, 17(3), 609-627.

Mamun A A, Hashim A, Daoud J I, 2010. Regionalisation of low flow frequency curves for the Peninsular Malaysia[J]. Journal of Hydrology, 381(1-2): 174-180.

Mann M E, Zhang Z, Hughes M K, et al., 2008. Proxy-based reconstructions of hemispheric and global surface temperature variations over the past two millennia[J]. Proceedings of the National Academy of Sciences, 105(36): 13252-13257.

Marinec J, Rango A, 1986 Parameter values for snowmelt runoff modeling[J]. Journal of Hydrology, 84(3-4): 197-219.

Marks D, Domingo J, Susong D, et al., 1999. A spatially distributed energy balance snowmelt model for application in mountain basins[J]. Hydrological Processes, 13(12-13): 1935-1959.

Mu D P, Song Z C, Guo J Y, 2014. Estimating continental water storage variations in Central Asia area using GRACE data[C]//IOP Conference Series: Earth and Environmental Science, 17, 35th International Symposium on Remote Sensing of Environment (ISRSE35) 22–26, Beijing, China.

Niu G Y, Seo K W, Yang Z L, et al., 2007. Retrieving snow mass from GRACE terrestrial water storage change with a land surface model[J]. Geophysical Research Letters, 34(15):72-86.

Niu G Y, Yang Z L, 2006. Effects of frozen soil on snowmelt runoff and soil water storage at a continental scale[J]. Journal of Hydrometeorology, 7(5): 937-952.

O' Brien J S, Julien, P Y, 2000. Flo-2D User' s Manual, Version 2000.01[C]//Flo-Engineering: Nutrioso, Arizona, USA, 170.

Oberhänsli H, Novotná K, Píšková A, et al., 2011. Variability in precipitation, temperature and river runoff in West Central Asia during the past 2000 years[J]. Global and Planetary Change, 76(1): 95-104.

O' Connor J E, Jones M A, Haluska T L, 2003. Flood plain and channel dynamics of the Quinault and Queets Rivers, Washington, USA[J]. Geomorphology, 51(1): 31-59.

Owen R, Renaut R, Hover V, et al., 2004. Swamps, springs and diatoms: wetlands of the semi-arid Bogoria-Baringo Rift, Kenya[J].

Hydrobiologia, 518 (1-3) : 59-78.

Pappenberger F, Beven K, Horritt M, et al., 2005. Uncertainty in the calibration of effective roughness parameters in HEC-RAS using inundation and downstream level observations[J]. Journal of Hydrology, 302 (1-4) : 46-69.

Pierre B, 2000. A method to determine precipition types[J]. Weather & Forecasting, 15 (5) :583-592.

Poole G C, Stanford J A, Frissell C A, et al., 2002. Three-dimensional mapping of geomorphic controls on flood-plain hydrology and connectivity from aerial photos[J]. Geomorphology, 48 (4) : 329-347.

Qi J G, Kyle T E, 2008. Environmental Problems of Central Asia and Their Economic, Social and Security Impacts[M]. Dordrecht: Springer Science & Business Media.

Ramillien G, Frappart F, Güntner A, et al., 2006. Time variations of the regional evapotranspiration rate from Gravity Recovery and Climate Experiment (GRACE) satellite gravimetry[J]. Water Resources Research, 42 (10) :45-60.

Regonda S K, Rajagopalan B, Clark M, 2005. Seasonal cycle shifts in hydroclimatology over the western United States[J]. Journal of Climate, 18 (2) : 372-384.

Schaefer J M, Denton G H, Barrell D J A, et al., 2006. Near-synchronous interhemispheric termination of the last glacial maximum in mid-latitudes[J]. Science, 312 (5779) : 1510-1513.

Schmidt R, Petrovic S, Güntner A, et al., 2008. Periodic components of water storage changes from GRACE and global hydrology models[J]. Journal of Geophysical Research: Solid Earth, 113 (B8) :11-20.

Severskiy I V, 2004. Water-related problems of central Asia: some results of the (GIWA) International Water Assessment Program[J]. AMBIO: A Journal of the Human Environment, 33 (1) : 52-62.

Siegfried T, Bernauer T, Guiennet R, et al., 2012. Will climate change exacerbate water stress in Central Asia?[J]. Climatic Change, 112 (3-4) : 881-899.

Singh P, Kumar N, 1996. Determination of snowmelt factor in the Himalayan region[J]. Hydrological Sciences Journal, 41 (3) :301-310.

Strassberg G, Scanlon B R, Chambers D, 2009. Evaluation of groundwater storage monitoring with the GRACE satellite: case study of the High Plains aquifer, central United States[J]. Water Resources Research, 45 (5) :1-10.

Strassberg G, Scanlon B R, Rodell M, 2007. Comparison of seasonal terrestrial water storage variations from GRACE with groundwater-level measurements from the High Plains Aquifer (USA) [J]. Geophysical Research Letters, 34 (14) :91-60.

Strupczewski W G, Napiorkowski J J, Dooge J C I, 1989. The distributed Muskingum model[J]. Journal of Hydrology, 111 (1-4) : 235-257.

Swenson S, Wahr J, Milly P C D, 2003. Estimated accuracies of regional water storage variations inferred from the gravity recovery and climate experiment (GRACE) [J]. Water Resources Research, 39 (8) :11-18.

Swenson S, Yeh P J F, Wahr J, et al., 2006. A comparison of terrestrial water storage variations from GRACE with in situ measurements from Illinois[J]. Geophysical Research Letters, 33 (16) :77-90.

The U.S. Army Crops of Engineers, 1956. Snow Hydrology[M].USA: Portland Oregon.

Thomas I M, Williams D T, 2007. Common modeling mistakes using HEC-RAS[C]//Restoring our natural habitat-proceedings of the 2007 world environmental and Water Resources Congress, San Diego, 1-10.

Turner M G, Gardner R H, 1991. Quantitative Methods in Landscape Ecology[M]. New York: Springer.

Uccellini L W , Johnson D R, 1979 . The coupling of upper and lower tropospheric jet streaks and implications for the development of severe convective storms[J]. Monthly Weather Review, 107 (6) :682-703.

Uluocha N, Okeke I, 2004. Implications of wetlands degradation for water resources management: lessons from Nigeria[J]. GeoJournal, 61 (2): 151-4.

Unger-Shayesteh K, Vorogushyn S, Farinotti D, et al., 2013. What do we know about past changes in the water cycle of Central Asian headwaters? A review[J]. Global and Planetary Change, 110 (A): 4-25.

Wahr J, Molenaar M, Bryan F, 1998. Time variability of the Earth' s gravity field: hydrological and oceanic effects and their possible detection using GRACE[J]. Journal of Geophysical Research: Solid Earth, 103 (B12): 30205-30229.

Xu Q, 1986. Conditional symmetric instability and mesoscale rain bands[J]. Quart. J Roy Meteor, 112 (472): 315-354.

Yamamoto K, Fukuda Y, Nakaegawa T, et al., 2007. Landwater variation in four major river basins of the Indochina peninsula as revealed by GRACE[J]. Earth, Planets and Space, 59 (4): 193-200.

Yang P, Chen Y N, 2015. An analysis of terrestrial water storage variations from GRACE and GLDAS: The Tianshan Mountains and its adjacent areas, central Asia[J]. Quaternary International, 358 (FED.9): 106-112.

第2章　天山山区降水相态分布特征与极端水文过程模拟

2.1　天山山区降水相态时空演变特征

2.1.1　天山山区降水相态临界的确定

降水相态类型取决于特定的大气条件：热湿分布、垂直运动、云和冰核分布(Bourgouin，2000)。但云凝结和冰核分布等资料获取较困难，更好的替代方案是用相对湿度和温度来预测降水类型。本书使用以日均温和日均相对湿度区分降水相态的方法(Koistinen and Saltikoff，1998)：

$$P=\frac{1}{1+e^{22-2.7T-0.2\mathrm{RH}}} \tag{2-1}$$

式中，P 为决定降水相态的值(介于 0～1，当降水相态为雨时，P 值约为 1；当降水相态为雪时，P 值约为 0)；T 为日平均温度(℃)；RH 为日平均相对湿度(%)。

以 1961～1974 年的站点数据为依托(已标记降水相态)，分别筛选出日降水为雨的数据和降水为雪的数据，并统计出不同类型日降水数据所对应的日平均气温和日平均相对湿度，再按照式(2-1)对 P 值进行计算，最后分别统计降水为雪的 P 值区间和降水为雨的 P 值区间。统计结果如图 2-1 所示。

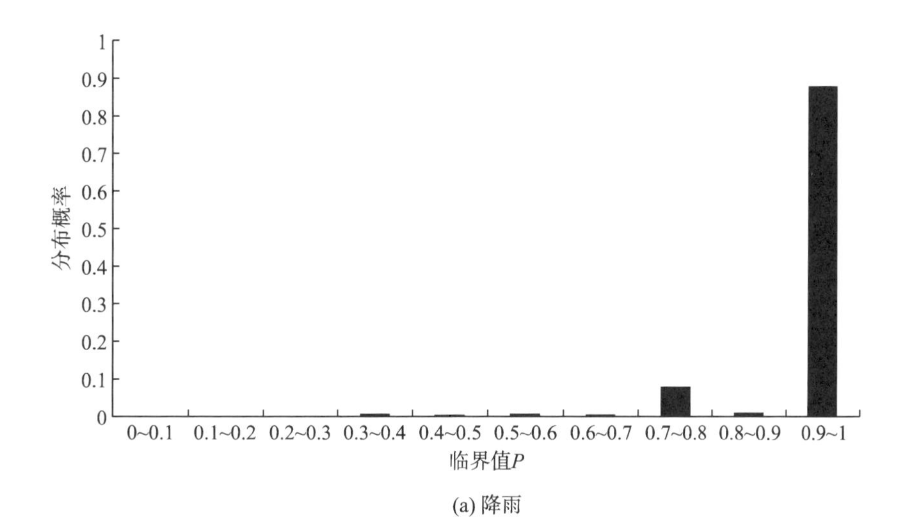

(a) 降雨

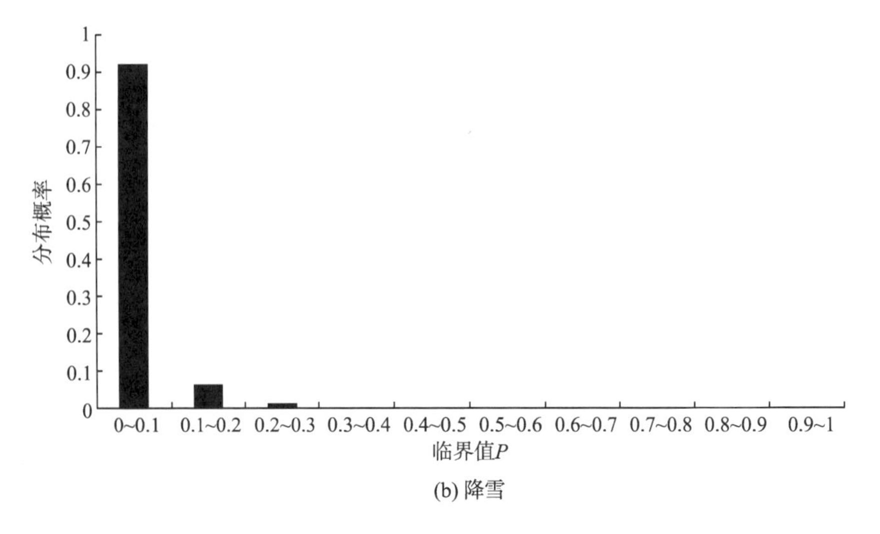

(b) 降雪

图 2-1 *P* 值分布统计图

根据图 2-1 对 *P* 值的统计可见，降水为雨时 *P* 值大部分都接近于 1，介于 0.7～1；而降水为雪时，*P* 值大部分都接近于 0，介于 0～0.7。所以本书将 0.7 作为降水相态临界值(*P*)来区分雨和雪。

采用前文所述降水相态判定方法对天山南北坡降水相态进行分析，用 1974～1979 年站点数据(观测时已标记降水相态)进行验证，验证结果见表 2-1。

表 2-1 降水相态临界值验证

降水相态	预测错误数/个	总数/个	预测准确率/%
降雨	265	4858	94.5
降雪	33	3299	99.0
降水	298	8157	96.3

由表 2-1 可见，用该临界值区分降水相态的结果良好，对降雨预测的准确率达 94.5%，对降雪预测的准确率达 99.0%，对降雪的预测结果好于降雨，综合来看，对降水相态结果的预测准确率达 96.3%，因此，该方法可行。根据此方法，本书对 1980～2015 年(未标记降水相态)的降水数据进行相态区分和时空变化分析。

2.1.2 天山山区降水相态时序变化特征

1. 降水相态时间变化特征

根据已区分降水相态的日降水资料，分别统计 1961～2015 年天山山区南北坡年均降雨量、降雪量和降雪率的时间变化情况如图 2-2 所示。

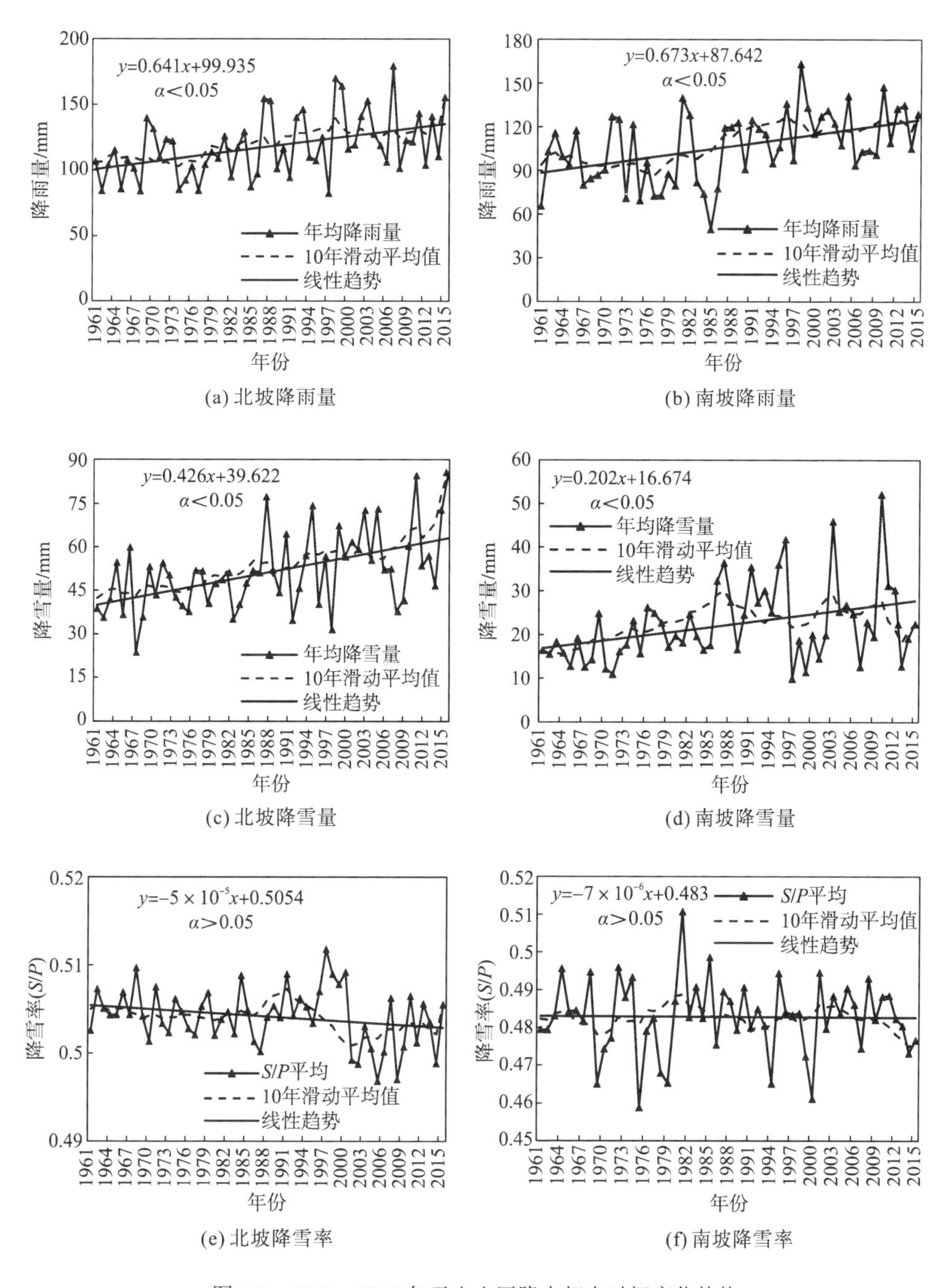

图 2-2　1961～2015 年天山山区降水相态时间变化趋势

从图 2-2 来看，1961～2015 年天山山区南北坡降雨量、降雪量都呈增加的趋势，北坡降雨量、降雪量值均大于南坡，且通过了 α=0.05 的显著性检验。南坡降雨量增幅(6.73mm/10a)略大于北坡年降雨量增幅(6.41mm/10a)，这可能是因为 20 世纪 80 年代末以来，新疆南风增强，有利于源自印度洋及西太平洋的南方水汽向北输送，凝结形成降雨(Dou et al.，2011)，使南坡降雨增幅变快。从 10 年滑动平均值来看，南北坡降雨量年际变化具有协同性，都以 1961～1979 年、1980～2000 年、2000～2015 年为时间段分界，呈减少—增加—减少的变化趋势，这与 Shi 等(2007)对中国西北地区降水的分析与预测结果一致。

由于天山北坡冬季温度低于南坡，且形成降雪温度需小于 0℃，北坡年降雪量增幅(4.26mm/10a)大于南坡增幅(2.02mm/10a)。从 10 年滑动平均值来看，北坡降雪量一直处于持续上升趋势；而南坡降雪量以 1985 年为界，之前呈上升趋势，之后呈下降趋势，但 1985 年后降雪量普遍大于 1985 年之前。

北坡降雪率(S/P)(普遍大于 0.5)大于南坡降雪率(0.45～0.50)，南北坡降雪率呈微弱的下降趋势，但未通过α=0.05 的显著性检验。说明南北坡降水相态中，降雪所占比重呈略微减小趋势，虽并不明显，但该趋势必然会对天山南北坡流域径流季节分配产生影响。这与 Guo 和 Li(2015)发现天山山区近年来降雪率呈下降趋势的结果一致，其原因可能是天山山区气候处于变暖趋势(Zhong et al.，2017)。从南北坡降雪率 10 年滑动平均值来看，南北坡降水相态呈如下变化：北坡降雪所占比重在 1985 年以前变化不大，自 1985 年后开始增大，1990 年之后略有下降，2000 年后稍有回升，但该时期降雪比重为近 55 年来最小的时期；南坡降雪比重增加期为 1961～1964 年和 1971～1980 年，降雪比重减小期为 1964～1970 年、1981～1990 年和 2000 年后，1991～2000 年降雪所占比重变化平稳。

2. 降水相态演变突变特征

对天山山区 1961～2015 年南北坡降雨量、降雪量、雪雨比的时间变化序列进行 Mann-Kendall 检验(图 2-3)，计算统计量 UF 和 UB，其中 UF 为序列 X 的顺序标准正态分布统计量序列，UB 为序列 X 的逆序标准正态分布统计量序列。分析各降水相态的变化趋势及其突变特征。

图 2-3 显示，天山北坡降雨量的 UF 曲线在 1977 年之前呈波状变化，1977 年之后呈波状持续上升趋势，且 UF 值恒大于 0；天山南坡 UF 曲线则以 1990 年为界，之后呈波状持续上升趋势，且 UF 值恒大于 0，表明北坡在 1977 年后、南坡在 1990 年后降雨量增加趋势十分明显。在 0.05 的置信度水平下，北坡降雨量在 1985 年左右发生突变，突变后增加了 20.96mm，南坡坡降雨量在 1990 年左右发生突变，突变后增加了 24.18mm，南坡突变差异大于北坡。

天山北坡降雪量的 UF 曲线在 1961～1968 年在 0 值上下波动，变化趋势不明显。在 1969 年之后，降雪量 UF 曲线值持续增加，且都大于 0，说明在 1969 年之后，北坡降雪量有明显的增加；天山南坡降雪量 UF 曲线值在 1975～1995 年持续增加，1995 年之后，UF 曲线值小幅减小，但都大于 0，表明南坡降雪量在 1975～1995 年增长趋势明显，1995 年后增长趋势稍有减弱。北坡降雪量在 1986 年发生突变，突变后增加了 12.75mm；南坡降雪量在 1975 年发生突变，突变后增加了 7.49mm，北坡降雪量突变差异大于南坡。

南北坡雨雪比 UF 曲线一直在 0 值上下波动，突变变化不明显。北坡雨雪比 UF 曲线在 1970～1990 年存在多个突变点，说明这一时期北坡降水相态转换复杂，而另一个突变点在 2000 年，突变后雨雪比减小量为 0.003，降雪量占降水量的比例开始减小；南坡雨雪比 UF 曲线值在 1969 年前大于 0，降雪量占降水量的比例有增加趋势，之后在 0 值上下波动，无显著突变现象。

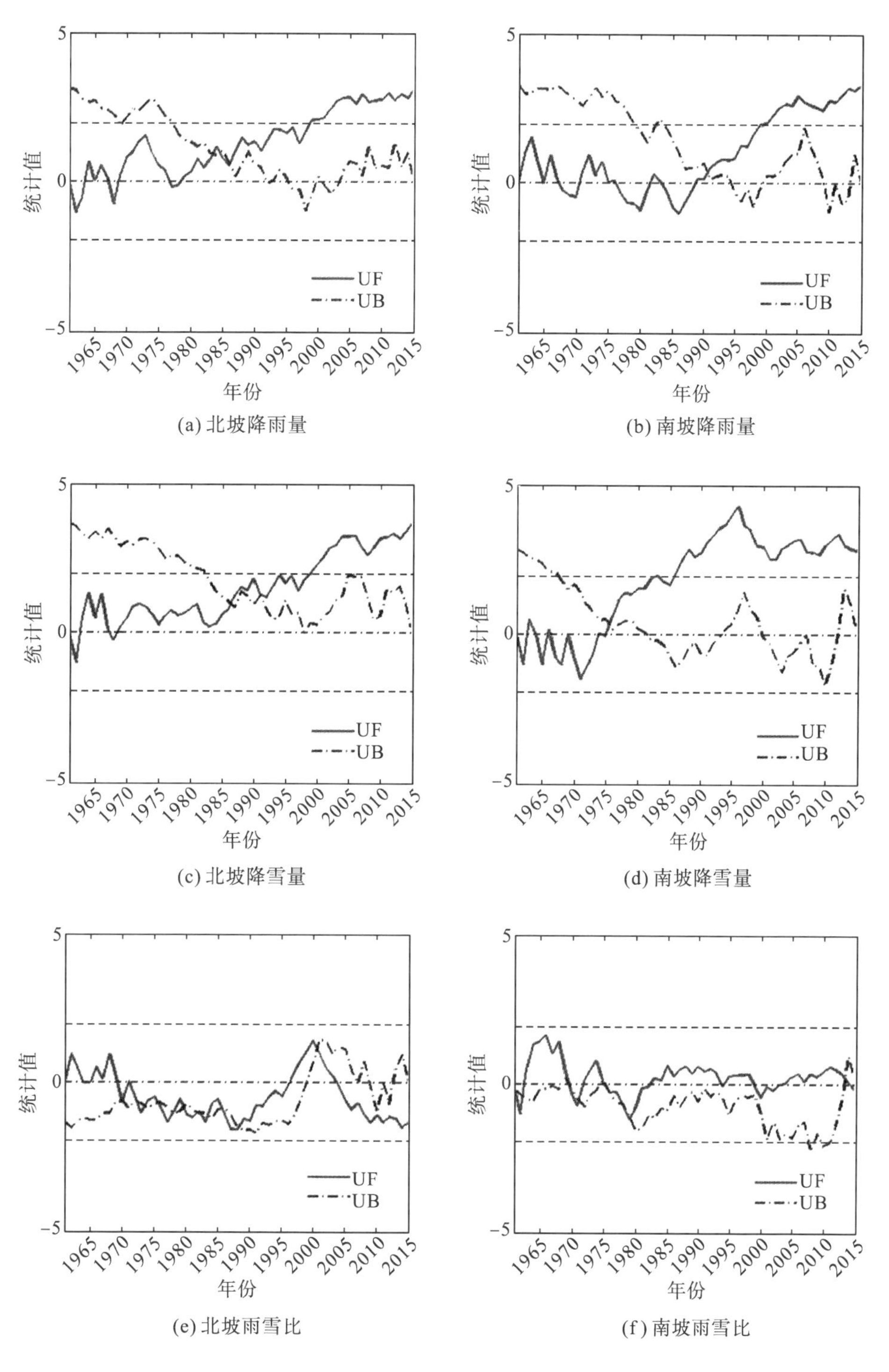

图 2-3　1961～2015 年天山降雨量、降雪量、雨雪比的 Mann-Kendall 统计量曲线

3. 降水相态变化周期

为了解降水相态的周期性变化特征，对 1961～2015 年天山山区南北坡降雨量和降雪量的时间序列进行小波分析，分析结果如图 2-4 和图 2-5 所示。

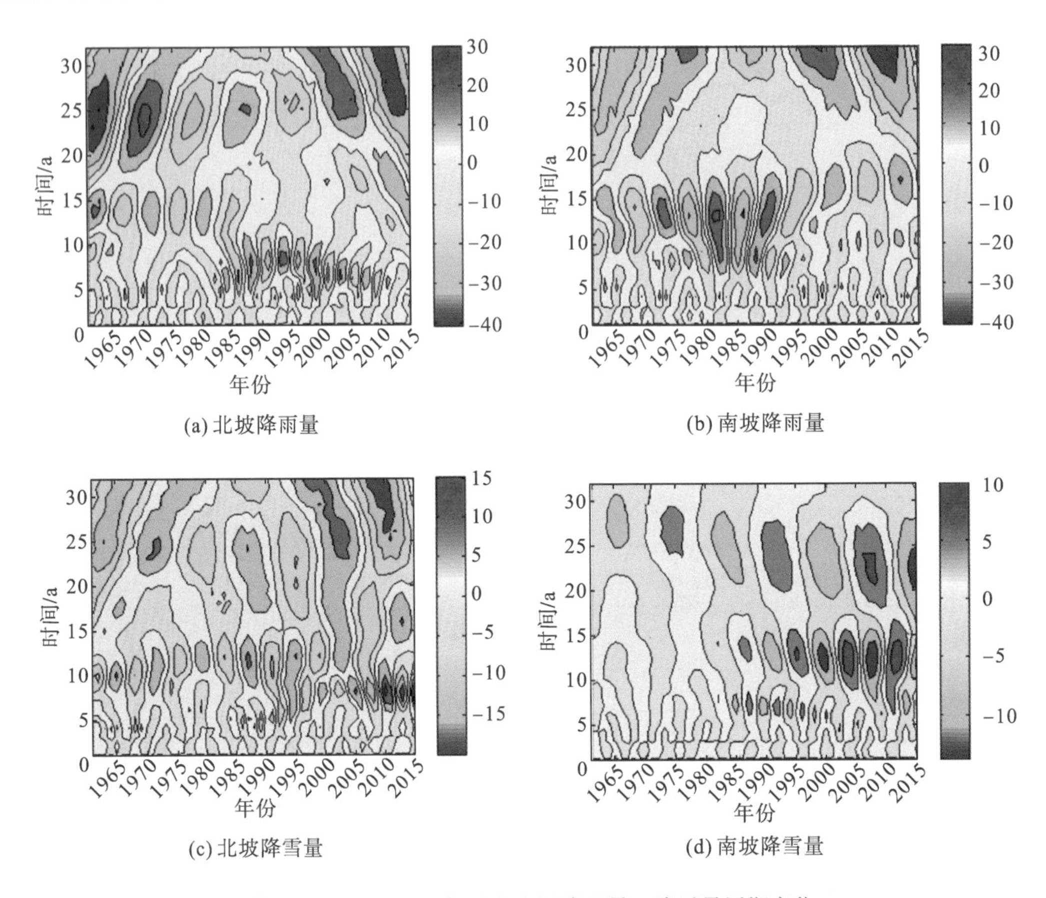

图 2-4 1961～2015 年天山山区降雨量、降雪量周期变化

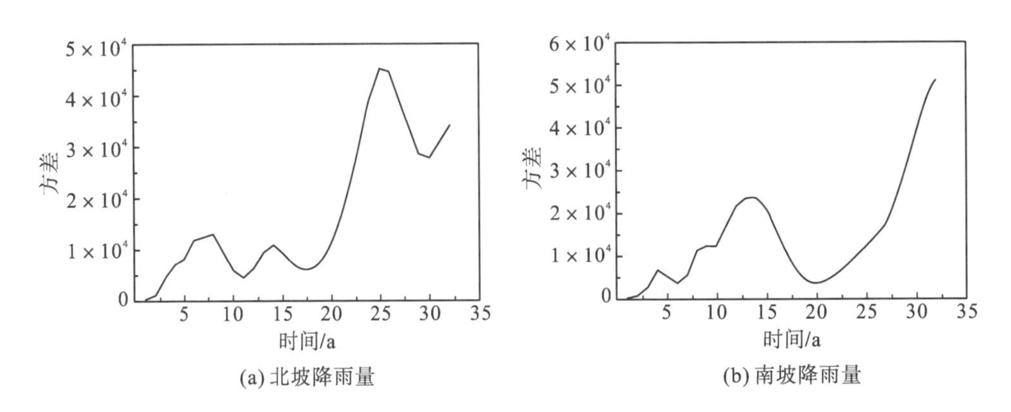

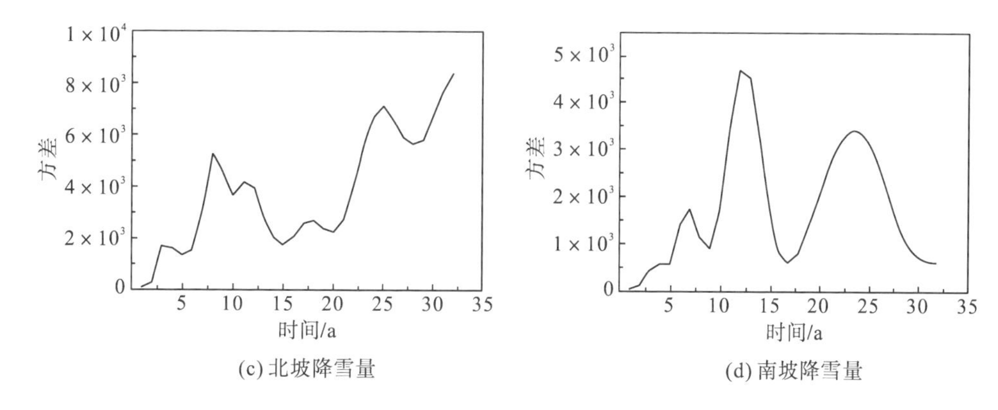

(c) 北坡降雪量 (d) 南坡降雪量

图 2-5 1961～2015 年天山山区降雨量、降雪量小波方差图

图 2-4 显示了天山山区南北坡各降水相态在不同时间尺度上的振荡周期变化。天山南北坡降雨量都存在 8a、15a 左右的周期变化，北坡降雨量 1985 年前 15a 左右的周期震荡显著，1985 年之后 8a 左右的周期震荡显著，南坡整个时间序列中一直存在 15a 左右的周期。北坡还存在 25a 左右的周期，周期震荡经历了“少、多”相位的 3.5 次循环交替，南坡降雨量还存在 30a 左右的周期，周期震荡经历了“少、多”相位的 2.5 次循环交替。南北坡降雪量存在 8a、12a、25a 左右的周期变化。北坡降雪量 2000 年前主要存在 12a 左右的周期变化，2000 年之后主要存在 8a 左右的周期变化，以 30a 左右为周期的信号最强，周期震荡经历了“少、多”相位的 2.5 次循环交替。南坡降雪量 1985 年之后主要存在 8a 左右的周期变化，以 25a 左右为周期的信号最强，周期震荡经历了“少、多”相位的 3.5 次循环交替。

结合小波方差(图 2-5)可得到天山南北坡降水相态的第一主周期。北坡降雨、降雪的第一主周期分别为 25a、30a，南坡降雨、降雪的第一主周期分别为 30a、25a。综合小波系数来看，南北坡降雨小波系数负相位等值线已闭合，说明在 2015 年后南北坡降雨会在第一主周期下处于偏多期。北坡降雪小波系数负相位等值线已闭合，而南坡降雪负相位等值线还未闭合，说明在第一主周期下，北坡降雪可能持续处于偏多期，而南坡降雪在未来 20～30 年还将处于偏少期。因此，可推测南坡降雪占降水相态的比重在未来 20 年可能会持续下降，而未来北坡降雪占降水相态的比例还需进一步探究。

2.1.3 天山山区降水相态空间变化特征

1. 各相态降水空间分布特征

天山山区 1961～2015 年各年平均降雨量、降雪量空间分布如图 2-6 所示，图 2-7 统计了 1961～2015 年各年天山南北坡各站点各降水相态的量值对比(图中以七角井为界，前 16 个站点属于天山北坡，后 14 个站点属于天山南坡)。

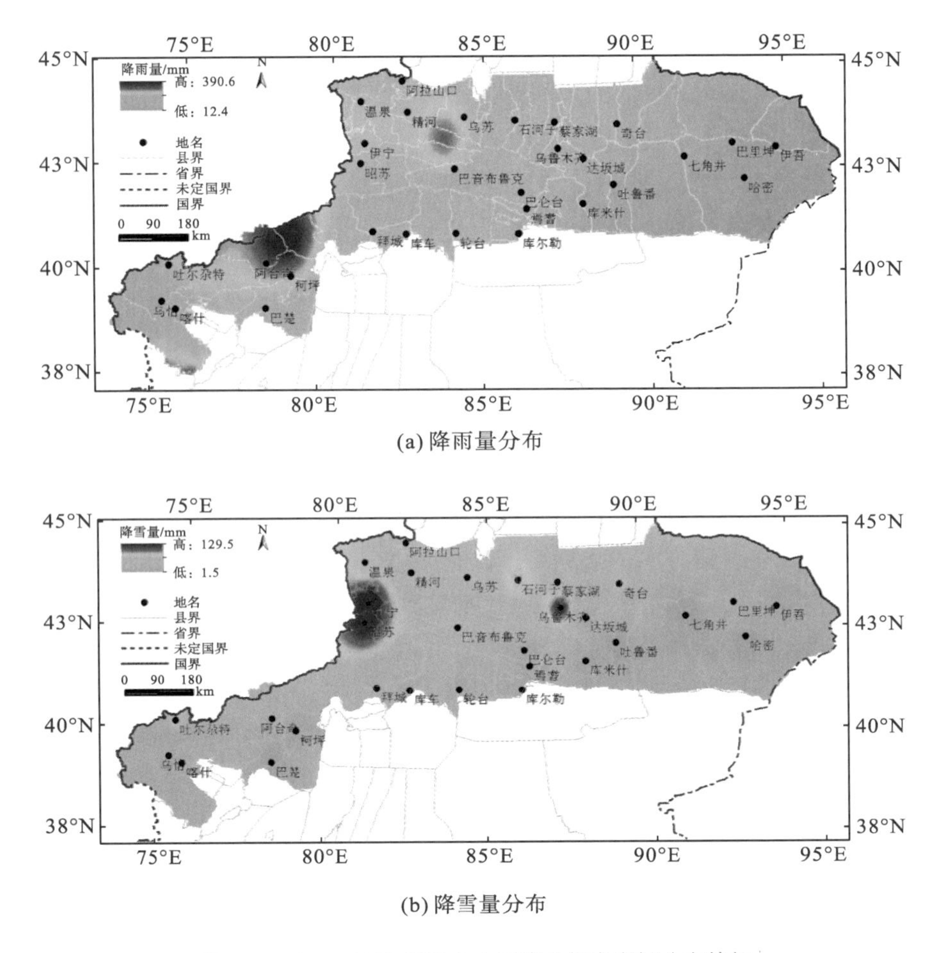

(a) 降雨量分布

(b) 降雪量分布

图 2-6　1961～2015 年天山山区降水相态空间分布特征

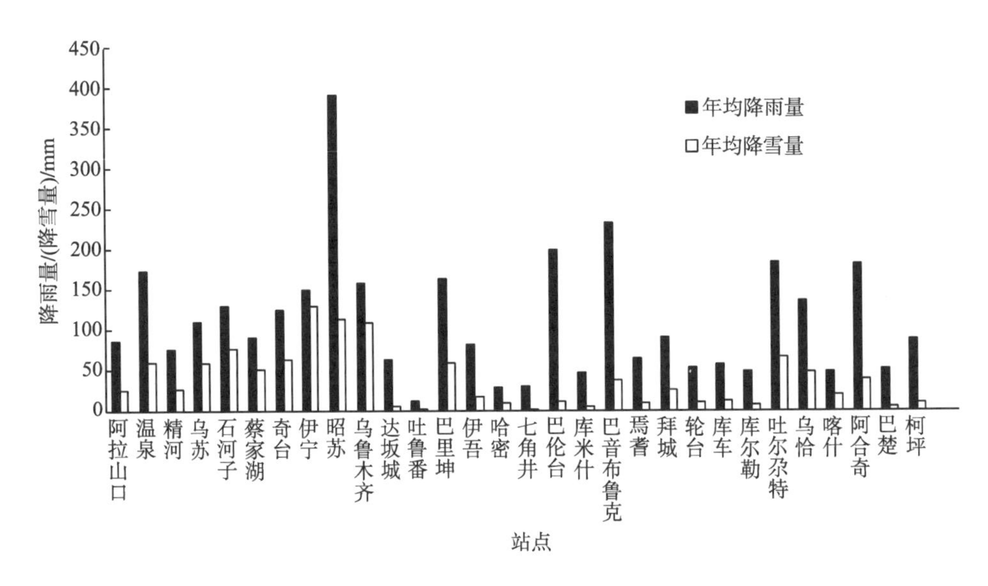

图 2-7　1961～2015 年天山南北坡降水相态空间分布柱状图

图 2-6 及图 2-7 显示，天山年均降雨量和降雪量的空间分布特征具有相似性，其值变化都是由西向东呈减少趋势。由于西风环流是天山降水的主要来源(Yao et al.，2013)，天山北坡为迎西北湿润气流的迎风坡，南坡则为背风坡，北坡降雨量、降雪量都明显大于南坡。西风气流带来的湿润气流随着山谷地势抬升，天山北坡西段的伊宁、昭苏地区雨量充沛，形成北坡高值中心，年均最大降雨量 390.6mm，年均最大降雪量 129.5mm；而北坡吐鲁番、哈密及附近地区远离海洋且有天山阻挡，湿润空气难以到达，形成低值中心，年均最小降雨量 12.4mm、年均最小降雪量 1.5mm。天山南坡降雨量有两个高值中心，分别位于天山中段南坡的巴音布鲁克地区及天山南段的吐尔尕特地区，年均最大降雨量分别为 232.95mm 和 183.87mm，南坡降雨量低值中心位于库米什、库尔勒、喀什及附近地区，最小值为 47.55mm。南坡降雪量最大值位于天山南段吐尔尕特地区，为 67.15mm。除巴音布鲁克和吐尔尕特及附近地区外，天山南坡年均降雪量普遍小于 15mm，最小值出现在库米什，为 5.14mm。

利用站均日数计算公式计算 1961～2015 年天山 30 个气象站的多年平均降雨日数和降雪日数，如图 2-8 所示。

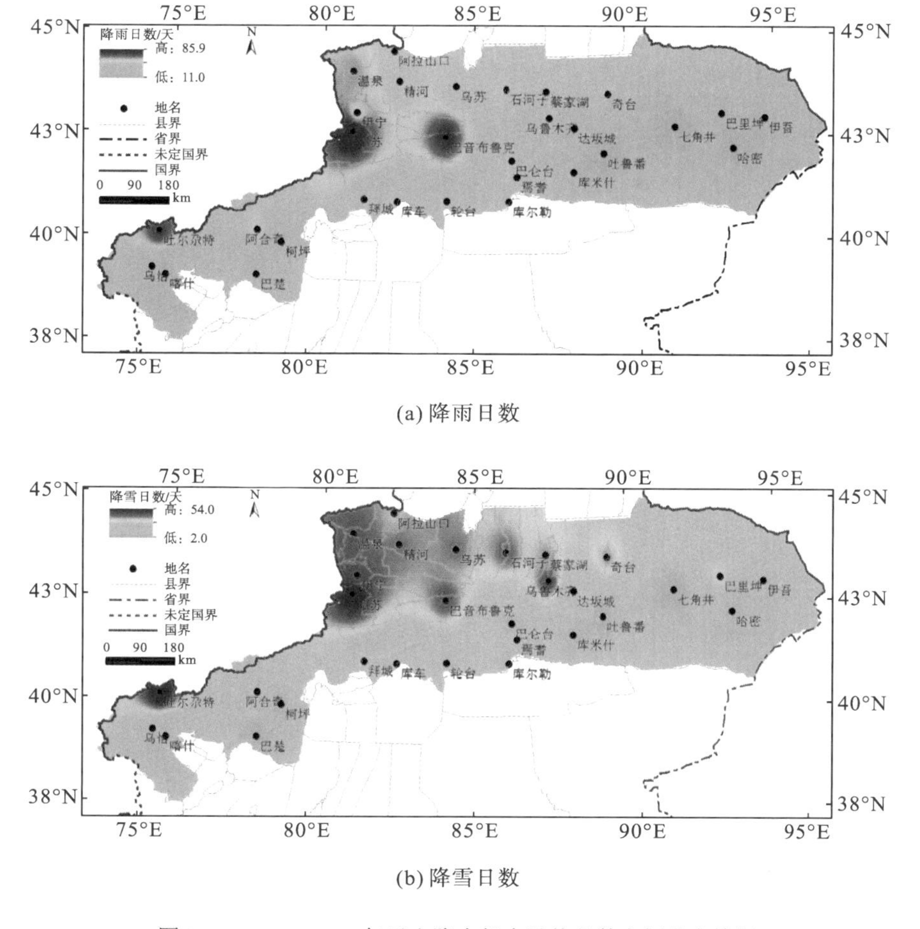

(a) 降雨日数

(b) 降雪日数

图 2-8　1961～2015 年天山降水相态站均日数空间分布特征

由图2-8可见，天山北坡降雨站均日数普遍大于南坡，且自西向东递减，其中伊宁、昭苏周边地区(年均降雨日80d/a)、巴音布鲁克周边地区(70d/a)和吐尔尕特周边地区(60d/a)为降雨日高值区。降雨日超过40d/a的基本在40° N以北以及85° E以西地区。而降雪日高值区主要在天山北坡的伊宁、温泉、乌苏及乌鲁木齐周边和天山南坡的吐尔尕特附近地区，伊宁及吐尔尕特年均降雪日数最多，为50d/a。降雪日超过30d/a的基本在42.5° N以北以及90° E以西地区。降雨日和降雪日的低值中心多位于天山南坡(除巴音布鲁克、吐尔尕特附近地区，这两个区域因地形原因，降雨及降雪日数较高)，最低值均出现在吐鲁番，其年均降雨日数为15d/a，年均降雪日数为5d/a。降雪日最低值还出现在南坡的巴楚、北坡的七角井，年均降雪日数为5～10d。

综合图2-6和图2-8可见，降雨、降雪站均日数空间分布和降雨量、降雪量空间分布特征具有协同性，即降雨日、降雪日高值区域对应降雨量、降雪量也较多，降雨日、降雪日低值区域对应降雨量、降雪量低值区。且天山北坡各相态降水量值与站均日数均普遍大于天山南坡，天山西段大于天山东段。

2. 降水相态空间变化趋势分析

为分析天山各降水相态变化的空间分布特征，利用ArcGIS平台对1961～2015年多年平均降雨量、降雪量、降雪率变化倾向率进行空间插值，如图2-9所示。

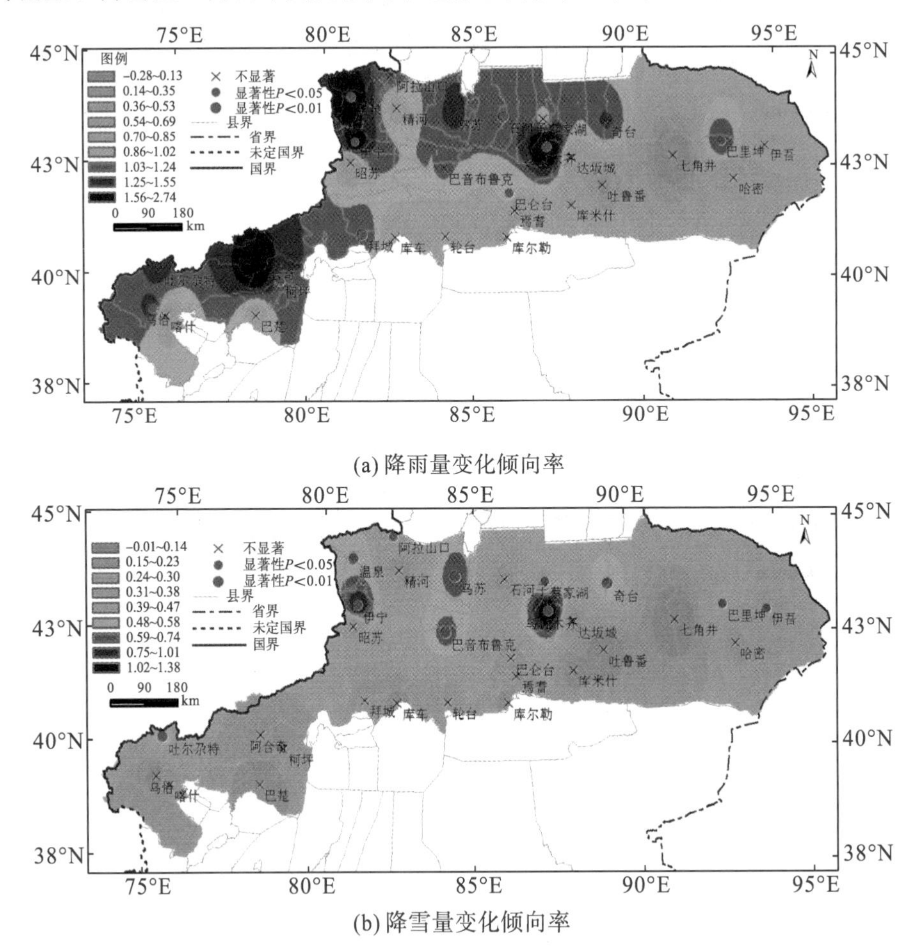

(b) 降雪量变化倾向率

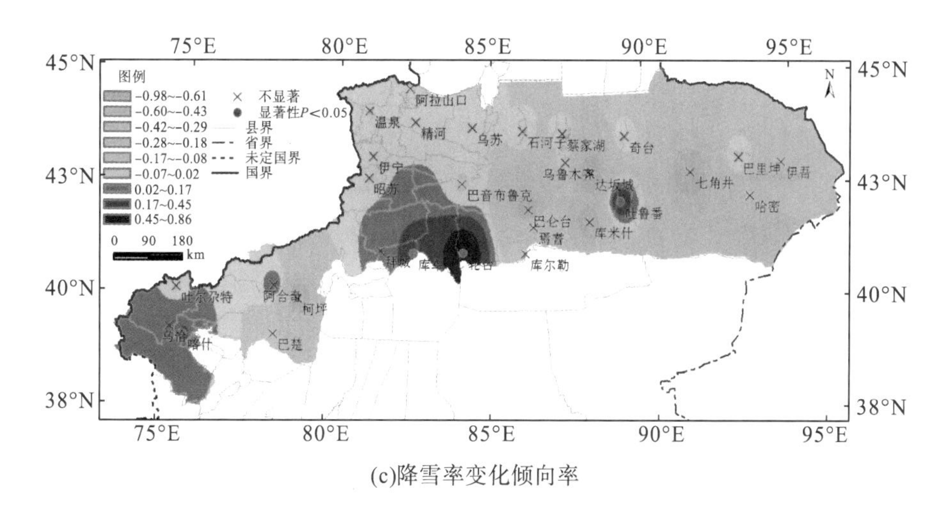

(c)降雪率变化倾向率

图2-9 1961～2015年天山降水相态降雪率倾向率空间分布

不同地区降水相态变化倾向率并不一致，但其空间分布与天山南北坡各降水相态的分布具有一定的相似性(图2-9)。天山南北坡降雨量、降雪量变化倾向率除北坡七角井外其余都为增长趋势，且由东向西呈减少趋势。北坡降雨量及降雪量增幅高值中心位于北坡西段及北坡中段地区，降雨量增幅最大值出现在温泉(14.2mm/10a)，降雪量增幅最大值出现在乌鲁木齐(13.8mm/10a)；北坡降雨量、降雪量增幅低值中心位于北坡东段，最小值都出现在七角井(–2.8mm/10a～0.1mm/10a)，为唯一的负增长地区。

南坡降雨量增幅高值中心位于南坡西段及中段北部地区，降雨量增幅最大值出现在阿合奇(20.1mm/10a)，低值中心位于南坡东段及中段南部地区，最小值出现在焉耆(0.4mm/10a)。北坡降雨量倾向率有50%的站点通过显著性检验，南坡降雨量倾向率有57%的站点通过显著性检验，说明天山南坡的降雨量增加变化比北坡明显。而南坡降雪量增幅普遍偏小，最小值出现在西段巴楚(0.3mm/10a)；南坡降雪增幅只有两个大值出现在中段巴音布鲁克(6.5mm/10a)和西段吐尔尕特(5.1mm/10a)。北坡有63%的站点降雪量变化倾向率通过显著性检验，而南坡只有29%的站点通过显著性检验，说明天山北坡降雪量增幅较南坡明显。

南北坡降雪率变化倾向率总体上由西向东呈增加趋势，天山中段、东段降雪比重增加趋势大于西段，但87%的站点没有通过显著性检验。降雪率增加有两个高值中心，即南坡巴音布鲁克附近地区和北坡哈密附近地区；降雪率减少主要出现在北坡石河子附近地区，南坡拜城、乌恰及附近地区。

3. 降水相态主周期空间分布特征

利用小波分析计算各站点降雨量、降雪量的主周期，并在ArcGIS平台进行空间插值，得到天山南北坡各降水相态主周期的空间分布情况，如图2-10所示。

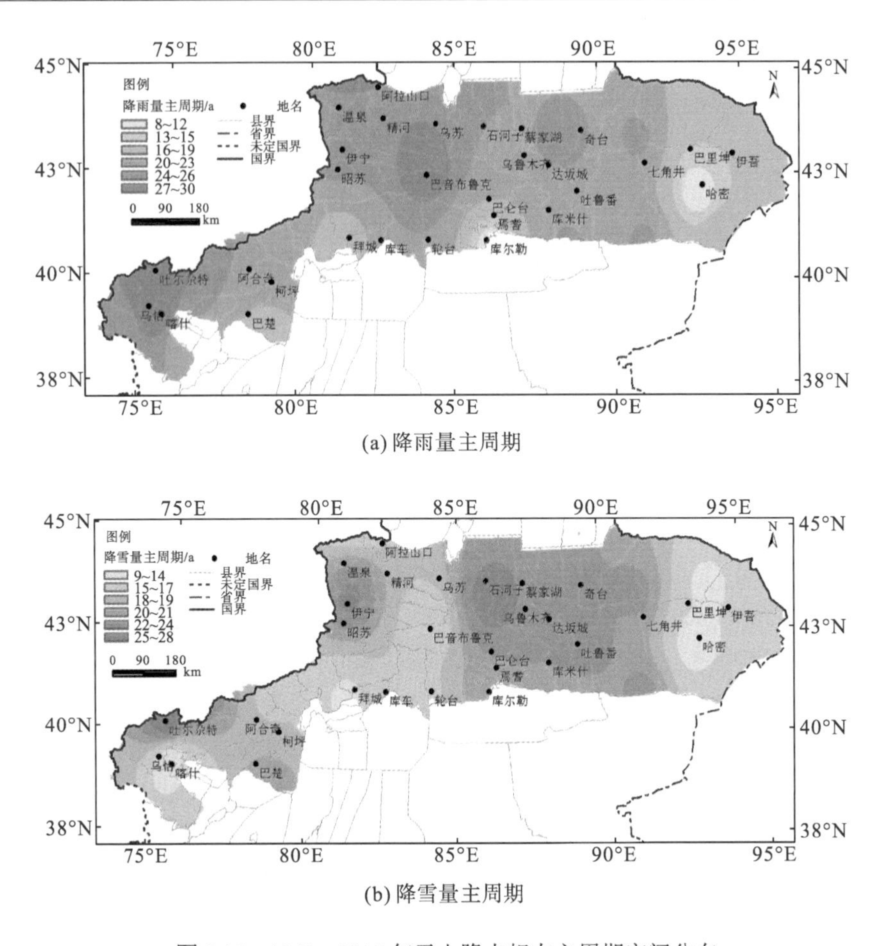

(a) 降雨量主周期

(b) 降雪量主周期

图 2-10 1961～2015 年天山降水相态主周期空间分布

由图 2-10 可见，天山山区南北坡降雨及降雪的主周期都在 8～30a。北坡降雨主周期由西向东递减，西段范围大致在 18～30a，东段各站降雨主周期小于 13a。南坡降雨主周期由中段向东、西段递减，中段范围大致在 18～30a，东、西段各站降雨主周期小于 13a(吐尔尕特、阿合奇和乌恰为 14～30a)。南北坡降雪主周期分布类似，中段大于东、西段，中段主周期为 20～30a，东、西段主周期小于 19a(吐尔尕特、库尔勒和巴楚为 20～30a)。主周期的空间分布验证了南北坡整体周期趋势的讨论，但主周期下南北坡降水相态空间分布未来将如何变化，还有待结合南北坡各站点主周期的时频变化进行深入研究。

2.2 天山山区极端水文事件特征变化分析

2.2.1 极端水文事件的界定

极端水文事件属于水文事件中极值水文学的范畴，它的定义为：在一定时间尺度内，对于特定的流域，发生径流量明显变化的、概率极小的并具有一定破坏力的水文事件，通常极端程度对应的概率只占该类水文事件的10%或者更少(胡彩虹等，2013)。极端水文事件包括极端洪水事件和极端枯水事件两个研究内容(李秀云等，1993)。所以，在确定极端水文事件之前需先在径流数据中确定水文事件的发生，再通过确定极端水文事件的阈值来选出极端水文事件。

极端水文事件多采用日径流量作为标准，根据《中国水资源评价》中所定的三级标准，将日流量资料按从小到大的顺序排列，正常年相应频率为37.5%≤P<62.5%，丰水年相应频率为P≥62.5%，枯水年相应频率为 P<37.5%。因此，累积频率为40%～60%的流量是河流常年发生频次最多的一个流量范围，故将洪水事件和枯水事件的阈值分别定为累积频率为60%和40%时所对应的流量。极端事件一般对应于90%或10%的累积频率，将极端洪水事件的阈值定为洪水事件累积频率为90%时所对应的日径流量，将极端枯水事件的阈值定为枯水事件累积频率为10%时所对应的日径流量。

确定极端水文事件的具体步骤如下：

(1)确定洪水事件和枯水事件：将日径流量数据从小到大排列并计算其累计频率，将第40百分位值确定为枯水事件日径流量的阈值，第60百分位值确定为洪水事件日径流量的阈值。如果日径流量小于枯水事件的阈值时，就记为一次枯水事件；如果日径流量大于洪水事件的阈值时，就记为一次洪水事件。

(2)确定极端洪水事件和极端枯水事件：将洪水事件的日流量按从小到大排列，当累积频率达到90%时，其所对应的流量值记为极端洪水事件的阈值；将枯水事件的日流量按从小到大排列，当累积频率达到10%时，其所对应的流量值记为极端枯水事件的阈值。

根据上述步骤，计算得出天山南坡开都河流域大山口水文站极端洪水事件的阈值为417m^3/s，极端枯水事件的阈值则为34.8m^3/s。天山北坡玛纳斯河流域肯斯瓦特水文站极端洪水事件的阈值为313m^3/s，极端枯水事件的阈值则为4.24m^3/s。

2.2.2　典型流域极端水文事件年际变化

1. 典型流域研究区概况

天山是新疆重要的自然地理分界线，将天山山脊分水岭定为南北疆的地理界线，发源于天山的河流，凡南流到塔里木盆地或其南坡山间盆地的流域范围为天山南坡，其他流域范围为天山北坡(龚建新和文军，2012)。本书选取开都河流域作为天山南坡的典型流域，玛纳斯河流域作为天山北坡的典型流域，对天山南北坡流域极端水文事件频率年际变化进行对比分析。

1)天山南坡——开都河流域概况

开都河流域地处新疆巴音郭楞蒙古自治州境内，位于天山南坡焉耆盆地北缘。开都河发源于天山南坡中段，自河流出口的大山口水文站进入焉耆盆地，最终流入博斯腾湖(图2-11)。开都河流域平均年径流量为33.62万km^3，大约70%的径流发生在5～10月，主要是来源于春季融雪径流和夏季冰川融水和雨水的补给。开都河流域具有典型的高山气候，年平均温度-4.6℃，年平均降水量为273mm，年均蒸发量达1157mm。降水量随季节变化而变化，年降水量的80%以上发生在5～9月(Fu et al.，2013；柏玲等，2017)。

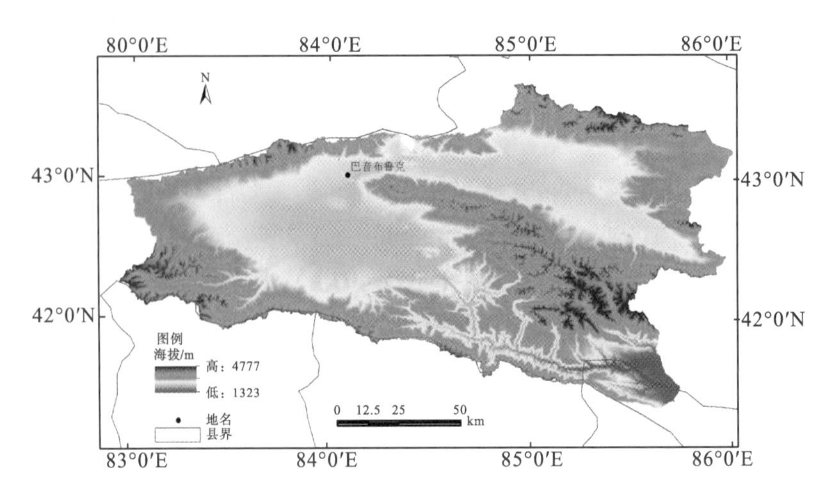

图 2-11　开都河流域概况

2）天山北坡——玛纳斯河流域概况

玛纳斯河发源于天山北坡依连哈比尕山山脉，流域内地势由东南向西北倾斜，海拔3600m以上为终年积雪覆盖，冰川面积1037.68km^2，是各河径流主要补给源，属于融雪径流补给型河流（图2-12）。玛纳斯河流域远离海洋，气候干燥，属于典型的大陆性气候。冬冷夏热，温差较大，光照充足，热量丰富，雨量稀少，蒸发量大。从南部平原到山区，年平均降水量为110～190mm，年平均温度约为6.6℃，年平均蒸发量为1500～2000mm。肯斯瓦特水文站为玛纳斯河干、支流汇合后的控制站，海拔910m（王晓杰等，2012；沈雪峰和艾成，2012）。

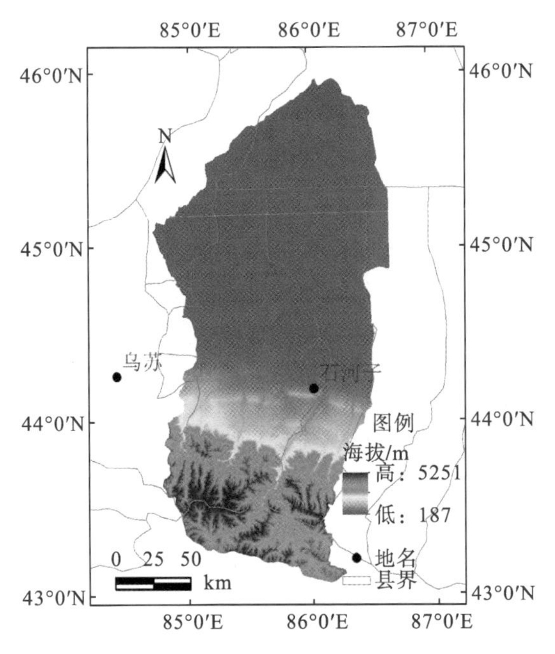

图 2-12　玛纳斯河流域概况

2. 天山南坡——开都河流域极端水文事件年际变化

开都河流域 1961～2002 年极端枯水事件和极端洪水事件场次、最大洪峰流量、最小枯水流量年际变化趋势如图 2-13 和图 2-14 所示。

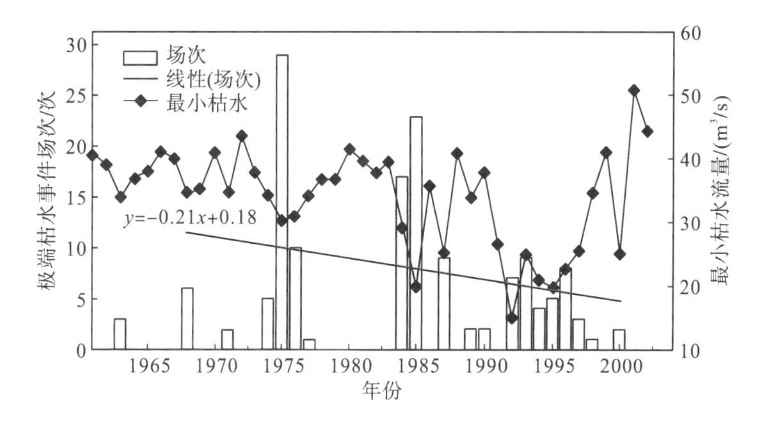

图 2-13　开都河流域极端枯水事件年际变化

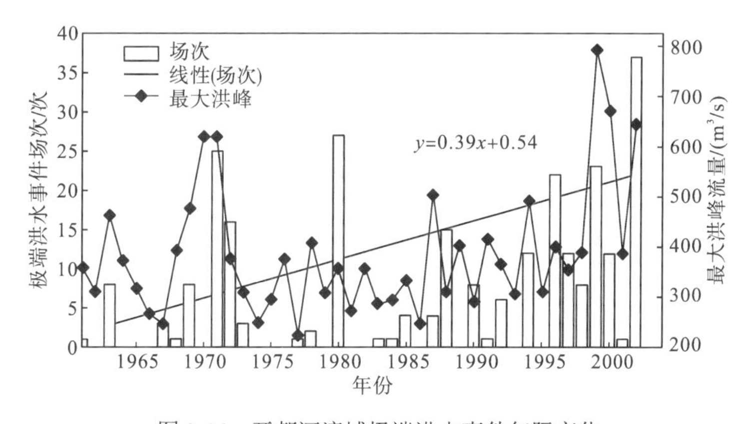

图 2-14　开都河流域极端洪水事件年际变化

图 2-13 显示了开都河流域极端枯水事件场次年际变化呈减少趋势，回归系数为–0.21。在研究时段内，共 20 个年份发生过极端枯水事件，主要发生在 20 世纪 70 年代中期、80 年代中后期和整个 90 年代。其中 1975 年、1984 年和 1985 年极端枯水事件发生次数都超过 15 次，1975 年为历年最多，达 29 次；20 世纪 60 年代、70 年代末期和 80 年代初期，极端枯水事件发生较少，60 年代除 1963 年和 1967 年发生少量极端枯水事件外，其余年份均无极端枯水事件发生。20 世纪 70 年代末期和 80 年代初期连续 6 年没有发生极端事件；90 年代极端枯水事件发生次数频繁，但较 80 年代减少 33.3%，每年发生极端枯水的场次也较七八十年代少，并且 90 年代初期、中期枯水流量也较其他年代小，日最小枯水量出现在 1992 年 12 月，为 15m^3/s。20 世纪 80 年代最小枯水流量变化曲线上下波动较大，1985 年最低为 19.9m^3/s。最小枯水流量在 20 世纪六七十年代较大，80 年代后期和 90 年代初、中期有减小趋势，90 年代后期大幅增加，为研究时段内最小枯水流量的最高值阶段，说明 80 年代后期和 90 年代初、

中期阶段开都河流域枯水程度较大，90 年代后期之后，该流域径流量大幅增加。

对开都河流域极端洪水年际场次进行分析可以看出(图 2-14)，极端洪水事件场次呈线性上升趋势，回归系数为 0.39。该流域发生极端洪水场次频繁，在研究时段内，有 27 个年份发生过极端洪水事件，主要发生在 20 世纪 60 年代初期、70 年代初期、90 年代中后期和 21 世纪初期。1971 年、1980 年、1999 年和 2002 年极端洪水事件发生次数最多，都超过 25 次，其中 1980 年的极端洪水事件为春季极端洪水，其余三年为夏季极端洪水较多。20 世纪 70 年代中期到 80 年代中期(除 1980 年)，开都河流域发生极端洪水事件次数相对较少，为 0～4 次。20 世纪 90 年代中后期到 21 世纪初期极端洪水事件频繁发生，较 20 世纪 60 年代到 90 年代初期极端洪水发生总次数增加 58.7%。年最大洪峰流量与极端洪水事件场次年际变化分析结果一致，极端洪水事件发生场次较多时期，最大洪峰流量也较大，研究时段内最大洪峰流量呈增加趋势，最大值出现在 1999 年 7 月，为 793m^3/s。最大洪峰流量超过 400m^3/s 的极端洪水事件有 6 年，分别为 1970 年、1971 年、1987 年、1999 年、2000 年和 2002 年。

3. 天山北坡——玛纳斯河流域极端水文事件年际变化

玛纳斯河流域 1961～1999 年极端枯水事件和极端洪水事件场次、最大洪峰流量、最小枯水流量年际变化趋势如图 2-15 和图 2-16 所示。

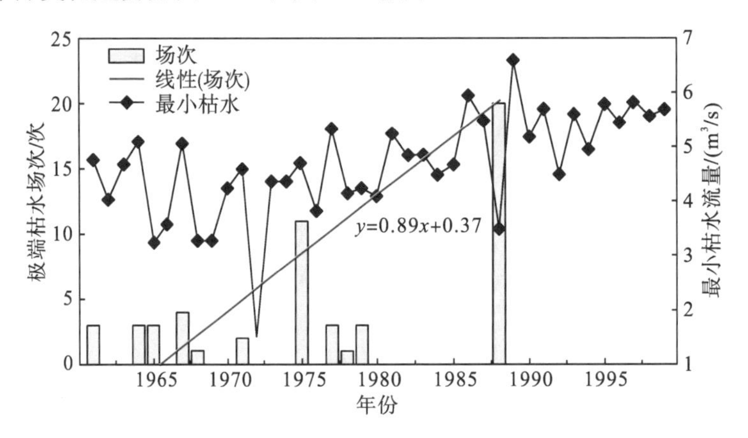

图 2-15 玛纳斯河流域极端枯水事件年际变化

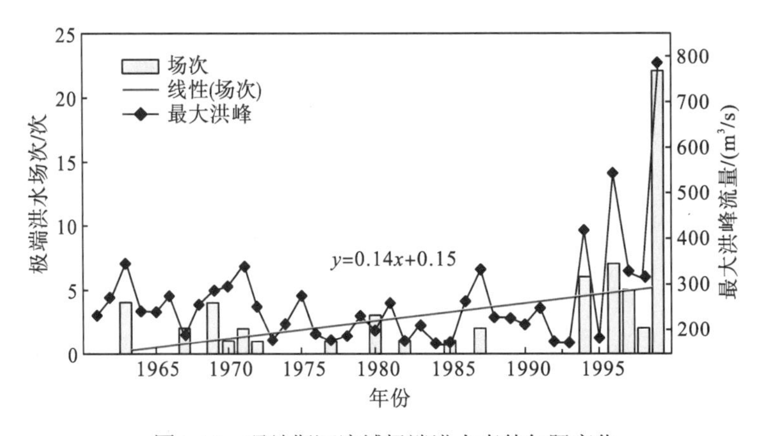

图 2-16 玛纳斯河流域极端洪水事件年际变化

由图 2-15 可知，玛纳斯河流域极端枯水事件场次的年际变化在 1961～1988 年呈增加趋势，回归系数为 0.89，之后到 1999 年无极端枯水事件发生。在研究时段内，共有 11 个年份发生过极端枯水事件，主要发生在 20 世纪 60 年代末期、70 年代末期和 80 年代末期。其中 1988 年发生极端枯水事件最多，近 20 次，日最小枯水流量为 $3.43m^3/s$，该事件发生在 2 月 28 日左右；1976 年极端枯水事件发生场次次之，为 11 次；日最小枯水流量出现在 1972 年，仅为 $1.5m^3/s$。20 世纪 80 年代初期、中期连续 7 年没有发生极端枯水事件，90 年代连续 10 年没有发生极端枯水事件。总体可见，玛纳斯河流域极端枯水事件在 20 世纪 60 年代到 70 年代发生频繁，此时期最小枯水流量也为研究时段内最小值，1980 年之后(除 1988 年)，最小枯水流量较之前有明显的上升趋势。

图 2-16 显示了玛纳斯河流域极端洪水事件场次年际变化呈增加趋势，回归系数为 0.14。玛纳斯河流域在研究时段内只有 16 个年份发生过极端洪水事件，主要发生在 20 世纪 90 年代末期、60 年代末和 70 年代初。其中 1999 年极端洪水事件发生次数超过 20 次，1994 年、1996 年次之，分别发生 6 次和 7 次极端洪水事件，1969～1972 年连续发生 7 次极端洪水事件。20 世纪 90 年代以前，玛纳斯河流域极端枯水事件发生较少且分布分散，都在 5 次以下。20 世纪 60 年代前期、中期发生极端枯水事件次数较少，只有 1963 年发生 4 次，其余年份均无极端枯水事件发生。20 世纪 80 年代到 90 年代前期只有 4 年发生极端洪水事件，且次数极少，为 1～3 次，其余年份无极端枯水事件发生。最大洪峰流量和极端洪水场次年际变化一致，呈上升趋势，1999 年达到最大值，为 $789m^3/s$，该次极端洪水事件发生在 8 月 2 日左右。由以上分析说明，玛纳斯河流域在 20 世纪 90 年代后期处于丰水期，易发生极端洪水事件。

4. 天山南北坡极端水文事件年际变化差异对比

通过对开都河流域和玛纳斯河流域极端水文事件场次年际变化的分析来看，有以下几个结论：

(1) 天山山区南北坡流域极端水文事件都具有不稳定性的特征，主要表现为其年际分布频次的不稳定。

(2) 天山南坡开都河流域极端水文事件发生场次多于北坡玛纳斯河流域，且开都河流域最大洪峰流量及最小枯水量值都大于玛纳斯河流域。

(3) 南北坡流域极端枯水事件发生场次年际变化都呈减少趋势，其主要发生在 20 世纪 70 年代中期和 80 年代中后期。极端洪水事件发生场次都呈增加趋势，特别是在 20 世纪 90 年代末期，两流域极端洪水事件增加显著。

2.2.3　典型流域极端水文事件年内变化

1. 天山南坡——开都河流域极端水文事件年内变化

对开都河流域极端水文事件频率年内变化进行分析(图 2-17)，结果表明，开都河流域极端枯水事件发生在 1～4 月和 10～12 月，集中发生在冬季(1 月、2 月和 12 月)，占全年极端枯水事件发生频率的85.2%，最大月出现在2月，占全年发生频率的31.7%。春季(3～4月)极端枯水事件频率占全年的12%，秋季(10～11月)约占2.8%，春季极端枯水事件发生次数多于秋季。极端洪水事件均发生在夏季(6～8月)，最大月出现在7月，占全年极端洪水事件发生频率的31.6%。9月无极端水文事件发生。

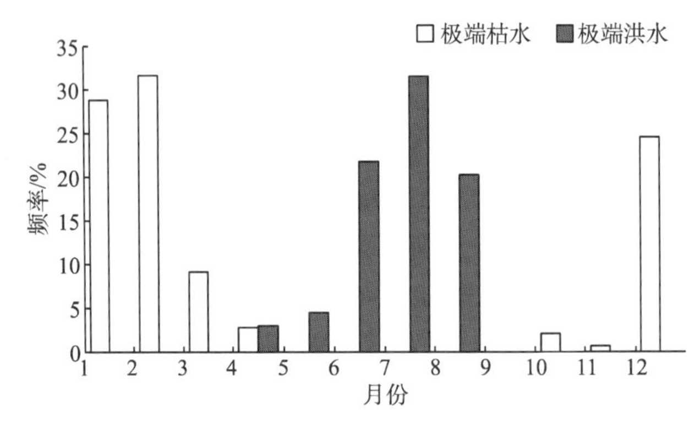

图2-17 开都河流域极端水文事件年内分布

为进一步量化极端洪水与极端枯水事件的各年代际的年内分布情况，计算了极端水文事件年内集中度与集中期，并分析年内极端枯水和极端洪水日数的变化特征，根据已有的极端洪水事件和极端枯水事件(1961～2002年)，将其划分为5个年代际，通过公式计算集中度和集中期，结果见表2-2和表2-3。

表2-2 开都河流域极端枯水事件集中度变化统计特征

年份	集中度(PCD)/%	集中期(PCP)	
		合成向量方向/(°)	极端枯水事件出现时间
1961～1969	96.73	11.93	1月27日
1970～1979	91.10	25.48	2月11日
1980～1989	91.59	0	1月15日
1990～1999	73.87	23.53	2月9日
2000～2002	—	—	—
多年平均	82.37	8.91	1月24日

表2-3 开都河流域极端洪水事件集中度变化统计特征

年份	集中度(PCD)/%	集中期(PCP)	
		合成向量方向/(°)	极端洪水事件出现时间
1961～1969	88.19	169.11	7月5日
1970～1979	97.46	187.37	7月23日
1980～1989	96.59	165.00	7月1日
1990～1999	95.76	181.36	7月17日
2000～2002	90.56	176.99	7月12日
多年平均	90.63	178.49	7月14日

从表 2-2 可见，1961～2002 年开都河流域极端枯水事件集中度为 82.37%，集中度较高，极端枯水事件集中发生在 1 月 24 日左右，较图 2-17 分析得出的极端枯水事件主要发生在 2 月有所前移。从年际变化来看，极端枯水事件集中度变化较大，整体上呈减少趋势。1961～1969 年，极端枯水事件集中度最大，为 96.73%；1990～1999 年，极端枯水事件集中度为年际变化的最低水平(73.87%)，较 20 世纪 60 年代降低 22.86 个百分点。2000～2002 年，极端枯水事件只发生 1 次，在此不对此时期集中度和集中期作讨论。

就极端枯水事件集中期合成向量方向而言，最大值为 25.48°(1970～1979 年)，最小值为 0°(1980～1989 年)，二者出现的时间相差 26 天左右。1961～2002 年，极端枯水事件发生时间主要集中在 1 月和 2 月，但波动变化较大。1970～1979 年较 1961～1969 年极端枯水事件集中出现时间有推后现象(1 月下旬向 2 月中旬变化，推后 14 天)；1980～1989 年极端枯水发生时间提前 26 天；1990～1999 年极端枯水事件发生时间后移 24 天。

表 2-3 反映了开都河流域极端洪水事件集中度和集中期的年代际变化。1961～2002 年开都河流域极端洪水事件集中度为 90.63%，集中度较高，极端洪水事件集中发生在 7 月 14 日左右，与图 2-17 分析得出的极端洪水事件主要集中时间一致。从年际变化来看，极端洪水事件集中度变化较大，但各年代际极端洪水发生集中度都非常高，以 1970～1979 年为界，之前呈上升趋势，之后呈减小趋势。且 1970～1979 年，极端洪水事件集中度最大，为 97.46%。2000～2002 年，极端洪水事件集中度为年际变化的最低水平(90.56%)，可能是统计年份较短的原因。

极端洪水事件集中期合成向量方向最大值为 187.37°(1970～1979 年)，最小值为 165°(1980～1989 年)，二者出现的时间相差 22 天左右。各年代际极端洪水事件发生时间都集中在 7 月，波动变化不大。1961～1969 年和 1980～1989 年，极端洪水事件集中出现时间都为 7 月上旬；1990～2002 年，极端洪水事件集中发生在 7 月中旬；1970～1979 年，极端洪水事件集中发生在 7 月下旬。由此说明，开都河流域夏季极端洪水频次大于春季极端洪水频次。

2. 天山北坡——玛纳斯河流域极端水文事件年内变化

对玛纳斯河流域极端水文事件频率年内变化进行分析(图 2-18)，从结果可以看出，玛纳斯河流域极端枯水事件发生在 1～3 月、11 月和 12 月，集中发生在冬季(12 月、1 月和 2 月)，占全年极端枯水事件发生频率的 74.7%，最大月出现在 2 月，占全年发生频率的 64.8%。春季(3 月)极端枯水事件频率占全年的 23.9%，秋季(11 月)约占 1.4%，春季极端枯水事件发生次数多于秋季。极端洪水事件发生在春季末和夏季(5～8 月)，在 7 月和 8 月比较集中，最大月出现在 7 月，占全年极端洪水事件发生频率的 62.5%。秋季几乎无极端水文事件发生(9 月和 10 月无，11 月发生一次极端枯水事件)。

同理，将玛纳斯河流域极端水文事件(1961～1999 年)划分为 4 个年代际，分别计算极端洪水和极端枯水事件集中度和集中期，结果见表 2-4 和表 2-5。

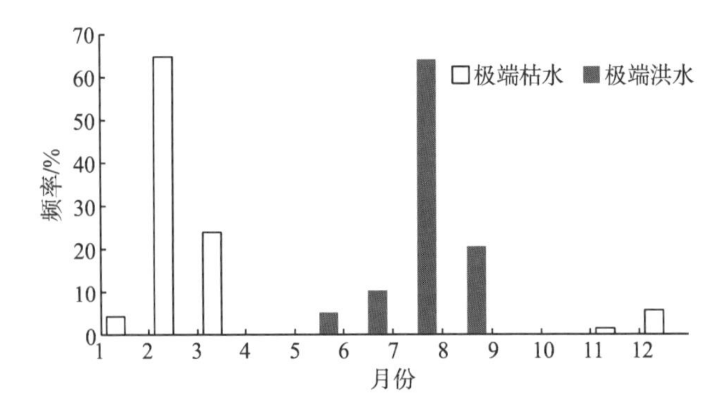

图 2-18　玛纳斯河流域极端水文事件年内分布

表 2-4　玛纳斯河流域极端枯水事件集中度变化统计特征

年份	集中度(PCD)/%	集中期(PCP)	
		合成向量方向/(°)	极端枯水事件出现时间
1961～1969	89.21	13.90	1月14日
1970～1979	94.30	26.42	1月27日
1980～1989	92.66	41.11	2月12日
1990～1999	—	—	—
多年平均	93.32	32.63	2月3日

表 2-5　玛纳斯河流域极端洪水事件集中度变化统计特征

年份	集中度(PCD)/%	集中期(PCP)	
		合成向量方向/(°)	极端洪水事件出现时间
1961～1969	92.99	132.50	5月28日
1970～1979	90.51	134.92	5月30日
1980～1989	83.67	193.64	7月29日
1990～1999	97.59	185.49	7月21日
多年平均	88.50	169.11	7月5日

从表 2-4 可见，1961～1999 年玛纳斯河流域极端枯水事件集中度为 93.32%，集中度较高，极端枯水事件集中发生在 2 月 3 日左右，与图 2-18 分析得出的极端枯水事件集中发生时间一致。从年际变化来看，1961～1969 年极端枯水事件集中度最低，为 89.21%；1970～1979 年，极端枯水事件集中度有增加趋势(94.30%)，这一时期的极端枯水事件较 1960～1969 年多；1980～1989 年，集中度较 1970～1979 年降低 1.64 个百分点。1990～1999 年，玛纳斯河流域无极端枯水事件发生。

极端枯水事件集中期合成向量方向最大值为 41.11°（1980～1989 年），最小值为 13.90°（1961～1969 年），二者出现的时间相差 29 天左右。1961～1999 年，极端枯水事件发生时间主要集中在 1、2 月，发生时间有后移现象：1961～1969 年，极端枯水事件集中出现在 1 月中旬；1970～1979 年，极端枯水事件发生时间向 1 月下旬后移，推后 13 天；1980～1989 年，极端枯水事件发生时间向 2 月中旬后移，推后 15 天。

表 2-5 为玛纳斯河流域极端洪水事件集中度和集中期的年代际变化。1961～1999 年玛纳斯河流域极端洪水事件集中度为 88.50%，集中度较高，极端洪水事件集中发生在 7 月 5 日左右，与图 2-18 分析得出的极端洪水事件发生集中时间一致。从年际变化来看，极端洪水事件主要发生在 1990～1999 年，且集中度非常高，为 97.59%；1961～1979 年，极端洪水主要集中发生在 5 月下旬，该时间段内春季极端洪水频发；1980～1999 年，极端洪水主要集中发生在 7 月下旬，夏季极端洪水频次大于春季极端洪水频次。

就极端洪水事件集中期而言，各年代际极端洪水事件发生时间都集中在 5～7 月，其中 20 世纪 80 年代以前极端水文事件出现时间呈后移趋势，而 20 世纪 80 年代之后出现时间呈前移趋势。

3. 天山山区南北坡极端水文事件年内变化差异对比分析

综合天山山区南北坡典型流域的极端水文事件年内分布分析得出，天山山区南北坡流域极端枯水事件发生频率最多的月份都为 2 月；除 2 月以外，南坡开都河流域极端枯水事件还集中发生在冬季（1 月和 12 月），而北坡玛纳斯流域极端枯水事件则在春季（3 月）发生较多，两流域春季发生极端枯水事件频次都多于秋季。两流域极端洪水事件均发生在夏季（7 月和 8 月），频次最大月均为 7 月。对比而言，南坡开都河流域极端洪水事件还发生在 6 月（6 月发生频次略大于 8 月），而北坡玛纳斯河流域无极端洪水事件在 6 月发生。

就极端水文事件年内集中度和集中期分布情况来看，研究时段内天山山区南北坡典型流域极端水文事件发生的集中度都很高，多年平均集中度都在 80%以上。北坡玛纳斯河流域极端枯水事件多年平均集中度（93.32%）大于南坡开都河流域（82.37%），表明玛纳斯河流域的极端枯水事件较开都河流域发生更为集中。且从年际变化来看，开都河流域极端枯水事件集中度变化呈减少趋势，而玛纳斯河流域呈增加趋势，说明玛纳斯河流域枯水事件越来越集中。玛纳斯河流域极端枯水事件发生集中期（2 月 3 日左右）较开都河流域（1 月 24 日左右）滞后。开都河流域研究时段内极端枯水各年际集中期相差最多 26 天左右，玛纳斯河流域相差 29 天左右。开都河流域极端洪水事件集中度（90.63%）高于玛纳斯河流域（88.50%），从年际变化来看，开都河流域极端洪水集中度以 20 世纪 70 年代为界，之前呈上升趋势，之后呈减少趋势；而玛纳斯河流域集中度变化比较复杂，因 1979 年之前主要为春季极端洪水而 1979 年后主要为夏季极端洪水，所以总集中度较开都河流域低。开都河流域极端洪水事件集中期（7 月 14 日左右）和玛纳斯河流域集中期（7 月 5 日左右）相差不大，都发生在 7 月。开都河流域研究时段内极端洪水各年际集中期相差最多 22 天左右；而玛纳斯河流域年内集中期相差较大，最多相差近两个月。

2.3 降水相态时空变化对极端水文事件分布的影响

极端水文事件受诸多因素影响，尤其是受降水、气温变化的影响最为直接，而气温的高低又直接影响到降水相态的类别。高山融雪是天山山区径流的主要补给源，降雪比例的增大，势必影响融雪径流的增大，而降雨比例的增大则对夏季径流的影响更为明显，因此分析降水相态变化对极端水文事件的影响，有助于更好地了解气候变化对径流影响的规律，评估由此带来的水资源可持续利用问题。

2.3.1 降水相态的时间变化对极端水文事件分布的影响

本节采用降雪率(*S*/*P*)——降雪量占降水量的比例来表示降水相态比例的变化，本节将分析天山南北坡两个流域降雪率的时间变化及对应时间段内极端水文事件发生集中期、最大洪水量和最小枯水量的变化，从而得出天山山区降水相态时间变化对极端水文事件的影响机制。

1. 降水相态时间变化对极端水文事件年内分布的影响

采用巴音布鲁克站降雪率作为天山南坡开都河流域降雪率，开都河流域降雪率时间变化如图 2-19 所示。

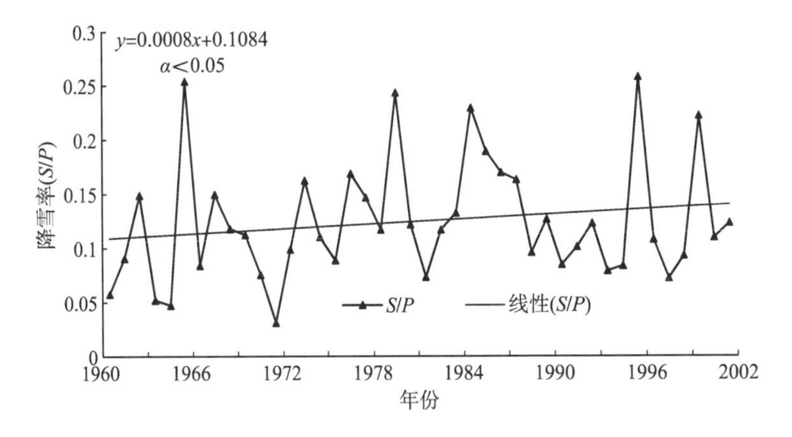

图 2-19 开都河流域降雪率年际变化趋势

由图 2-19 可见，开都河流域降雪率在时间上呈增加趋势，且通过了显著性检验。总体来看，降雪率在 1961～1979 年较低，在 1980 年后有明显的增加趋势，1990 年后又开始减小，1996 年突变出现峰值，21 世纪初又开始增加。为分析降雪率的年代际变化对极端水文事件年内分布的影响，本书将各年代降雪率平均值与开都河流域内极端水文事件集中期进行比较(表 2-6)，旨在分析降雪率变化对极端水文事件年内集中发生时间段的影响。

表 2-6　开都河流域年代际降雪率变化与极端水文事件集中期比较

年份	降雪率均值	极端洪水集中期	极端枯水集中期
1961～1969	0.1116	7 月 5 日	1 月 27 日
1970～1979	0.1113	7 月 23 日	2 月 11 日
1980～1989	0.1538	7 月 1 日	1 月 15 日
1990～1999	0.1130	7 月 17 日	2 月 9 日
2000～2002	0.1517	7 月 12 日	—

表 2-6 显示，极端洪水事件集中期随降雪率的增加有提前的趋势：1970～1979 年降雪率较 1961～1969 年减少，极端洪水集中期推后 18 天；1980～1989 年降雪率较 1970～1979 年增加，极端洪水集中期提前 22 天；1990～1999 年降雪率较 1980～1989 年减少，极端洪水集中期推后 16 天；2000～2002 年降雪率较 1990～1999 年增加，极端洪水集中期提前 5 天。极端枯水集中期随降雪率的增加也有提前的趋势：1970～1979 年降雪率较 1961～1969 年减小，极端枯水集中期推后 14 天；1980～1989 年降雪率较 1970～1979 年增加，极端枯水集中期提前 26 天；1990～1999 年降雪率较 1980～1989 年减小，极端枯水集中期推后 25 天；2000～2002 年降雪率较 1990～1999 年增加，但无极端枯水事件发生。

同样，对天山北坡玛纳斯河流域的降雪率年际变化(图 2-20)和各年代降雪率平均值与玛纳斯河流域内极端水文事件集中期进行比较(表 2-7)。

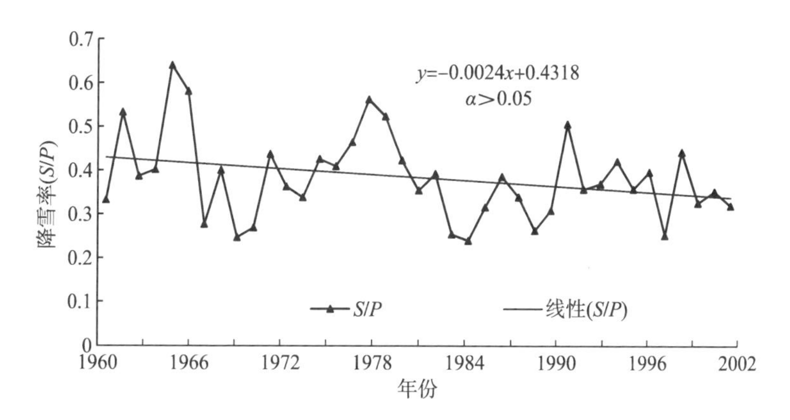

图 2-20　玛纳斯河流域降雪率年际变化趋势

表 2-7　玛纳斯河流域年代际降雪率变化与极端水文事件集中期比较

年份	降雪率均值	极端洪水集中期	极端枯水集中期
1961～1969	0.422365	5 月 28 日	1 月 14 日
1970～1979	0.421754	5 月 30 日	1 月 27 日
1980～1989	0.318086	7 月 29 日	2 月 12 日
1990～1999	0.374248	7 月 21 日	—

由图 2-20 可见，玛纳斯河流域降雪率在年际变化上呈减少趋势，但未通过显著性检验。总体来看，玛纳斯河降雪率在 1961～1966 年较高，1967 年之后明显减小，1976 年降雪率又开始增加，1980～1989 年降雪率处于各年代中最低值，1990 年后降雪率又有回升，但其值整体上小于 20 世纪 60 年代和 70 年代。

由玛纳斯河流域降雪率年代际均值变化和对应的极端水文事件集中期来看，其变化规律和开都河流域相似，即极端洪水事件和极端枯水事件集中期都随降雪率的增加有提前的趋势。1980～1999 年降雪率均值小于 1961～1979 年，其对应的极端洪水主要集中发生在 7 月，为夏季极端洪水。而 1961～1979 年，降雪率均值为 0.42 左右，对应发生的极端洪水主要集中发生在 5 月下旬，为春季洪水。总体来看，随着降雪率的减少，1979 年以后极端洪水集中期滞后 2 个月左右。极端枯水集中期也随降雪率的减少，由 1 月中旬向 2 月中旬后移。1990～1999 年，玛纳斯河流域无极端枯水事件发生。

综上所述，天山山区降雪率的增加会使极端水文事件年内发生集中期提前，说明随降雪量占降水相态的比例增加，降雪堆积到地表，来年春天积雪融化，增加了天山山区融雪型径流对河流水量的补给，使径流峰值向春季移动，春季极端洪水发生的频数增加，夏季极端洪水发生的日期提前，综合导致极端洪水集中期的提前。同时降雪量占降水相态的比例增加证明了天山冬、春、秋季的积雪量不断增加，对应时段对流域内河流径流的补给减少，使流域内极端枯水事件提前发生。

2. 降水相态的时间变化对极端水文事件频次的影响

为区分降雪率对不同季节极端洪水事件的影响，将极端洪水事件分为春季(4～5 月)极端洪水事件和夏季(6～8 月)极端洪水事件。降雪率与极端洪水事件频次年际变化如图 2-21 和图 2-22 所示。

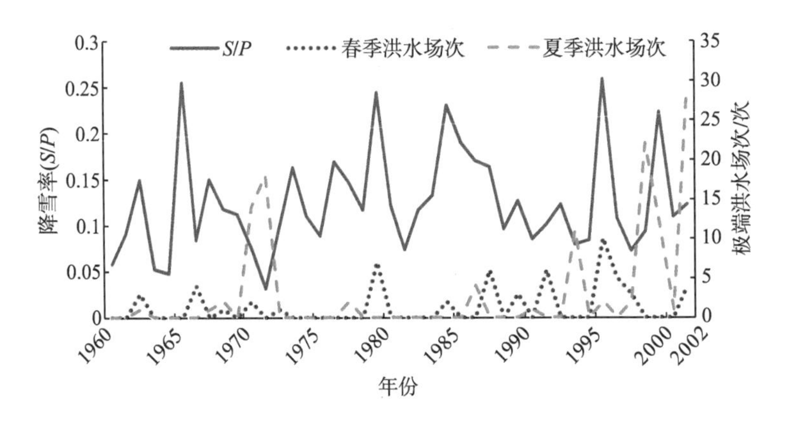

图 2-21 开都河流域降雪率与极端洪水场次年际变化

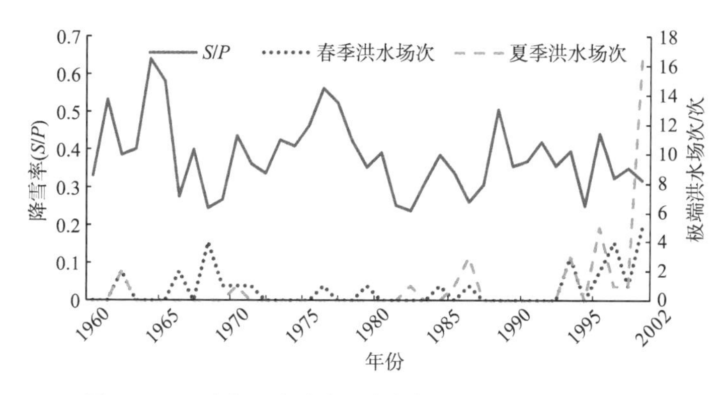

图 2-22　玛纳斯河流域降雪率与极端洪水场次年际变化

由图 2-21 和图 2-22 中降雪率与不同季节的极端洪水事件的协同性来看，春季极端洪水场次的大多数波峰、波谷与降雪率基本保持一致，而夏季极端洪水场次与降雪率的波峰、波谷大致呈相反的变化。部分降雪率的波峰对应春季洪水场次波峰滞后一年，可能是降雪堆积地表对来年春季径流影响较大的原因，此现象在玛纳斯河流域发生较多。由此说明，随降雪占降水相态比例的增加，春季极端洪水事件场次发生正效应的变化，夏季极端洪水事件场次发生负效应变化。

降雪率与极端枯水事件频次年际变化如图 2-23 和图 2-24 所示。

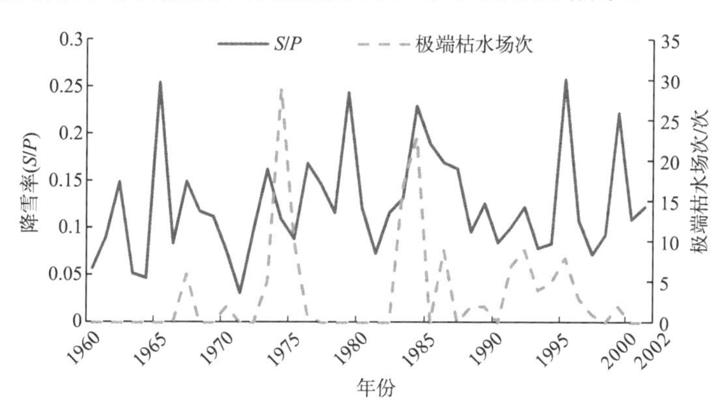

图 2-23　开都河流域降雪率与极端枯水场次年际变化

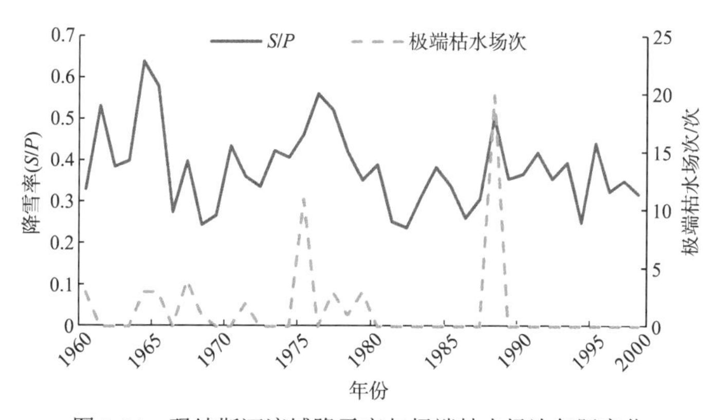

图 2-24　玛纳斯河流域降雪率与极端枯水场次年际变化

从图 2-23 和图 2-24 可以看出，天山南北坡两个流域的降雪率与极端枯水场次频次的大多数波峰、波谷与降雪率保持一致，随降雪占降水相态比例的增加，极端枯水事件增加，发生正效应的变化。部分降雪率的波峰对应极端枯水场次波峰滞后一年，可能是受前一年降雪量对第二年春季径流量的影响。

2.3.2　降水相态的空间变化对极端水文事件分布的影响

1. 天山南北坡降水相态占比对极端流量的影响

为分析天山南北坡因空间位置不同导致的降雪率对极端水文事件特征值的影响，分别将开都河流域和玛纳斯河流域降雪率与年最大洪峰流量、年最小枯水流量散点图进行对比，如图 2-25 和 2-26 所示。

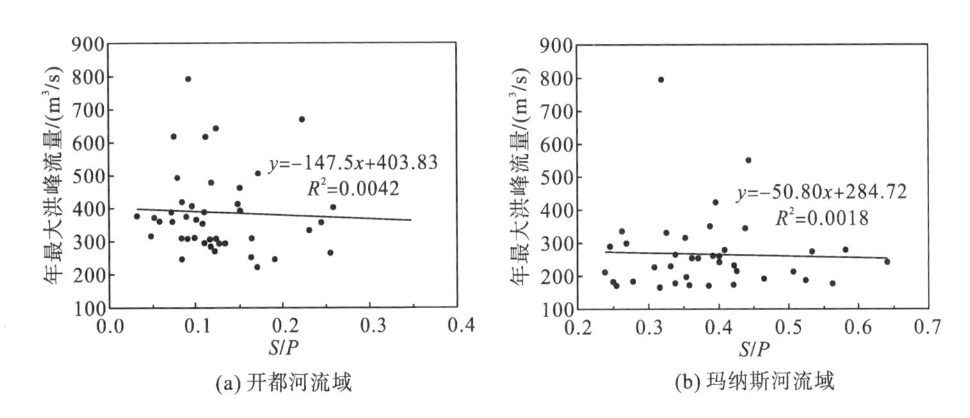

(a) 开都河流域　　(b) 玛纳斯河流域

图 2-25　降雪率与年最大洪峰流量响应关系

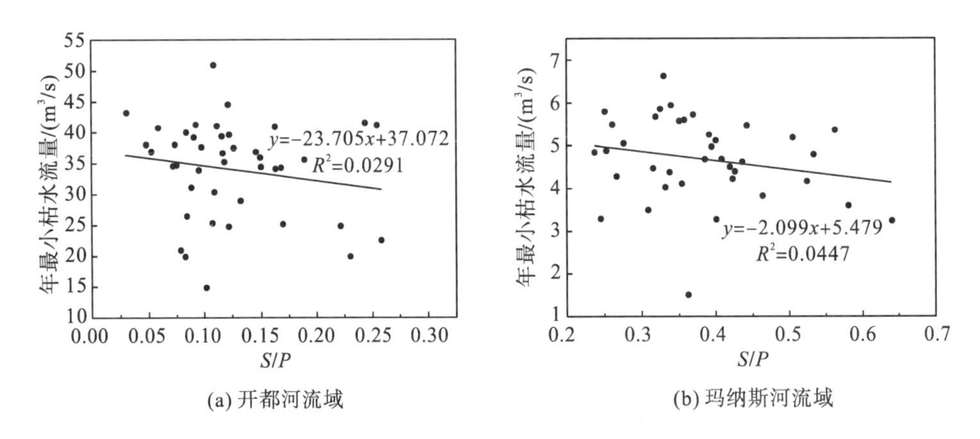

(a) 开都河流域　　(b) 玛纳斯河流域

图 2-26　降雪率与年最小枯水流量响应关系

由图 2-25 可见，南坡开都河流域降雪率普遍小于北坡玛纳斯河流域降雪率，而开都河年最大洪峰流量普遍大于玛纳斯河流域年最大洪峰流量。天山南北坡两个流域的年最大洪峰流量都随降雪率的升高而降低，呈微弱相关，开都河流域相关性大于玛纳斯河流域。

开都河流域年最大洪峰流量随降雪率变化的降幅较玛纳斯河流域大，开都河流域降雪率每升高 0.1，年最大洪峰流量减少 14.75m^3/s；玛纳斯河流域降雪率每升高 0.1，年最大洪峰流量减少 5.08m^3/s。

图2-26显示天山南坡开都河年最小枯水流量普遍大于玛纳斯河流域年最小枯水流量。且天山南北坡两个流域的年最小枯水流量都随降雪率的升高而降低，呈微弱相关，玛纳斯河流域相关性大于开都河流域。开都河流域年最小枯水量随降雪率变化的降幅较玛纳斯河流域大，开都河流域降雪率每升高 0.1，年最小枯水流量减少 2.37m^3/s；玛纳斯河流域降雪率每升高 0.1，年最小枯水量减少 0.21m^3/s。

2. 降水相态占比空间分布对极端洪水过程的影响

为分析单次降雨、降雪或降雨和降雪混合态在流域内因空间分布不同对日径流量极端程度的影响，本书筛选了 6 例极端洪水事件(考虑到两流域在 5 月之后降水相态为雪的概率较小，而玛纳斯河流域 5 月之前未发生极端洪水事件，故本节以开都河流域极端洪水事件为例)，对各水文事件的日径流量和降水相态比例空间分布变化之间的关系进行探讨，具体步骤如下：

(1) 利用 ERA-Interim 降水数据、日气温数据和相对湿度数据，根据式(2-1)计算临界 P 值，对极端洪水事件所对应的降水相态空间分布进行划分，分别计算 6 例水文事件对应的降雨量、降雪量、降雪率。

(2) 因 ERA-Interim 空间分辨率为 0.125°×0.125°，通过 ArcGIS 软件建立每个像元的中心点(图 2-27)，并统计每个像元到流域出山口的距离，再通过计算距离的反比与每个格点降水量的乘积作为该点对极端径流量的贡献量。最后，统计整个流域内降雨和降雪两种相态分别对极端径流量贡献的总值。

(3) 分析降雪率及降雪、降雨对极端径流的贡献量和极端径流量之间的关系。

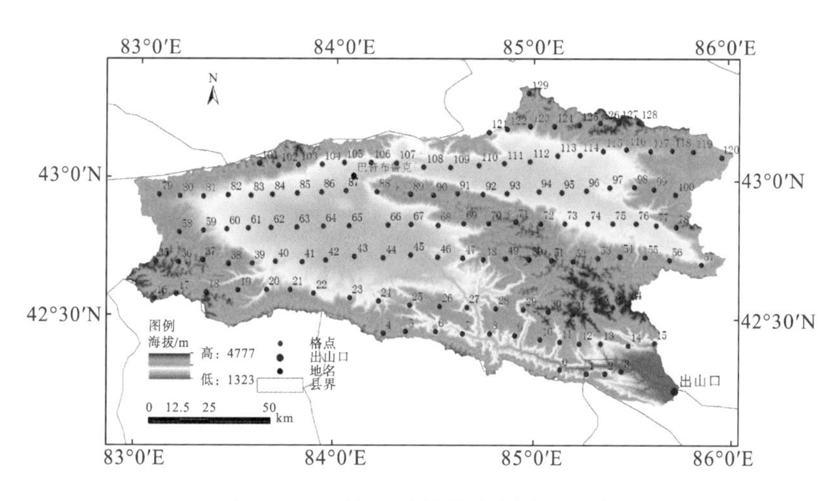

图 2-27　开都河流域格点布置示意图

按图 2-27 中各点的分布，计算每个格点距出山口距离，如表 2-8 所示。

表 2-8　开都河流域各点距出山口距离

点号	距离/km	点号	距离/km	点号	距离/km	点号	距离/km
0	53.6	33	48.1	66	139.9	99	78.2
1	43.4	34	41.9	67	130.8	100	77.4
2	33.3	35	222.9	68	121.9	101	197.9
3	23.4	36	212.9	69	113.3	102	188.9
4	126.9	37	202.9	70	104.9	103	180.0
5	116.8	38	192.9	71	97.0	104	171.2
6	106.7	39	183.0	72	89.4	105	162.6
7	96.6	40	173.1	73	82.5	106	154.3
8	86.6	41	163.3	74	76.4	107	146.1
9	76.7	42	153.6	75	71.2	108	138.3
10	66.9	43	143.9	76	67.2	109	130.7
11	57.2	44	134.3	77	64.5	110	123.6
12	47.9	45	124.8	78	63.5	111	116.7
13	39.0	46	115.4	79	230.2	112	110.8
14	31.0	47	106.2	80	220.6	113	105.3
15	24.8	48	97.2	81	211.0	114	100.6
16	220.4	49	88.6	82	201.5	115	96.7
17	200.1	50	80.2	83	192.1	116	93.8
18	190.0	51	72.4	84	182.7	117	92.0
19	179.9	52	65.3	85	173.5	118	91.3
20	169.8	53	59.1	86	164.4	119	91.7
21	159.8	54	54.2	87	155.4	120	93.2
22	149.8	55	50.9	88	146.6	121	128.0
23	139.8	56	49.6	89	138.0	122	122.5
24	129.9	57	50.4	90	129.6	123	117.6
25	120.0	58	216.3	91	121.5	124	113.3
26	110.3	59	206.5	92	113.8	125	109.9
27	100.6	60	196.8	93	106.5	126	107.4
28	91.0	61	187.1	94	99.7	127	105.8
29	81.7	62	177.5	95	93.6	128	105.1
30	72.5	63	167.9	96	88.2	129	134.6
31	63.8	64	158.4	97	83.8		
32	55.6	65	149.1	98	80.4		

本书选取发生在开都河流域的 6 件极端洪水事件，它们具有不同的降水相态空间分布情况，包括降雨分布面积大于降雪分布面积 2 件，降雪分布面积大于降雨分布面积 2 件，分布全部为降雨 1 件，分布全部为降雪 1 件，不同降水相态比例的空间分布情况如图 2-28 所示。

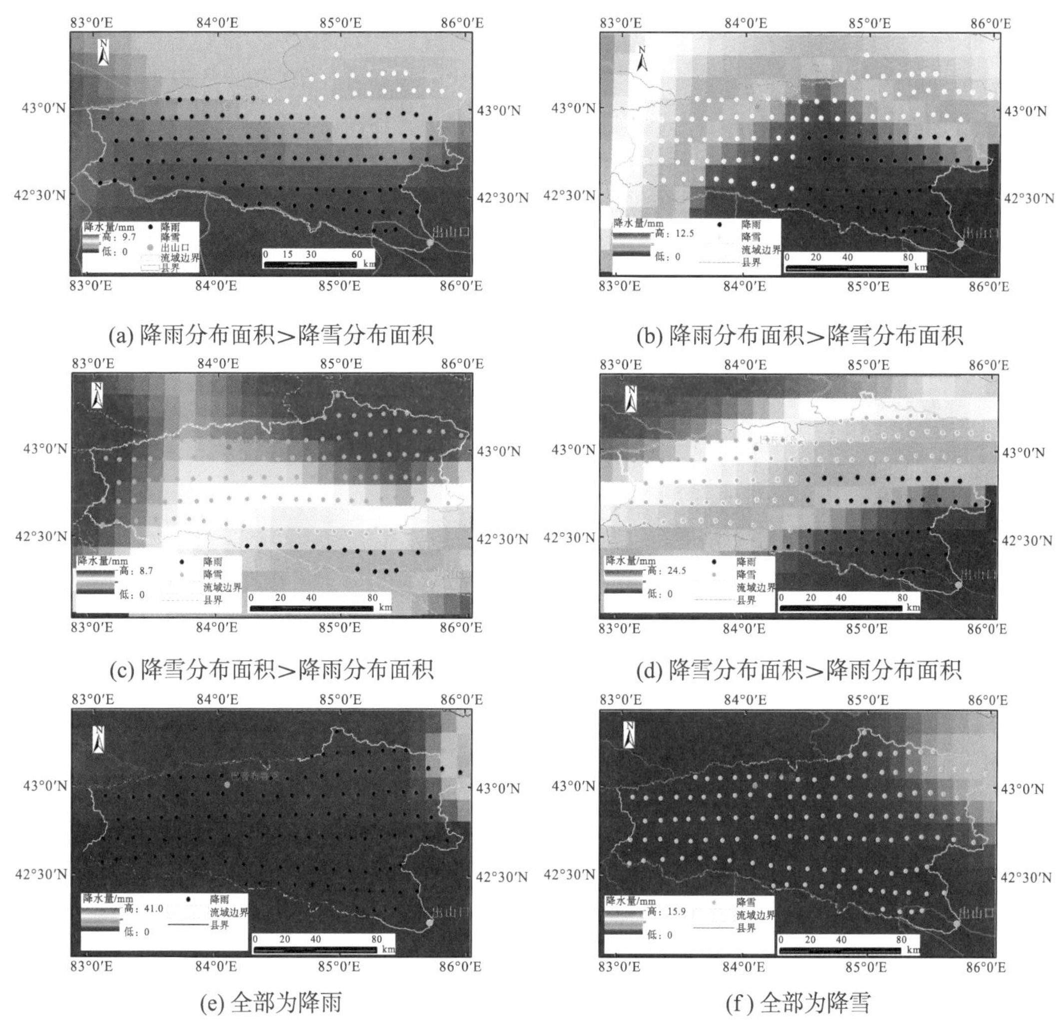

图2-28 降水相态空间分布图

根据图2-28中6种不同降水相态的空间分布情况，本书计算了各种情况下降雨/降雪格点的数量、格点总降雨量和总降雪量、降雪率，并列出了每种情况下的极端径流量，如表2-9所示。

表2-9 不同分布情况下各降水相态量值统计

序号	降雨格点数	降雪格点数	降雨量/mm	降雪量/mm	降雪率	极端径流量/(m²/s)	降雪贡献比例	降雨贡献比例
a	109	21	492.00	78.23	0.14	357	0.11	0.89
b	87	43	165.94	98.87	0.37	258	0.45	0.55
c	11	119	67.68	313.41	0.82	269	0.63	0.37
d	38	92	591.60	77.89	0.12	303	0.14	0.86
e	130	0	1898.91	0	0	732	0	1.00
f	0	130	0	421.10	1.00	275	1.00	0

针对表 2-9 的不同情况，分别做以下几种比较：

(1) 降雨分布面积大于降雪分布面积(a、b、e)：a 情况下空间分布为降雨的格点数大于 b 情况，相应 b 情况下空间分布为降雪的格点数大于 a 情况，e 情况下全部格点都为降雨。在此三种情况下，随降雪率的减少，极端径流量不断增加，e 分布情况下，降雨量达 1898.91mm，降雪率为 0，其产生的极端径流量最大，为 $732m^3/s$。b 分布情况下，降雪率为 0.37，降雪量对径流的贡献量最大，产生的极端径流量最小，为 $258m^3/s$。

(2) 降雪分布面积大于降雨分布面积(c、d、f)：d 情况下空间分布为降雨的格点数大于 c 情况，相应 c 情况下空间分布为降雪的格点数大于 d 情况，f 情况下全部格点都为降雪。三种情况中，f 分布情况下的降雪率为 1，对应产生的极端径流量较小，为 $275m^3/s$。c 分布情况下降雪率大于 d 分布情况，降雪对极端径流的贡献量也大于 d 情况，但 c 情况下产生的极端径流量小于 d 情况。也就是说，在降雪分布大于降雨分布的情况下，极端径流量也随降雪率的增加而减少。

(3) 全部分布情况的比较：表 2-9 中，b、c、f 三种分布情况下产生的极端径流量较为接近，在此比较这三种情况下的降雨和降雪分布及量级上的区别。b 分布情况下，降水总量约为 c 情况和 f 情况的 2/3，但降雨相态占流域的面积和降雨量远大于 c 情况和 f 情况，对极端流量的贡献值也最大，为 0.55。说明产生相近极端径流量的过程中，降雨量越大，分布面积越广，对极端径流的补给越多。c 情况和 f 情况中降雪量虽然较高，降雪对径流的贡献量也较 b 情况大，但其极端径流小于 b 情况。a 情况下产生的极端径流量大于 d 情况，但 a 情况下降水总量小于 d 情况，这可能是 d 情况下降雪量及降雪率大于 a 情况，降雪对极端径流的贡献量大的原因，符合前文降雪率大、极端径流量小的规律。也就是说，即使降水总量很大，极端径流量也会因降雪分布面积远大于降雨分布面积而减小。

2.4 融雪型洪水三维可视化系统的理论基础

2.4.1 融雪产流计算

能量守恒定律是水文系统中极为重要的基本原理，能量平衡与积雪冻融的整个过程都息息相关。根据能量守恒原理，得到能量平衡公式(Anderson，1976)：

$$Q_{\text{net}} = \left(Q_{\text{R}} + Q_{\text{P}} + Q_{\text{H}} - Q_{\text{LE}} + Q_{\text{G}}\right)\Delta t \tag{2-2}$$

式中，Q_{net} 为模拟时段 Δt 内总能量输入；Q_{R} 为雪面净辐射通量；Q_{P} 为降水传导通量；Q_{H} 为感热通量；Q_{LE} 为潜热通量；Q_{G} 为地热通量。单位均为 W/m^2。

水量平衡是水文循环的理论基础，在某一区域、某一时间段，其收入与支出水量之间的差额等于蓄水变化量。根据水量平衡原理，得到水量平衡公式(冯曦等，2013)：

$$\Delta W = (P - E - M)\Delta t \tag{2-3}$$

式中，ΔW 为雪层内水变化量；P 为模拟时段 Δt 内的降水量；E 为升华和蒸发损失量；M 为融雪水出流量。单位均为 mm。

融雪产流计算的基本公式是式(2-2)和式(2-3)，联立两式即可求出任一时间段内的产流情况，现详细介绍公式中各主要参数的计算方法。

1. 雪面净辐射通量

积雪层的净辐射包括净短波辐射和净长波辐射，雪面净辐射通量计算公式(张耀存等，2006)如下：

$$Q_R = Q_S(1-\alpha) + \varepsilon_{ac}\sigma(T_a + 273.13)^4 - \varepsilon_s\sigma(T_s + 273.13)^4 \tag{2-4}$$

式中，Q_S为入射短波辐射(W/m²)；α为雪面反照率；ε_{ac}为有云覆盖下的大气比辐射率，根据布里斯托(Bristow)提出的计算方法(Bristow et al.，1985)，可取0.65～0.85；σ为斯忒藩-玻尔兹曼(Stefan-Bohzman)常数，为5.67×10^{-8}W/(m²·K⁴)；T_a为空气温度(℃)；T_s为雪面温度(℃)；ε_s为积雪比辐射率，可取0.95～1。

计算雪面反照率α，基于MODIS数据，采用二向反射模型的AMBRALS算法(Schaaf et al，2002)，公式如下：

$$\begin{aligned}\alpha = {} & 0.3973\times\alpha_1 + 0.2382\times\alpha_2 + 0.3489\times\alpha_3 - 0.2655\times\alpha_4 \\ & + 0.1604\times\alpha_5 - 0.0138\times\alpha_6 + 0.0682\times\alpha_7 + 0.0036\end{aligned} \tag{2-5}$$

式中，α_i表示MODIS的第i=1，2，…，7波段的反照率。

2. 降水传导通量

降水传导通量计算公式(乔鹏等，2011)如下：

$$Q_P = \rho_w c_w T_a P_r + \rho_w c_s T_a P_s \tag{2-6}$$

式中，ρ_w为水密度；c_w、c_s分别为水和雪的比热容；P_r为模拟时段内降雨量；P_s为模拟时段降雪的雪水当量值；T_a为空气温度(℃)。

3. 感热通量

感热通量是空气与雪盖之间的热量传递，感热通量的计算公式(Brutsaert，1982)如下：

$$Q_H = \frac{\rho\cdot c_P(T_a - T_s)}{r_{as}} \tag{2-7}$$

式中，$\rho\cdot c_P$为空气体积热容量，为1205J/(m³·K)；T_a为空气温度(℃)；T_s为雪面温度(℃)；r_{as}为空气动力学阻力。

计算空气动力学阻力r_{as}，公式(Tarboton，1994)如下：

$$r_{as} = \frac{\ln\left(\dfrac{u+Z_m}{Z_m}\right)\ln\left(\dfrac{\chi+Z_h}{Z_h}\right)}{k^2 u} \tag{2-8}$$

式中，χ为参考高度，值为1.2m；u为对应参考高度处的风速；Z_m为动力阻抗系数，值为0.001；Z_h为热量和水汽阻抗系数，值为0.0002；k为冯卡门(von Karman)常数，值为0.4。

4. 潜热通量

潜热通量是蒸发和凝结时雪盖得到或损失的热量，潜热通量的计算公式(赵求东等，2007)如下：

$$Q_{\text{LE}} = -\frac{\lambda_{\text{v}} \cdot 0.622}{R_{\text{d}} \times (T_{\text{a}} + 273.13) \times r_{\text{as}}} \times \left[e(T_{\text{d}}) - e(T_{\text{s}}) \right] \tag{2-9}$$

式中，λ_v 为升华潜热，值为 2.834×10^6 J/kg；R_d 为干空气常数，值为 287J/(kg · K)；T_a 为空气温度(℃)；r_{as} 为空气动力学阻力；$e(T_d)$ 为空气水汽压；$e(T_s)$ 为雪面水汽压。

计算空气水汽压和雪面水汽压公式(秦艳等，2010)如下：

$$e(T_{\text{s}}) = e_{\text{svp}(T_{\text{s}})}, \quad e(T_{\text{d}}) = e_{\text{svp}(T_{\text{a}})} \times \text{RH} \tag{2-10}$$

式中，e_{svp} 为饱和水汽压，采用泰登(Teten)公式计算；RH 为相对湿度。

$$e_{\text{svp}(T_{\text{a}})} = 100 \times 6.112 \times \text{e}^{[17.67 \times T_{\text{a}}/(T_{\text{a}}+243.50)]} \tag{2-11}$$

$$e_{\text{svp}(T_{\text{s}})} = 100 \times 6.112 \times \text{e}^{[17.67 \times T_{\text{s}}/(T_{\text{s}}+243.50)]}$$

5. 地热通量

融雪期间，地热通量对能量交换的影响很小，可忽略。

6. 日融雪产流量

根据式(2-2)，得到模拟时段 Δt 内总能量输入 Q_{net}，运用栅格计算，将总能量除以雪的融解热(3.34×10^5J/kg)，再乘以修正系数 0.95，最后以雪盖图作为掩膜进行裁剪，即可获得实际融雪产流空间分布图。

7. 雪面温度

积雪表面温度对于积雪消融过程有重要的影响，同时与大气能量交换、积雪变质息息相关，所以运用遥感技术反演雪面温度具有非常重要的意义。结合分裂窗算法和普朗克(Planck)函数方程式，积雪表面温度计算公式(周纪等，2007)如下：

$$T_{\text{s}} = \frac{C_{32}(B_{31} + D_{31}) - C_{31}(B_{32} + D_{32})}{C_{32}A_{31} - C_{31}A_{32}} \tag{2-12}$$

式中，$A_{31} = 0.049\varepsilon_{31}\tau_{31}$；$B_{31} = 0.049T_{31} + 10.273\tau_{31}\varepsilon_{31} - 10.273$；$C_{31} = 0.049(1-\tau_{31})[1+(1-\varepsilon_{31})\tau_{31}]$；$D_{31} = 10.273(1-\tau_{31})[1+(1-\varepsilon_{31})\tau_{31}]$；$A_{32} = 0.04422\varepsilon_{32}\tau_{32}$；$B_{32} = 0.04422T_{32} + 9.07\tau_{32}\varepsilon_{32} - 9.07$；$C_{32} = 0.04422(1-\tau_{32})[1+(1-\varepsilon_{32})\tau_{32}]$；$D_{32} = 9.07(1-\tau_{32})[1+(1-\varepsilon_{32})\tau_{32}]$；$T_{31}$、$T_{32}$ 分别为 MODIS 第 31、32 波段的亮度温度(K)；ε_{31}、ε_{32} 分别为 MODIS 第 31、32 波段的积雪比辐射率；τ_{31}、τ_{32} 分别为 MODIS 第 31、32 波段的大气透过率。

1) 计算亮度温度

MODIS 影像采用遥感影像像之亮度值数值(digital number，DN)进行描述，计算亮度温度，需要将 DN 值转化为辐射强度值，再用普朗克函数进行亮度温度的求解。计算辐射强度值公式如下：

$$I_i = \text{scale}_i(\text{DN}_i - \text{offset}_i) \tag{2-13}$$

式中，i 为第 31 波段和第 32 波段；I_i 为 i 波段的热辐射强度；DN_i 是 i 波段的 DN 值；scale_i 为 i 波段的增益；offset_i 为 i 波段的偏移。

$$T_i = hc \big/ \left[\lambda_i k \ln(1 + 2hc^2 / I_i \lambda_i^5) \right] \tag{2-14}$$

式中，i 为第 31 波段和第 32 波段；T_i 为第 i 波段的亮度温度；h 为普朗克常数，取值为 6.626×10^{-34} J·s；c 为光速，取值 2.998×10^{8}m/s；λ_i 为波长（μm）；k 为玻尔兹曼常数，取值 1.3806×10^{-23}J/K；I_i 为 i 波段的热辐射强度，见式(2-13)。

2)计算积雪比辐射率

比辐射率主要与物质的组成、物理特性和表面状态等有关，并受观测角度和辐射波长的影响。本书根据 ASTER 光谱库公布的积雪光谱进行 MODIS 第 31 波段和第 32 波段积雪比辐射率的判定，第 31 波段取值为 0.982291，第 32 波段取值为 0.962046。

3)计算大气透过率

大气透过率是一个基本参数，主要与大气水汽含量有关。大气水汽含量由 MODIS 第 2 波段和第 19 波段计算，计算公式如下：

$$\omega=\left\{\left[\alpha-\ln(\mathrm{ref}_{19}/\mathrm{ref}_{2})\right]/\beta\right\}^{2} \tag{2-15}$$

式中，ω 为大气水汽含量(g/cm^2)；α 为常量，取值 0.02；β 为常量，取值 0.651；ref_{19}、ref_{2} 分别为 MODIS 第 19 波段和第 2 波段的地面反射率。

结合大气水汽含量与大气透过率的线性关系，MODIS 第 31 波段和第 32 波段的大气透过率计算公式如下：

$$\begin{aligned}\tau_{31}&=-0.124\omega+1.047, R^2=0.995\\ \tau_{32}&=-0.145\omega+0.997, R^2=0.994\end{aligned} \tag{2-16}$$

2.4.2　流域汇流计算

1. 截留损失计算

本书将融雪产流形成的径流深空间分布图作为净降雨深空间分布图，采用美国土壤保持局的 SCS 曲线损失模型来计算截留损失，计算公式(Feldman，2000)如下：

$$P_t=\begin{cases}\dfrac{(P_\mathrm{d}-0.2S)^2}{(P_\mathrm{d}+0.8S)}, & P\geqslant0.2S\\ 0, & P<0.2S\end{cases} \tag{2-17}$$

式中，P_t 为 t 时刻的流域产流量(mm)；P_d 为 t 时刻累积降雨深，本书替换为前面计算的径流深(mm)；S 为最大蓄水量(mm)。

计算最大蓄水量，公式(Soil Conservation Service，1972)如下：

$$S=\frac{25400}{\mathrm{CN}}-254 \tag{2-18}$$

式中，CN 为无量纲参数，根据美国国家工程手册列出的CN 值进行查表确定。当流域内包含较多土地利用类型时，采用面积加权法计算CN 值，公式(刘贤赵等，2005)如下：

$$\mathrm{CN}_x=\frac{\sum_{i=1}^{n}A_i\mathrm{CN}_i}{\sum_{i=1}^{n}A_i} \tag{2-19}$$

式中，A_i 为第 i 种土地利用类型的面积；CN_i 为第 i 种土地利用类型的CN值。

2. 蒸散发损失计算

蒸散发包括多种液态水变为水汽的过程，如植被蒸腾作用、土壤水分的蒸发、冰雪升华等，蒸散发作为水循环的支出项，是影响流域水平衡关系和水循环的重要因素，因此合适的估算方法对于分析水资源情况和水量平衡具有重要意义。普里斯特利-泰勒(Priestley-Taylor)(1972)方法以平衡蒸发为基础，输入参数较少，应用很广泛，计算公式如下：

$$E = \alpha \frac{\Delta}{\Delta + \gamma}(R_n - G) \tag{2-20}$$

式中，G 为土壤热通量，因土壤热通量的影响很小，忽略土壤热通量，则公式变为

$$E = \alpha \frac{\Delta}{\Delta + \gamma} R_n \tag{2-21}$$

式中，α 为 Priestley-Taylor 系数，值为 1.26；Δ 为饱和水汽压−气温关系斜率；γ 为干湿计常数；R_n 为地表净辐射通量［$\mathrm{MJ/(m^2 \cdot d)}$］。

计算饱和水汽压−气温关系斜率，计算公式(刘钰和蔡林根，1997)如下：

$$\Delta = 4098 e_{\mathrm{a}} / (T + 237.3)^2, e_{\mathrm{a}} = 6.108 \mathrm{e}^{[17.27T/(T+237.3)]} \tag{2-22}$$

式中，e_{a} 为饱和水汽压(kPa)；T 为空气温度(℃)。

计算干湿计常数，计算公式如下：

$$\begin{cases} \gamma = 1.61452 \dfrac{P_H}{\lambda} \\ \lambda = 4.1855(595 - 0.51T) \text{或} \lambda = 2.45 \\ P_H = 1010 - 0.115H + (0.00175H)^2 \end{cases} \tag{2-23}$$

式中，P_H 为海拔 H 处的气压(kPa)；λ 为水汽化潜热(MJ/kg)；T 为空气温度(℃)；H 为高程(m)。

计算地表净辐射通量，计算公式(刘钰和蔡林根，1997)如下：

$$R_{\mathrm{n}} = R_{\mathrm{ns}} - R_{\mathrm{bl}}, \quad R_{\mathrm{ns}} = (1 - a)(a_2 + b_2 n / N) R_{\mathrm{a}},$$

$$R_{\mathrm{bl}} = 1.9838 \times 10^{-9} (0.3 + 0.7n / N) \times (0.32 - 0.026 e_{\mathrm{d}}) T_{\mathrm{k}}^4 \tag{2-24}$$

式中，R_{ns} 为净短波辐射［$\mathrm{MJ/(m^2 \cdot d)}$］；$R_{\mathrm{bl}}$ 为黑体长波辐射［$\mathrm{MJ/(m^2 \cdot d)}$］；$a$=0.23，$a_2$=0.21，$b_2$=0.56；$n$ 为实际日照时数(h)；N 为理论日照时数(h)；R_{a} 为理论太阳总辐射［$\mathrm{MJ/(m^2 \cdot d)}$］；$e_{\mathrm{d}}$ 为实际水汽压(kPa)。

3. 汇流计算

流域汇流过程可以理解为在流域各位置上的降水，经过入渗损失和蒸发损失后，沿一定规则汇集到流域出口的过程。本系统汇流模块的主要步骤如下。

1)提取流域水文信息

流域水文信息是汇流模块的基础，本书基于DEM数据，利用GIS系统进行填洼、提取流向、坡度、坡向、汇流累积量等水文信息，并划分流域河网和划分子流域，其中填洼

采用高程增量叠加法(Poole et al.，2002)，提取水流流向采用 D8 算法(O' Callaghan and Mark，1984)。

2) 栅格汇流流速矩阵

汇流流速主要与坡度相关，利用由 DEM 提取的坡度图，再结合流域下垫面信息，计算栅格汇流流速矩阵 $\boldsymbol{V}$(刘永强等，2011)。

3) 栅格汇流时间矩阵

等流时线是经典的汇流曲线(詹道江，2000)。基于 DEM 数据，流域上每一个点的位置可用坐标(x，y，z)表示，栅格大小记作 $L \times L$，根据等流时线法计算流域内每个栅格的汇流时间矩阵。首先计算流经时间 t(流经时间为某个栅格的水流到下一个栅格的时间)，即 $t_i=L_i/V_i$；然后计算汇流时间 T，汇流时间 T 从上游栅格到下游栅格依次计算，即 $T_i=t_i+T_j$，式中 T_j 为上个栅格的汇流时间($j<i$)。

4) 子流域汇流流量矩阵

结合之前的子流域信息、栅格汇流时间矩阵和融雪产流矩阵，采用交互式数据语言(interactive data language，IDL)进行基于栅格的汇流流量计算和基于子流域的汇流累积流量计算。

4. 河道洪水演算

基于一维能量方程进行河道洪水演算，采用标准步推法逐断面计算水力要素，河道洪水演算公式(Hydrologic Engineering Center，2010)为

$$Y_2 + Z_2 + a_2V_2/2g = Y_1 + Z_1 + a_2V_1/2g + h_e \tag{2-25}$$

式中，Y_1、Y_2 分别为断面 1、2 的水深；Z_1、Z_2 分别为断面 1、2 处的高程；V_1、V_2 分别为断面 1、2 的平均流速；a_1、a_2 分别为断面 1、2 的流速系数；g 为重力加速度；h_e 为水头损失。

计算水头损失 h_e 公式如下：

$$h_e = L\bar{S}_f + C_c\left|\frac{a_2V_2^2}{2g} + \frac{a_1V_1^2}{2g}\right| \tag{2-26}$$

式中，$\bar{S}_f$ 为相邻断面摩擦坡度；C_c 为扩张或收缩损失系数；L 为相邻断面流量权重长度，计算公式如下：

$$L = \frac{L_{lob}\bar{Q}_{lob} + L_{ch}\bar{Q}_{ch} + L_{rob}\bar{Q}_{rob}}{\bar{Q}_{lob} + \bar{Q}_{ch} + \bar{Q}_{rob}} \tag{2-27}$$

式中，L_{rob}、L_{ch}、L_{lob} 分别为两断面的右岸、主河道和左岸之间的距离；$\bar{Q}_{rob}$、$\bar{Q}_{ch}$、$\bar{Q}_{lob}$ 分别为两断面的右岸、主河道、左岸的流量平均值。

2.4.3　数据处理与技术方法

1. 数据转换

在 ArcGIS Engine 空间数据中，基础的空间数据包括矢量数据和栅格数据，因此需要调用 ArcToolbox 中的工具和 ArcGIS Engine 的应用程序接口(application programming interface，API）函数，通过地学信息处理（Geoprocessing）实现把洪水演算的计算结果转换为矢量数据和栅格数据。首先通过矢量化将节点、水深、流速、洪水到达时间和洪水淹没历时转换成节点要素集、水深要素集、流速要素集、洪水到达要素集和洪水淹没要素集，然后调用反距离权重（inverse distance weight，IDW）插值方法，将各类要素集转换成栅格数据。

2. 流域信息提取模块

本系统基于“3S”技术进行开发，流域信息是系统必不可少的输入数据。流域信息提取基于GIS技术，主要包括DEM预处理、坡度和坡向、流向和汇流累积、水系提取和划分子流域。

1）DEM预处理

数字高程模型（digital elevation model，DEM）是用高程数字代表实际地形的模型，包括格点式、不规则三角网式和等高线式三种形式。数字高程模型在水文模型中有很广泛的应用，而DEM中洼地和小块平坦区域都是伪地形，对DEM进行填洼和平坦处理是预处理中重要的一环。本书对DEM的预处理采用Moran和Vezina（1993）提出的算法，该算法操作简单、实现速度快，而且适合多种尺度、多种地形的处理。

填洼处理：首先对DEM进行初始化，并用水面高程数据覆盖除边界外的原始DEM；然后采用迭代方法逐步垫高，使任一网格水流均可以到达流域出口。

平地起伏处理：首先筛选小块平坦地形中不需要增加高程的栅格点，将其余的小块平坦地形进行标记；然后扫描全部栅格点，将带有标记的栅格点增加小的高程增量，直到整个DEM中没有标记的小块平坦地形为止，最终将小块平坦地形改造为斜坡，完成平地起伏处理。

2）坡度和坡向

关于坡度和坡向的计算，有很多算法，本书采用最大坡降法，以中心网格附近8个相邻网格的高程计算坡度、坡向，选取最大者为中心网格的坡度，其方向为中心网格的坡向，并采用拟合曲面法求解坡度（吴立新和史文中，2003），改进最大坡降法。该方法操作简单，处理速度较快。

3）流向和汇流累积

流向是水流离开某一栅格时的指向。流向判断有单流向法和多流向法两种，单流向法使用方便，应用较为广泛。单流向法假设任一栅格中的水流都从某一个方向流出，根据栅格间的高程确定水流方向，应用最广泛的是D8算法。本书首先将某一栅格x的8个相邻栅格进行编码，然后计算8个相邻栅格距离权重差，最后确定落差最大的栅格为中心栅格处的水流流向。

4）水系提取

水系代表流域信息特征的骨架，受流域气候、地质和地貌等多种因素影响。首先根据水流方向矩阵和汇流累积矩阵假设一个河道阈值，该阈值代表河网中的最小集水面积，河流单元的汇流量应大于该阈值，将汇流累计矩阵中高于该阈值的格点连接起来，由此来判定水系，如果阈值减小，网格的密度会相应增加；然后采用斯特拉勒（Strahler）方法对每条河流进行编码，完成河网编码；最后根据河网编码提取水系。

5) 划分子流域

首先设定流域大小的阈值，根据该阈值来确定河网，最初确定的子流域是河网的流入区域；然后将很小的子流域进行合并，尽可能使子流域的形状为凸边形。本书的子流域划分是依据河道确定的，切合水文学思想，便于模型的计算。

2.5　融雪型洪水三维可视化系统的需求分析与平台选择

2.5.1　系统需求分析

洪水灾害严重影响人们生活和经济发展，干旱区融雪型洪水来源于山区流域，而山区地形复杂、海拔较高，获取水文、气象数据很困难，给分析防范融雪型洪水灾害带来不便。因此，以地理信息数据为基础，开发分布式融雪型洪水演进系统，并采用虚拟现实技术，实现洪水的动态演进过程，对洪水预警、防灾减灾和绿洲经济的健康持续发展具有举足轻重的作用。将本系统应用到干旱区山区流域的融雪径流模拟、洪水演进模拟工作中，水文工作者能够在一种近乎真实的虚拟场景中，通过人机交互操作，观看整个流域的洪水演进情况，可以在系统中计算洪水量、洪水淹没范围等，以此来规划防洪部署，策划迁移路线，指挥调度人力和物力。

1. 技术需求

基于 GIS 的开发模式可分为独立开发、宿主型开发和组件式开发。独立开发不使用 GIS 工具，所有算法都独立编写，开发难度很大，对开发者专业水平要求高；宿主型开发由早期的 GIS 软件发展而来，很多 GIS 平台都提供可二次开发的脚本，如美国环境系统研究所公司的 ArcMacro Language 语言、MapBasic 语言等，开发省时省力，比较容易地实现 GIS 的基础功能，但受限制较多，开发能力不强，执行效率较低；组件式开发是基于专业 GIS 软件提供的组件库，通过可视化开发工具实现二次开发，具有 GIS 的基本功能，还可根据用户需要，设置特殊的插件，使系统更加完善，是目前最广泛的 GIS 开发方式。

组件式开发的特点如下。

1) 灵活性好、价格便宜

传统 GIS 软件结构固定，交互性差，二次开发难度较大。组件式 GIS 开发选择性多，用户可按照自己的需求选择控件，减少额外控件，从而降低用户成本。组件式 GIS 开发对空间数据有良好的管理能力，可以灵活地选择数据库系统，使开发的应用系统具有很好的性价比。

2) 简易的开发语言

传统的 GIS 开发必须建立在固定的二次开发语言上，学习难度大，且普通开发人员很难应对复杂问题。组件式 GIS 拥有标准开发接口，大大增强其可扩展性。开发者熟悉 Windows 开发环境和 GIS 控件，就能实现系统的开发。组件式 GIS 开发适用于多种开发环境，如.NET、Visual C++和 Visual Basic 等，可以充分利用各自的优势。

3) 完美的 GIS 功能

组件式 GIS 采用自动服务器来直接调动的形式，还可当做动态链接库运行到客户端，其管理能力和处理速度都可和传统 GIS 媲美。组件式 GIS 开发可实现数据查询、数据编辑、数据浏览等操作，也可实现数据叠加、拼接、裁剪等数据处理。

4) 开发便捷

组件式 GIS 中内嵌多种开发工具，开发人员能够选择自己擅长的开发工具，不必拘泥于某一种固定的开发工具。

5) 通用性好

组件式 GIS 开发可以轻松调用 GIS 控件，可以选择开发工具，非专业人员也能够开发应用系统，促进了 GIS 的大众化。

6) 可扩展性

组件式 GIS 拥有庞大的组件库，开发人员可根据需要挑选适合的组件，而且可与组件式 GIS 无缝结合集成应用系统，具有超强的扩展性。

由于组件式开发具有以上优势，本系统的开发方式选择组件式开发。

2. 功能需求

ArcGIS Engine 具有定制的开发包，开发者能够在开发环境中添加控件、菜单、对象库和工具条等实现 ArcGIS 功能。本系统中 ArcGIS Engine 提供如下功能。

①基础功能：地图显示、地图控制、地图浏览等；

②数据读取功能：可以读取各种 ArcGIS 格式的栅格数据和矢量数据；

③制图功能：可以通过专题制图、标注和符号化的方式制作地图；

④开发功能：开发者在 Windows 环境下开发时，组件会提供帮助、查询功能，减小开发者工作量。

本系统其他功能的实现基于 ArcGIS Engine 提供的类库，用到的类库主要有 Geometry 类库、GeoDatabase 类库、Display 类库、Carto 类库、DataSourceFile 类库、DataSourceRaster 类库和 SystemUI 类库等。

1) ArcGIS Engine 的特点

ArcGIS Engine 是美国环境系统研究所公司(ESRI)开发的基于 ArcObjects 的嵌入式 GIS 可编程工具包。ArcGIS Engine 由 ArcGIS Engine developer kit 和 ArcGIS Engine runtime 两部分组成，其功能强大且完全脱离 ArcGIS 软件。ArcGIS Engine 开发包由三个关键部分组成，控件是系统界面的重要组成部分，常用控件主要有地图控件(MapControl)、布局控件(PageLayoutControl)和内容表控件(TOCControl)等；工具条用来存放 GIS 工具，在系统中用来处理地图信息，如平移、放大、缩小、编辑等，通过调用常规工具，开发者很容易在系统中定制工具；对象库是 ArcObjects 组件的集合，对象库是构成 ArcGIS 软件的基础，ArcObjects 库可以支持所有的 ArcGIS 功能，开发者可以定制各种应用。

2) ArcGIS Engine 面向对象技术

面向对象有三个明显特征：封装(encapsulation)、继承(inheritance)、多态

(polymorphism)。封装是把对象属性、行为组合成一个独立的个体，并尽力隐藏其内部细节，从语法上讲即加上公有(public)、保护(protected)和私有(private)等关键词；继承是特殊类的对象自动拥有一般类的属性和行为，继承是可传递的，是特殊与一般的关系；多态是指同名函数对应多种不同函数，可以用同一种方式调用多种不同函数，即从另一角度区分了接口和实现。接口多态可以为组件提供更好的聚合方式，且支持组件的各种版本，这就解决了设计和维护的问题。

3) ArcGIS Engine 组件 COM 技术

COM 是 Microsoft 的组件对象模型，是 ActiveX 的基础。COM 规定了程序交互的标准，设置了程序运行的环境，提供用户对组件程序的查询，像 DirectX、ActiveX 等都依赖 COM 技术。

美国环境系统研究所公司(ESRI)为基于 COM 的 ArcGIS Engine 组件库提供不同的类，类下面有不同的接口，接口里有不同的方法和属性。ArcGIS Engine 中的类有三种类型，包括抽象类(AbstractClass)、普通类(Class)和组件类(Coclass)，不同的类有不同的创建方法。接口是组件对象的接口，通过接口，开发者能够调用组件对象的功能，还可以进行组件对象间的访问。类之间有继承关系，接口之间可以相互继承、相互调用。

4) ArcGIS Engine 空间分析技术

ArcGIS Engine 拥有空间分析功能，集成了地理数据处理和空间建模工具集，拥有栅格、矢量和不规则三角网三种 GIS 数据类型，其中栅格数据具有最优秀空间分析环境。主要包括分析投影信息、提供建模环境、生成表面、缓冲区分析、生成等高线、邻域分析、进行逐像元地图分析和离散像元分析、提供多种二次开发工具等。ArcGIS Engine 强大的空间分析技术，更加适合于模拟空间洪水淹没和三维建模。

2.5.2　系统设计功能的确定

1. 系统设计原则

基于系统的设计目标，结合系统的实际需要，减少开发和实现过程中的问题，保证系统稳定运行，需遵循如下原则。

(1) 实用性原则。系统在实现各模块功能的基础上，在界面风格上和 ArcGIS 软件保持一致，在操作风格上和 Windows 系统保持一致，界面友好，功能完善，操作便捷。

(2) 开放性原则。基于开放式设计理念，系统采用统一标准接口，方便用户不断根据实际需要更新、添加功能，为未来系统的发展留出空间。

(3) 先进性原则。本系统开发过程中采用领先的技术和流行的方法，极大提升用户的使用体验，具有优秀的使用效果。

(4) 安全可靠性原则。本系统用于模拟融雪型洪水的演进过程，充分考虑了系统数据库和用户信息的安全性，为防洪减灾决策提供科学依据，同时设计了良好的容错能力，保证系统运行的稳定性和可靠性。

(5) 经济性原则。本系统在开放工具、开发环境、数据库、扩展工具等方面都采用开源、免费产品，系统各模块功能满足需要，而开发成本小。

2. 系统功能设计

基于构建一个能够实现融雪型洪水三维可视化模拟功能的系统，本系统的具体功能设计包括：

(1)研究区地理信息查询功能，可以对加载的地图进行平移、放大、缩小、编辑、按位置查询、按属性查询等功能。

(2)出图功能，可以把处理结果导出为 TIFF、JPEG、EMF、PDF、GIF、BMP 和 PNG 格式。

(3)数据处理功能，可以对数据进行图像裁剪、重采样、矢量转栅格、栅格计算器等处理。

(4)洪水模拟功能，可以实现能量法融雪模块、截留损失模块、蒸散发损失模块、汇流模块和洪水三维演进。

2.5.3 系统开发平台选择

1. 系统开发背景设计

(1)本系统基于 ArcGIS 和 ENVI 的二次开发，调用 ArcGIS Engine 工具包，运用面向对象的方法，分别将文件、查询、导出地图、数据处理以及模型各模块(能量法融雪模块、截留损失模块、蒸散发损失模块、汇流模块和洪水三维演进模块)的功能封装成独立的类，易于后期的扩展和维护。

(2)本系统运用 C#语言设计，充分运用 GIS 组件对遥感数据的管理和分析功能，可靠性好，并保留 ArcGIS 软件地图管理界面的风格，简洁实用。

(3)本系统采用 IDL 语言编译核心算法，系统运行稳定，运算效率高。

(4)本系统的设计和构建中，把“3S”技术充分应用在建模和数据处理上，数据源主要为遥感(RS)和地面实测经空间插值处理后的数据，在模型分布式处理上主要采用 GIS 和 GPS 作为基本工具。

2. 系统开发平台

1)系统软硬件环境

(1)硬件环境。

Intel 双核 2.50GHz 及以上处理器，4G 及以上内存，80G 及以上硬盘。

(2)软件环境。

操作系统：Windows 7 或更高版本；

GIS 平台：ArcGIS 10.1、ArcGIS Engine 10.1、ArcSDE 10.1；

ENVI 平台：ENVI 5.1、IDL 8.3；

关系数据库开发软件：SQL Server 2005；

开发工具及语言：.NET 开发环境下 C#语言、IDL 语言；

办公软件：Microsoft Office(Word、Excel、Visio 等)。

2).NET 开发平台

现在的计算机时代日新月异，互联网新技术蓬勃发展，微软的.NET 技术是当今最流行的技术之一，越来越受到开发者的欢迎。2000 年 6 月，微软研发出.NET 开发平台，强有力地冲击着前些年引领应用浪潮的 J2EE 平台，.NET 开发平台从根本上改变了开发应用程序的技术和工具。.NET 是微软的新一代技术平台，是开发平台的基础。.NET 开发平台具有以下内容：①. NET Framework 由通用语言运行环境和新的类库组成，前者能运行应用的软件组织，后者详细组织了访问数据库、Web 通信和显示用户界面的代码；②. NET 开发工具，由 Visual Studio .NET 集成开发环境和.NET 编程语言组成，前者能开发应用程序，后者能创建采用类库的程序；③ASP.NET 替代以往的 Active Server Pages，运用 XML、HTML 等，能够组建 Web 应用程序。

在.NET 开发平台下，开发者是自由的，集成工具集包含所有语言，并有一致的 IDE 和调试器，.NET 开发环境是开放的，软件商可以使用自己开发的工具。COM 的难点在于部署的问题，COM 通常采用大量的 Windows 注册表管理计算机的组件，而.NET 不需要使用注册表，就像是自己的组件均是机器的本地组件，因此开发工作可以复制命令和代码，不再需要安装文件。另外.NET 可以管理开发者的代码，以此来减少错误并组建可伸缩程序，稳定性和可用性很高。

.NET 可跨平台运行，采用全新的数据库访问技术，提供了 C#、Visual Basic、Visual C++、JavaScript 等多种编程语言，减少开发者底层代码的容量，并提高运行时的稳定性和安全性。开发平台对系统的性能和系统运行的稳定性有着至关重要的影响，本系统采用.NET 开发平台，使系统具有更高的效率和更好的通用性。

3) 系统开发工具平台

Microsoft Visual Studio 是微软公司的开发工具包系列产品。Microsoft Visual Studio 是一个比较完整的开发工具集，它包括了软件生命周期中需要的很多工具，如代码管控工具、UML 工具、集成开发环境等。Microsoft Visual Studio 包含很多开发工具，如 Visual C#、Visual Basic、Visual F#等。Microsoft Visual Studio 具有快速的应用程序开发、优秀的用户体验和高效的团队协作等特点。本系统采用 Microsoft Visual Studio 2010 作为系统开发平台，软件开发质量高，美感与效能并重。

4) 系统开发语言平台

C#语言是微软开发的面向对象的高级语言，是一种简单的、稳定的、安全的、优雅的编程语言，由于其超强的操作能力、优雅的语法风格和方便的面向组件编程，发展为.NET 开发平台的首选语言(Watson，2002)。作为目前微软的主流编程语言，C#语言以.NET 为平台，自带各种类库文件，能够拖拽控件快速设计好软件界面。C#语言是微软公司特意为.NET 平台开发的语言，是面向对象的语言，并吸收 C 语言和 C++语言的优势。C#语言语法简洁、安全性高，具有异常处理模式，同时借助.NET 强大的装配功能，不需要修改注册表，避免 DLL 文件的版本冲突，因此用 C#语言开发的程序后期维护会非常方便。本系统采用 C#语言，主要用于对类库、接口的调用和软件界面的设计。

IDL(interactive data language) 是由美国国际电话电报视觉信息处理(ITT Visual

Information Solution，ITT VIS）公司主推的第四代可视化交互数据语言（闫殿武，2003）。IDL对矩阵有很强大的处理功能，而遥感影像可以看作是二维或多维矩阵，使得 IDL 在遥感影像的处理上有很广泛的应用。IDL 具有很强的数据分析和可视化功能，自带多种内嵌式算法库（包括数学、图像处理、统计学等），并支持跨平台运行和面向对象编程，具有超强的数据分析能力，可进行插值、曲线拟合、多维网格化等分析，在医学、大气、地质等方面有很广泛的应用。IDL 语言具有以下特点：①IDL 自带很多过程和函数，开发者具有很大的自由性，能够独自调用，也能够组合成高级的函数和应用程序；②IDL 函数具有完全的数据，不需要使用循环，可以简化分析过程；③IDL 具有多维绘图和数据可视化的功能，可以迅速灵活地显示图像和动画，开发者可以快速看到处理效果；④IDL 的输入输出很灵活，可以读取几乎所有数据类型，支持各种格式的图像（如 JPEG、BMP、TIFF、GIF 等），而且支持科学压缩数据（如 NetCDF、HDF、CDF 等）；⑤IDL 拥有 GUI 工具，使用 Widgets 能够让初级开发者完成高级的编程工作，在 Windows 环境下不需要使用 Windows API 就可以构建自己程序的界面，而且开发者很容易设计出复杂的用户界面；⑥IDL 能够运行在几乎全部的操作系统上，如 Windows、Unix、Linux 等，IDL 的独立性保证了程序不需要做修改就可以在多种操作平台下使用。

IDL 处理遥感影像有以下优点：①IDL 自带多种统计分析和数值分析包，多种命令、过程和函数使数据处理和结果可视化快捷、简单，而且 IDL 内嵌多种图像处理过程和函数，如滤波、边缘增强、插值、数字转换、统计直方图等；②在 IDL 中，使用 Windows 命令可以调节图像的大小和形状，使用 TVSCL 和 TV 命令可以选择影像；③IDL 有高级工具箱，iTools 包含多种工具箱，如 iPlot、iContour、iSurface、iImage 等，开发者使用鼠标就可以完成数据处理和可视化；④IDL 语法简单，且是面向对象的编程，容易上手；⑤IDL 用户界面具有 Windows 风格，熟悉且易操作；⑥IDL 可以管理子数据库，非常容易连接各种数据库，并支持 Oracle、MySQL Server、Informix 等各种语言；⑦IDL 的程序代码运行效率很高，特别适合大数据的处理和图像运算；⑧IDL 运用 ActiveX 控件，可以集成应用，并具有丰富的接口，能够调用基于 VC、VB、C++、C、Java 等开发的程序。

IDL 在数据的输入输出方式、遥感影像的处理、三维建模和集成数学算法等方面具有很大的优势，且提供 C#的接口工具，在 Microsoft Visual Studio 2010 可以很稳定、高效地与 C#、ArcGIS Engine 开发进行混合编程，所以本系统的核心算法均由 IDL 编写。

5）系统数据库平台

空间数据库设计：空间数据库采用专题分层的形式。对于每一个专题，设置一个分层，既便于数据的收集、整理，又有利于数据的查询。本空间数据库包括三种数据，分别是点状数据、线状数据和面状数据。同时，空间数据库又可分为栅格数据和矢量数据，本系统中的栅格数据主要包括研究区 DEM 数据、MODIS 和 Landsat 等各种遥感数据、洪水计算结果转化数据等；本系统中的矢量数据主要包括研究区边界、水系图、子流域图、土地利用数据、土壤数据等。

属性数据库设计：属性数据库基于空间数据库，对地理数据的各种属性数据进行整理和管理。属性数据库采用 Microsoft SQL Server 2005，是一个全面的数据库平台，为结构化数据和关系型数据提供安全可靠的存储功能。

2.6　融雪型洪水三维可视化系统的功能模块设计与实现

2.6.1　系统功能模块结构规划

系统功能分为数据预处理部分和专业功能部分，预处理部分包括查询模块、数据处理模块、导出地图模块，主要是对数据进行前期处理和出图；专业功能部分包括能量法融雪模块、截留损失模块、蒸散发损失模块、汇流模块和洪水三维演进模拟模块，主要实现从融雪产流—沿途损失—汇流—洪水三维演进的模拟过程。根据实际需求，系统功能模块结构规划如图 2-29 所示。

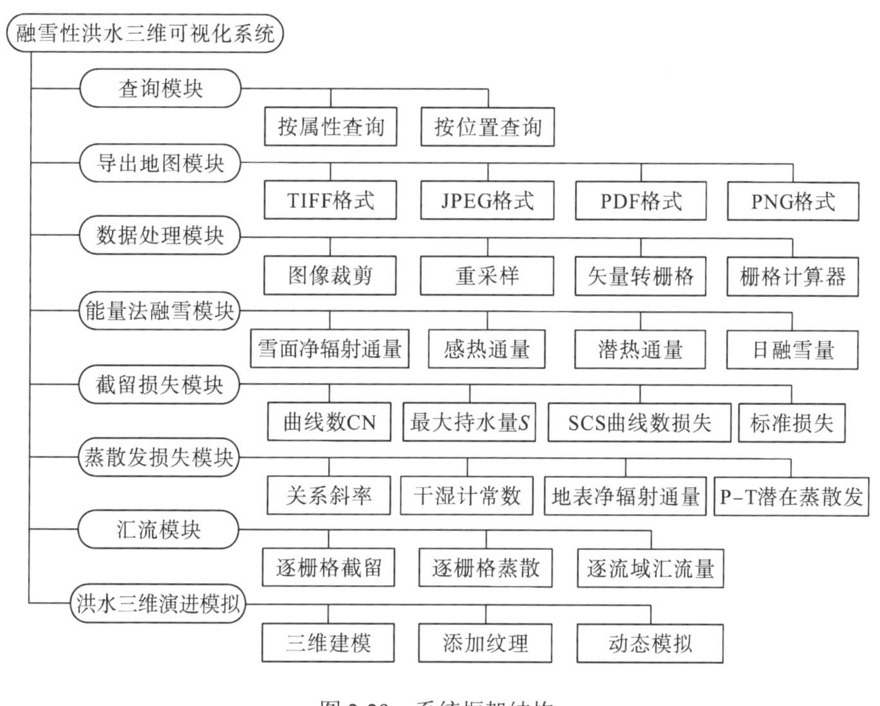

图 2-29　系统框架结构

2.6.2　系统主要功能模块的设计与实现

首先采用 C# 语言编程构建可视化界面，然后在 ArcGIS Engine 中调用 HydrologyAnalyst 类对水文信息(包括填洼、水系、流向、水流累积、子流域划分等)进行提取，最后在 IDL 中调用 ENVI_CREATE_ROI、ENVI_GET_DATA、OBJ_NEW、ROUND、ENVI_OPEN_FILE、ENVI_SET_INHERITANCE 等函数实现核心算法的编译。

1. 查询模块

查询模块包括按属性查找和按位置查找两部分，如图 2-30 所示。

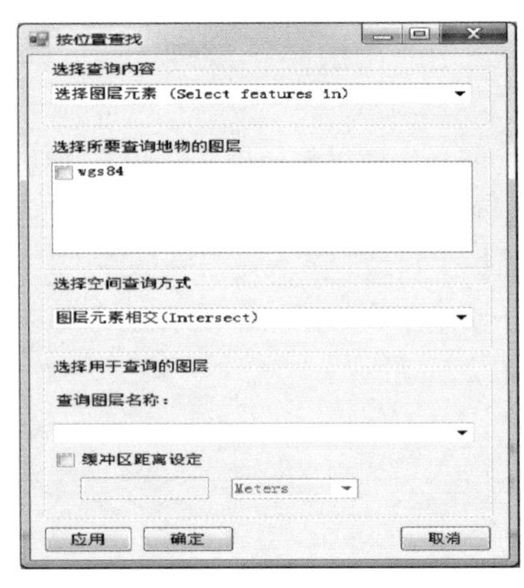

图 2-30 查询模块

2. 数据处理模块

数据处理模块包括图像裁剪、重采样、矢量转栅格和栅格计算器四部分，如图 2-31 所示。

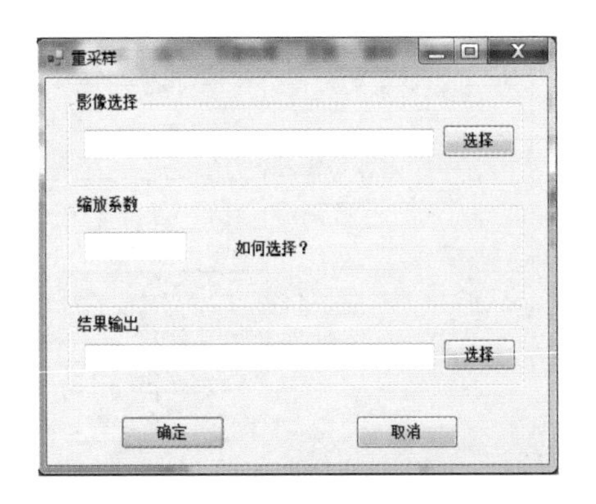

矢量转栅格

1、选择矢量图层：

2、选择转换字段：

3、输出像元大小： 50

4、输出路径和名称：

确定 取消

图 2-31 数据处理模块

3. 导出地图模块

导出地图模块可导出 TIFF、JPEG、EMF、PDF、GIF、BMP 和 PNG7 种格式，如图 2-32 所示。

图 2-32　导出地图模块

4. 能量法融雪模块

能量法融雪模块包括雪面净辐射通量计算、感热通量计算、潜热通量计算和日融雪量计算四部分，如图 2-33 所示。

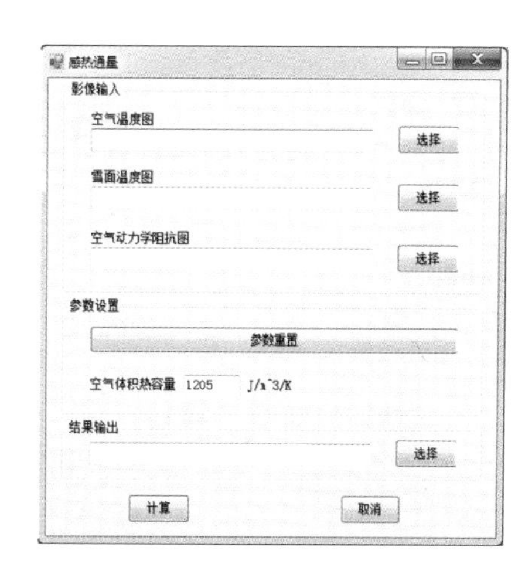

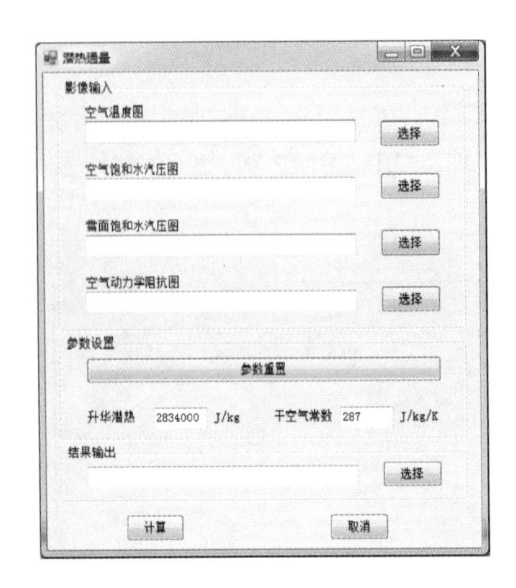

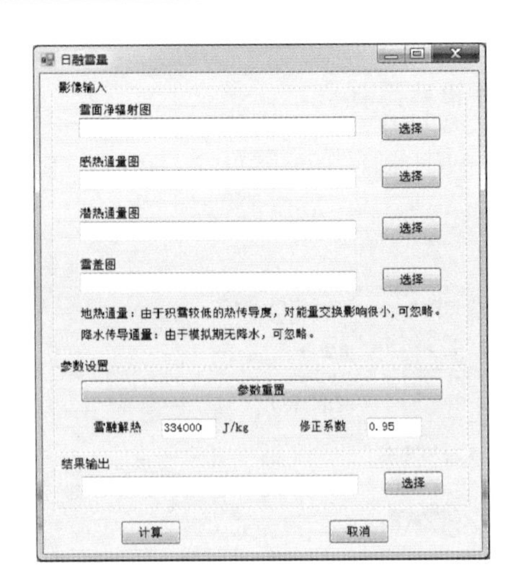

图 2-33 能量法融雪模块

5. 截留损失模块

截留损失模块包括曲线数 CN 计算、最大持水量 S 计算、SCS 曲线数损失计算和标准损失计算四部分，如图 2-34 所示。

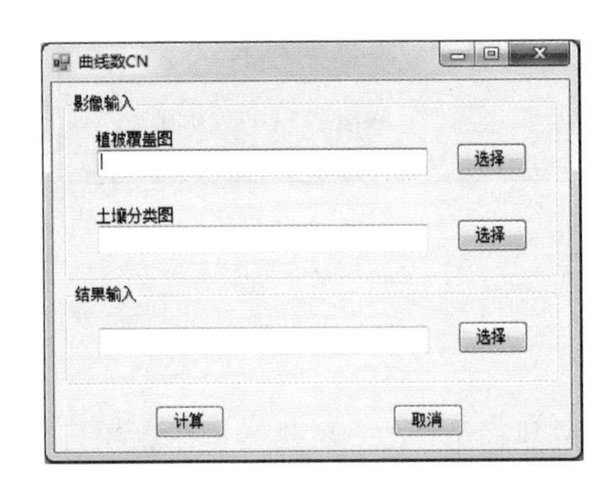

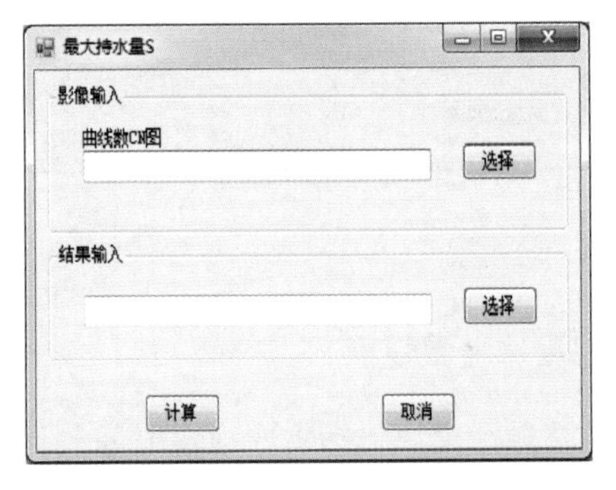

图 2-34 截留损失模块

6. 蒸散发损失模块

蒸散发损失模块包括关系斜率计算、干湿计常数计算、地表净辐射通量计算和潜在蒸散发计算四部分，如图 2-35 所示。

图 2-35　蒸散发损失模块

7. 汇流模块

汇流模块包括逐栅格截留计算、逐栅格蒸散计算和逐流域汇流量计算三部分，如图 2-36 所示。

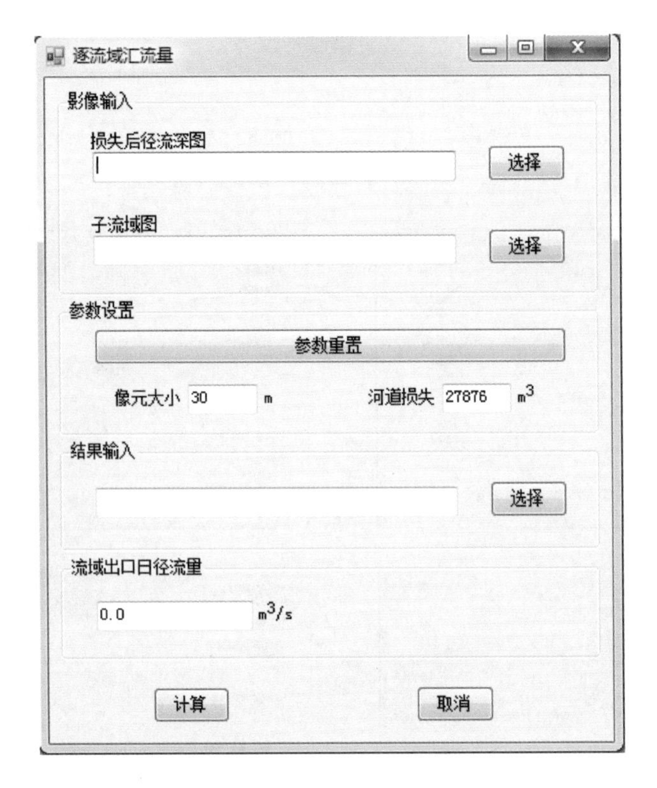

图 2-36　汇流模块

8. 洪水三维演进模块

洪水三维演进模块包括选择自定义融雪流量和预设流量两种模式，如图 2-37 所示。

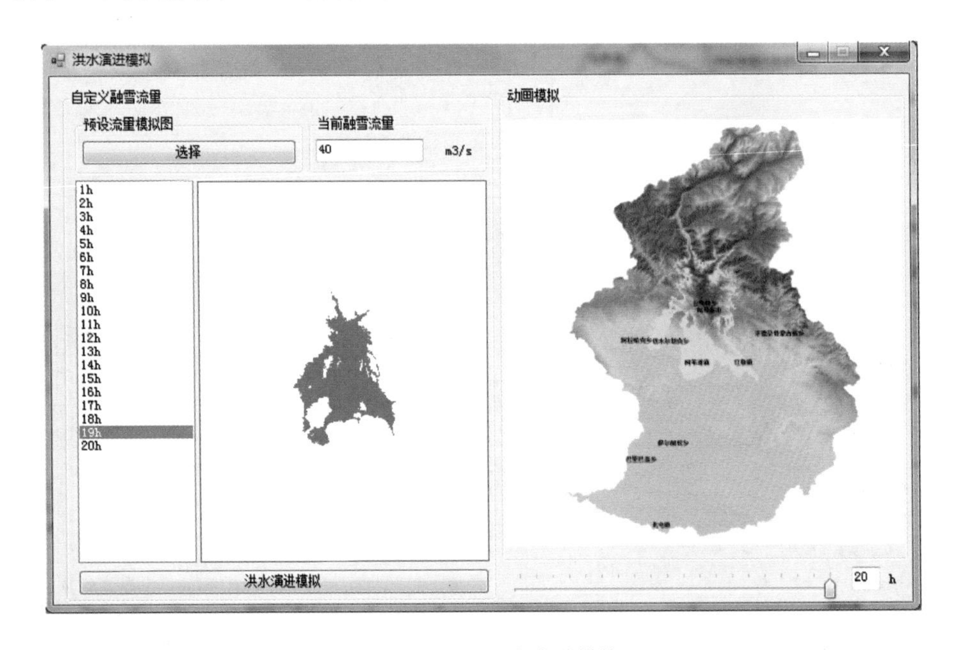

图 2-37　洪水三维演进模块

2.6.3 系统界面设计

融雪型洪水三维可视化系统的操作是基于用户与系统界面的交互来实现的，一个优秀的系统应具有友好性、简易性的特点，这主要取决于系统界面的设计理念。本系统不仅考虑运算效率，同时注重系统的推广与发展，主要考虑以下原则。

(1) 系统界面初始化。本系统开始运行时会配置初始文件，在系统界面中会采用初始后的默认值，对于初次使用系统的用户无须设置参数，减少工作量。而对于专业用户，系统参数可以被修改和保存，以便再次使用。

(2) 人机交互时反馈合理的信息。当用户操作系统时，系统会反馈相关状态信息，指示用户操作是否正确以及下一步该如何操作，防止用户错误操作。

(3) 容错机制。本系统的每个界面都设置有容错机制，当用户误操作或者输入、输出路径有误或者数据错误时，系统会提示错误而不会中断。

(4) 适用性原则。系统的操作方式与传统的 Windows 系统一致，系统中鼠标、键盘的功能与常用软件一致，便于用户使用、理解和掌握。

(5) 完善的帮助界面。本系统为用户提供完善的使用说明和操作帮助，方便用户迅速掌握系统的操作方式。

1. 系统登录界面

本系统设置登录界面(图 2-38)，成功登录系统的用户，可以使用系统的全部功能。

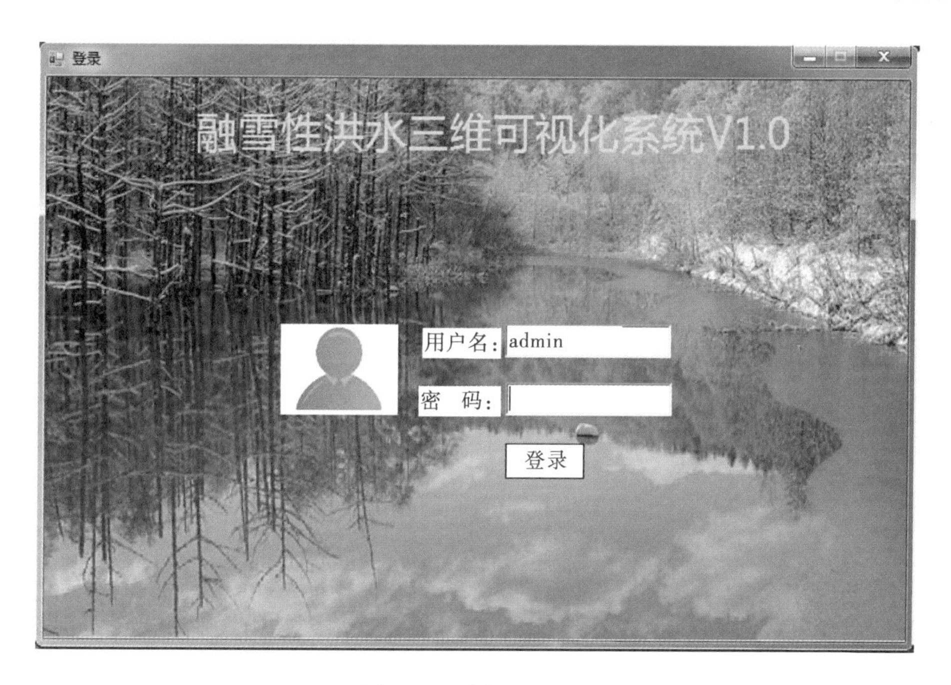

图 2-38 系统登录界面

2. 系统主界面

基于 Workspace、MapControl、LayersControl 等控件，对栅格、矢量数据进行处理。将 MapControl 控件和 MapNavigationControl 控件进行绑定关联，实现地图的平移、放大、缩小等功能；调用 Map、Datasources、SpatialQueryMode、QueryParameter 等类的接口和事件，实现地图的空间查询和投影转换等操作；调用 ThemeGridRange、ThemeRange 等类的接口和事件，实现专题图制作；调用 Printer、MapLayout 等类的接口和事件，实现出图和打印等功能。

基于 ArcGIS Engine 二次开发，保留经典 ArcGIS 风格界面，菜单栏、工具栏、加载内容区和显示地图区结合紧密，用户操作简单便捷，系统主界面如图 2-39 所示。

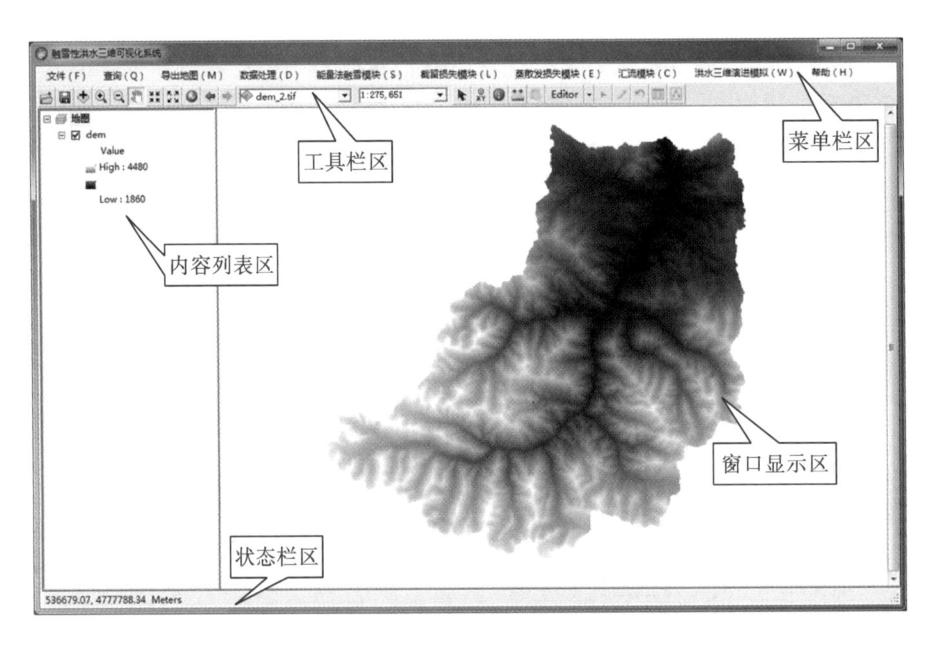

图 2-39 系统主界面

1) 窗口组成

本系统主要由菜单栏区、工具栏区、内容列表区、窗口显示区和状态栏区五部分组成。菜单栏区包含系统各模块功能，工具栏区是系统进行基本操作的功能区，内容列表区对加载的地图进行管理，窗口显示区是显示地图的区域，状态栏区显示坐标信息和鼠标位置信息。

2) 功能介绍

(1) 工具栏功能：打开、保存、添加数据、放大、缩小、移动、固定比例缩小、固定比例放大、全图、返回上一视图、转至下一视图、图层列表、比例控制、选择元素、转到 XY、识别、测量、时间滑块、编辑器、编辑注记工具、绘图工具、撤销工具、属性、草图属性。

(2) 菜单栏功能：文件、查询、导出地图、数据处理、能量法融雪模块、截留损失模块、蒸散发损失模块、汇流模块、洪水三维演进模拟、帮助。

2.6.4　三维可视化研究

1. 三维地形建模主要技术方法研究

地形模型用来描述地表现象和地面特征，是构建三维地形的基础。三维地形建模是运用合适的算法和准确的数据结构构建曲面模型来表达真实地形情况，主要是将地形表面模拟为一个曲面，然后曲面上任一点 $A(x, y)$ 对应一个唯一的 Z 值，能够展示出地形的三维特征。

1) 三维地形建模技术

基于真实数据的建模技术：基于真实数据的地形建模常运用数字地面模型来实现，数字地形模型(digital terrain model，DTM)用数字表达在空间区域上的地面特征并关联一个 n 维向量。当数字地面模型仅仅考虑地形时，就成为数字高程模型(DEM)。数字地面模型数据量一般都非常大，计算机在地形建模时需要进行简化和调整分辨率。

(1) 基于分形技术的建模技术。

基于分形技术的地形建模常采用分形几何的理论来生成逼真的随机地形，分形几何主要研究非规则形态，重视物体的复杂性和随机性，尝试揭示物体的本质与规律。分形几何采用递归算法创建水平细节，可以简化复杂的物体，对表达普通地面形状具有良好的效果。

(2) 基于数据拟合的建模技术。

传统的地形建模技术基于数据拟合实现地形建模，该方法常运用二次曲面、样条曲面等参数曲面，基于曲面拟合、插值来构建三维地形。早期的数据拟合以欧式几何为基础，但由于地形的复杂性，建模时工作量很大，后出现了一些改进方法，可以用小波分析实现数据拟合，也可以分析地形特征参数，即通过地形参数生成一部分地形骨架，再采用分形技术处理细节，计算量小，建模效果很好。

2) DEM 的主要模型

DEM 是用高程数字代表实际地形的模型，用离散数字描述地形地貌，可以表示为规则格网模型、不规则三角网模型和等高线模型，在三维建模中主要采用前两种。DEM 可通过多种途径获得，可以用已有数据生成，也可以采用测量手段获得。首先，获取区域内离散点的位置和高程，这些点即为控制点；然后，根据控制点以规则格网或不规则格网为基础，采用插值的方法进行建模；最后，DEM 上的所有点完成对地形的数字表达。基于数学进行分析，DEM 由大量的三维向量 (X, Y, Z) 组成，其中 (X, Y) 为点的空间位置，Z 为高程值。

(1) 规则格网模型。

规则格网模型是使用最广泛的 DEM 模型，常见的是正方形，也可以为三角形、矩形等。规则格网会把区域分割成规则单元，任一格网单元有一个唯一值。对于数学而言，规则格网是一个矩阵，对于计算机而言，规则格网是一个二维数组，任一格网单元有一个唯一的高程值。规则格网 DEM 结构简单、数据排列有序，计算机运算方便，便于提取坡度坡向、等高线、山体阴影和地形等。规则格网 DEM 不考虑地形的差异性，数据点在整个区域上的密度都是一样的，会有很多数据冗余，造成数据量很大。根据这一缺点，有很多改进的算法可以控制采样间隔，可根据地形情况改变采样间隔，也可以结合小波变换进行数据压缩等。由于不考虑地形的差异性，致使一些复杂区域的分辨率不高、细节不够，因此需要添加地形特征来修正，可以加入山脊线、断裂线和谷底线等，以详细表达地形复杂区域的细节信息。

(2)不规则三角网模型。

不规则三角网模型(triangular irregular network model，TIN)数据量较小，减少了数据冗余问题，计算机处理效率较高。不规则三角网模型采用不规则分布的控制点来形成三角面描述地形表面，地形上的任意点在三角面内或边上。不规则三角网模型由大量的三角面构成，基于地形的复杂程度布置控制点、安排节点的密度，具有多分辨率，可以减少简单地形时的数据冗余，又能着重处理复杂地形，可很好地描述地形高程特征。不规则三角网模型在数据结构上更为复杂，具有复杂的拓扑关系和不规则性，需要记录每个数据点的高程信息和平面位置，还要存储节点拓扑关系以及各个三角形的相互关系。

(3)对比分析。

不规则三角网模型可以很灵活地描述地形特征和细节，在地形平坦区域只存储较少的数据点，在地形复杂区域存储足够多的数据点，具有多种分辨率。因此，不规则三角网模型既能详细地描述复杂地形特征，又能减少地形平坦区域的数据冗余，具有很好的自由性和合理性。同时，本系统着重进行三维地形的显示，从运行速度来看，不规则三角网模型显示速度较快，因为三维地形的显示速度与每个三角形的差异性无关，三角形的数量是主要的影响因素。

3)基于不规则三角网地形建模

如上所述，规则格网 DEM 存在一些缺点，因此选择不规则三角网进行三维地形建模，减少简单地形的数据冗余并详细描述复杂地形的细节情况。基于不规则三角网的剖分算法有很多种，德洛奈(Delaunay)三角剖分法效果很好，在生成 TIN 时应用很广泛。

德洛奈三角剖分法的效果主要受空间效率和时间效率的影响，既要考虑系统的计算量，又要考虑算法实现的时间过程。本系统采用分治算法和三角网生长法相结合的方式，首先划分数据格网，在每个子单元生成德洛奈三角网，然后组合相邻子单元，最后构建整个区域的所有点数据的德洛奈三角网。整个过程速度较快，生成不规则三角网效果较好。

4)三维地形简化

三维效果越逼真，需要的地形数据就越庞大，虽然现在的计算机硬件水平已经很高，但实时显示庞大的三维地形场景时，依然会出现卡顿、显示滞后、速度慢等问题，在这种情况下，就需要简化三维地形数据，实现计算机的加速显示，因此，简化地形数据模型为三维可视化研究中的重要环节。

简化地形模型技术直接影响三维地形的实时展示与动态交互，其中消隐技术、裁剪技术和细节层次技术较为常用，而细节层次技术具有更好的普遍适用性，在地形模型简化方法中应用很广泛。细节层次技术(levels of detail，LOD)是基于地形数据构建多种详细程度的模型，在三维地形场景实时显示时，可以进行多种细节程度模型的选择，从而加快显示速度，也使得三维场景模拟效果更好。

2. 洪水演进三维可视化的实现

1) 三维可视化的实现过程

(1) 控件搭建。

基于 ArcGIS Engine 中 Analyst 3D、Carto 等类库，调用 axSceneControl 控件，运用 ArcGIS Engine 预设接口(包括 ItinWorkspace、ItinLayer、IrasterWorkspace、IrasterLayer 等)来加载 Tin 图和栅格图，实现 ArcScene 的基础功能。

(2) 高程因子三维转换。

设置研究区 Tin 图的转换因子，调用 I3Dproperties 接口进行高程因子调试，实现地形三维显示效果。

(3) 纹理粘贴和色彩渲染。

Tin 图有很好的三维显示效果，遥感影像真彩色显示很接近地物的真实颜色，对研究区的遥感影像和 Tin 数据进行地理坐标系和投影坐标系的统一，把二者进行叠加显示，调用 ItinRenderer 接口渲染图像，达到虚拟现实的效果。

(4) 三维演进。

SceneControl 可以在三维场景中显示和添加空间数据，与 ArcScene Desktop 的 3D 效果一样。SceneControl 通过调用 IScene Viewer 接口，该接口拥有 Camera 对象(由 Observer 和 Target 组成)；SceneGraph 具有 3D 绘制、添加和删除等功能，并控制 Camera，可以对三维对象进行处理；SceneViewer 是三维显示窗口，Camera 控制 SceneViewer 的视角，如图 2-40 所示。

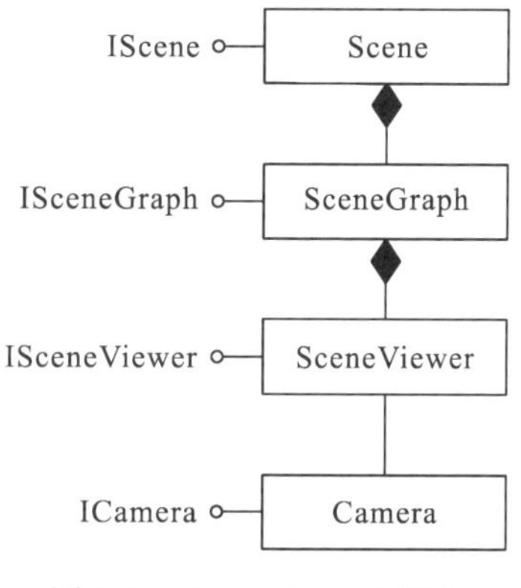

图 2-40　SceneControl 接口

Animation 类库具有可扩展性，在 Scene 中能够创建动画，包括四种类型，分别是 AnimationTypeCamera、AnimationTypeTimeLayer、AnimationTypeLayer 和 AnimationTypeScene，关键帧分别为 Bookmark3D、TimeLayerKeyframe、LayerKeyframe 和 SceneKeyframe，如图 2-41 所示。关键帧是动画中的某个快照，一个轨迹中包含两个及以上关键帧，从而创建出动画效果。

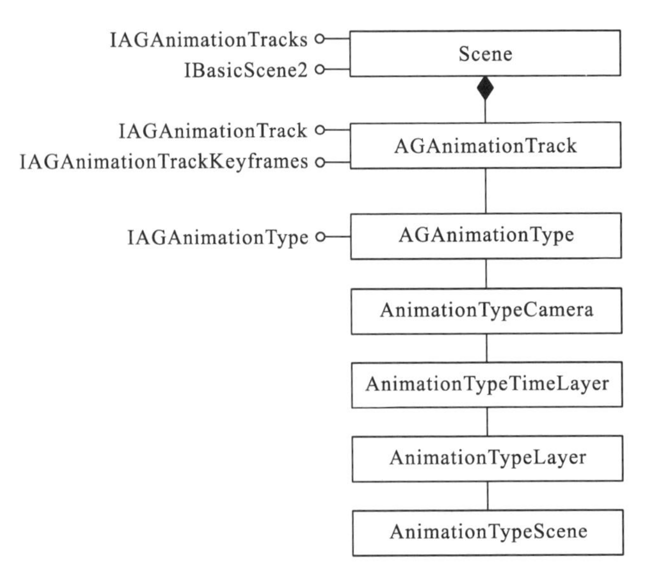

图 2-41 Animation 功能

2) 三维可视化的实现界面

洪水三维演进模拟包括三维建模、添加纹理和动态模拟三部分，如图 2-42 所示。

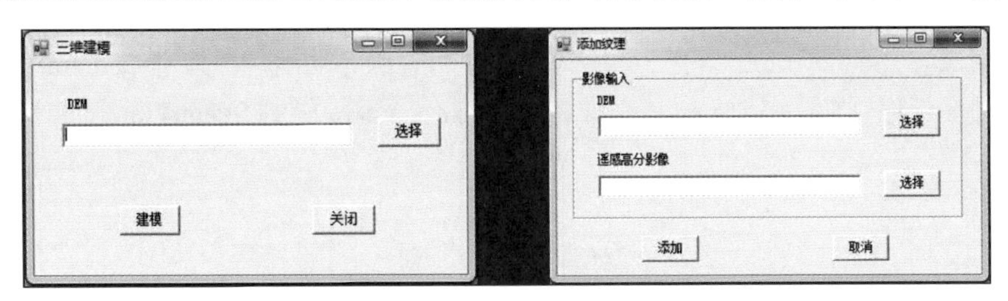

图 2-42 洪水三维模拟

2.7　融雪型洪水三维可视化系统的应用

2.7.1　应用区概况

乌鲁木齐河位于中天山北部，86° 45′～87° 56′E，43° 00′～44° 07′N，发源于喀拉乌成山主峰——天格尔Ⅱ峰附近的一号冰川，西接头屯河，自南流向东北，至乌拉泊后转向正北方，流经乌鲁木齐市区，最终流至米泉区，河流全长 214km，高差约为 4000m。流域东接板房沟流域，西邻头屯河流域，南至源头分水岭，北到准噶尔盆地南部的东道海子，流域总面积 4684km^2(李新亮，2000)。

1. 地形与地貌

乌鲁木齐河源区横跨两个较大构造单元，南侧属于加里东褶皱带，北侧属于海西天山褶皱带，中间被大断裂分割。乌鲁木齐河山区流域地势陡峭，海拔最高点为天格尔Ⅱ峰的 4479m，海拔最低点为西白杨沟的 1670m，具有非常明显的垂直地带性。高山区发育有现代冰川，主要为冰蚀地貌，中游主要为河道侵蚀发育，河网较多，是径流主要形成区，出山口以下则是径流散失区。海拔 3600m 以上为高山寒冻砾漠带，主要分布有冰川和永久积雪；海拔 2800～3000m 为亚高山带，山峰陡峭，河谷发育呈“V”形，主要分布有垫状植被和蒿草；海拔 1700～2600m 为中山带，水流侵蚀作用强烈，沟谷较浅，主要分布有云杉林，水热丰富；海拔 900～1700m 为低山丘陵区，阶梯状台地较多，主要分布有荒漠草原；海拔 400～900m 为冲积扇平原区，主要分布有灌溉农田和荒漠草场(李江风，2006)。

2. 气候与水文

乌鲁木齐河流域在亚欧大陆腹地，远离海洋，为温带大陆性气候，干旱少雨，冬季漫长而寒冷，夏季炎热而多阵雨，降水集中在 6～8 月，占全年的 66%，12 月至次年 2 月仅占全年的 10%。冬季，主要受西伯利亚高压、蒙古高压的控制；夏季，主要受印度低压和大西洋高压影响，西风盛行。流域水汽主要来源于大西洋暖湿气流和北冰洋冷湿气流，其次为南亚气流。乌鲁木齐河流域基本由乌鲁木齐河水系与东山水系组成，乌鲁木齐河水系发源于天山山脉依连哈比尕山，主要由乌鲁木齐河、小东沟、板房沟等 10 条河沟组成，东山水系发源于天山博格达山，主要由水磨沟、铁厂沟、白杨沟、芦草沟等 15 条河沟组成，流域多年平均径流量约为 4.18 亿 m^3。积雪融化和暴雨是形成乌鲁木齐河洪水的主要原因，乌鲁木齐河流域洪水多出现在春季和夏季，春季主要为融雪型洪水，夏季主要为暴雨型洪水和混合型洪水。融雪型洪水主要是由于流域内气温迅速回升，冰川和积雪大范围消融而出现的洪水。融雪型洪水过程较平缓，水量较大，洪峰较小，具有很明显的时间变化，容易出现“一日一峰”现象。1985 年 5 月，受气温迅速回升的影响，冰雪消融导致出现较大规模洪水，最大流量为 46.0m^3/s，给当地人民造成较大损失(高芹等，2008)。

3. 植被与土壤

天山是天然的屏障，具有截留水汽的作用，植被也具有明显的垂直分带性。高山冰雪带分布在雪线之上的高山区，全年被冰雪覆盖，无植被生长；高山寒冷垫状植被主要分布于海拔 3400～3700m，气候寒冷且物理风化强烈，旱生植被性质，生长着狭带状的垫状植被和铁锈色的壳状地衣；高山寒带草甸分布在海拔 3100～3400m，气候寒冷较湿润，植被较多；亚高山寒带草甸分布在海拔 2900～3100m，植被种类丰富，覆盖度较高；山地寒温带针叶林分布在海拔 2100～2900m，大部分为亚高山针叶林和天山独有的云杉；山地寒温带草甸分布在海拔 1900～2100m，植被主要为草甸和森林，覆盖度高；山地温带草原分布在 1800～1900m 的冲积平原地区，季节干湿性显著，气候湿润，植被种类较多、层次明显，还有少量药用植物(赵志敏，2008)。在乌鲁木齐河山区流域，土壤分布也具有明显的垂直分带性。高山带地表主要覆盖为裸岩和高山草甸土，稳渗率小，积雪融水易形成地表径流；中山带的土壤主要由黑钙土和森林土组成，稳渗率较大，降水大部分进入地下，不易形成地表径流；冲击盆地多为栗钙土，稳渗率较大且质地较硬，是山区流域径流的主要产生区。土壤类型不同，透水性不同，对流域的产汇流影响也不相同(李江风，2006)。

本书选择英雄桥水文站以上流域作为研究区(图 2-43)，英雄桥水文站以上为主要产流区，集水面积为 924km^2，平均海拔 3083m，年平均径流量为 2.435 亿 m^3。该流域人为工程措施干扰较少，比较接近自然状态下的产汇流情况，流域较完整，符合山区融水的典型特征，近年来该流域融雪型洪水发生较多，更重要的是以英雄桥水文站处作为流域出水口，便于以站点实测径流量数据来验证本系统的准确性。

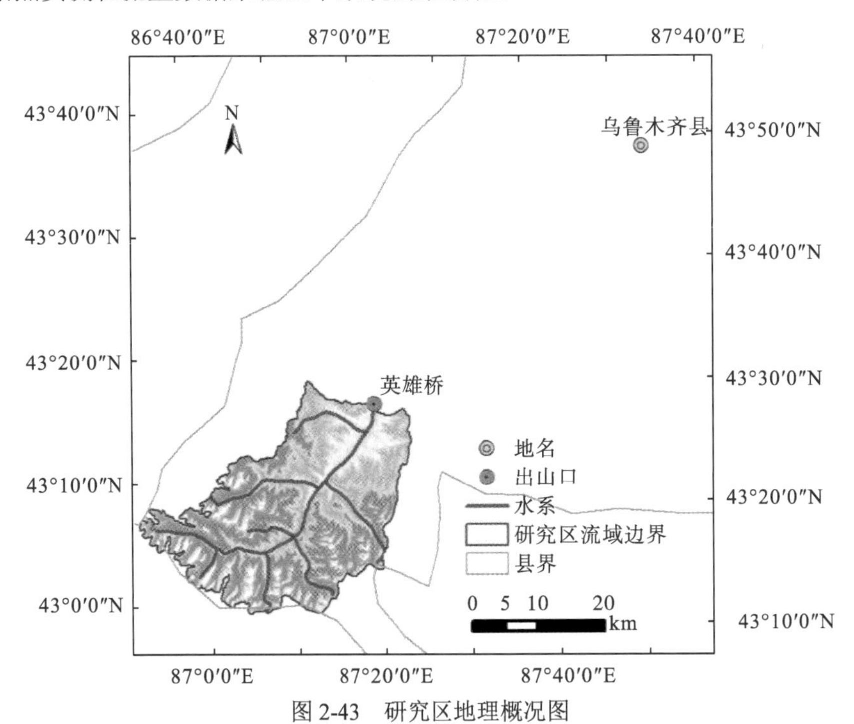

图 2-43 研究区地理概况图

2.7.2 模型资料

本书使用的数据有气象数据、水文数据、基础地理数据和遥感数据等。

1. 气象数据

1) 实测数据

基于2014～2015年中国科学院新疆生态与地理研究所组织的融雪期环天山野外观测结果，具体包括Snow Fork雪特性分析仪、红外测温仪、数码显微镜、手持气象站等获取的雪水当量、雪密度、雪深、雪面温度、风速、风向、气温等数据。

2) 共享数据

采用中国气象数据网(http://data.cma.gov.cn/)提供的气象站点多年的日降水量、日平均气温、日最低气温、日最高气温、日平均湿度、日照时数、日平均风速和日平均水汽压等数据。结合各站点的经纬度信息，运用ArcGIS软件对数据进行空间插值计算，得到气象数据栅格图像，通过研究区作为掩膜，裁剪气象数据栅格图像。

2. 水文数据

1) 实测数据

通过合作单位中国科学院新疆生态与地理研究所，在乌鲁木齐河重点河段安装OTT ADC便携式超声波流量计、加拿大Solinst Levelogger水位记录仪等仪器，获取水位信息、流量信息等。

2) 站点数据

采用乌鲁木齐河流域上英雄桥、跃进桥、大西沟和总控站四个水文站实测径流量数据，站点信息如表2-10所示。

表2-10 研究区水文站点

站名	经度(E)	纬度(N)	海拔/m
英雄桥	87°12′	43°22′	1920
跃进桥	87°06′	43°09′	2313
大西沟	86°50′	43°06′	3543
总控站	86°52′	43°07′	3408

3. 基础地理数据

1) 数字高程数据

研究区数字高程模型(DEM)来源于美国国家航空航天局(National Aeronautics and Space Administration，NASA)的SRTM数据，空间分辨率30m×30m(图2-44)，下载网址http://srtm.csi.cgiar.org。运用ArcGIS软件完成DEM预处理。

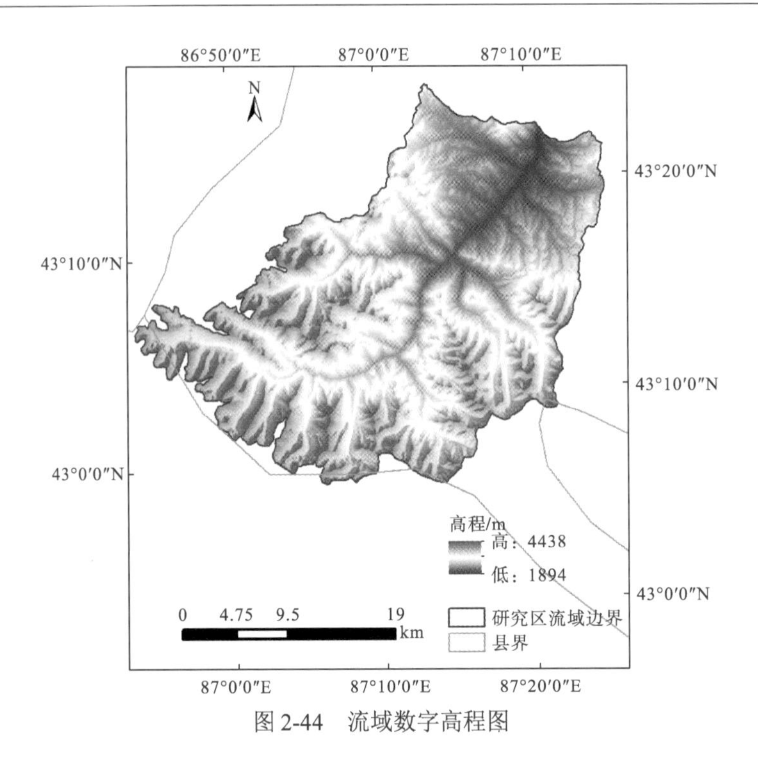

图 2-44 流域数字高程图

2) 土壤数据

土壤数据采用国家 1∶1000000 土壤图，运用 ArcGIS 将土壤图插值成 30 m 分辨率的栅格数据，通过研究区作为掩膜，裁剪土壤数据，整个研究区主要有栗高山草甸土、潮土、龙褐土、硫酸盐黑钙土、高山寒漠土和高山草甸土 6 种土壤类型，如图 2-45 所示。

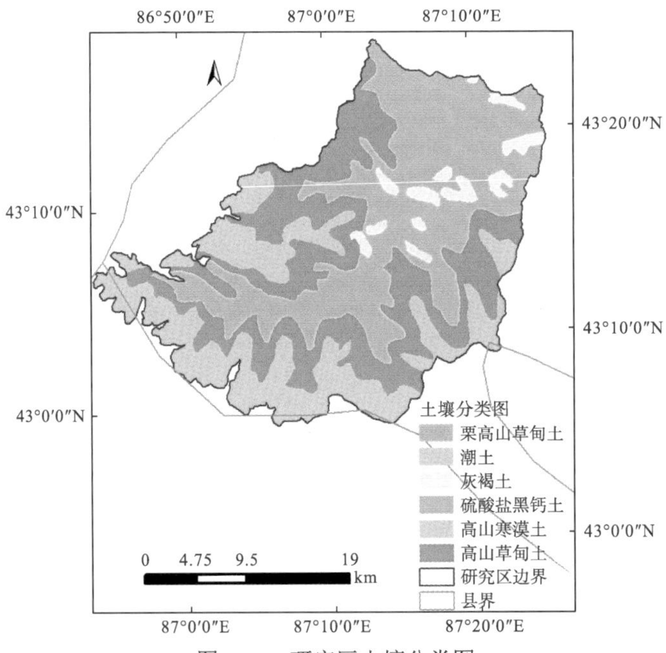

图 2-45 研究区土壤分类图

3) 植被数据

植被分类数据采用2010年植被分类数据(王士飞等，2013)，如图2-46所示。土地覆盖分类依据国家标准《土地利用现状分类标准》(GBT 21010—2007)中的地类体系，土地覆盖提取所采用的遥感数据为Landsat TM/ETM数据，多光谱数据纠正后的影像采用4、3、2波段假彩色合成。信息提取软件平台选用eCongnition分类软件，主要包括遥感影像纠正、计算机分析、判读编辑等技术环节。

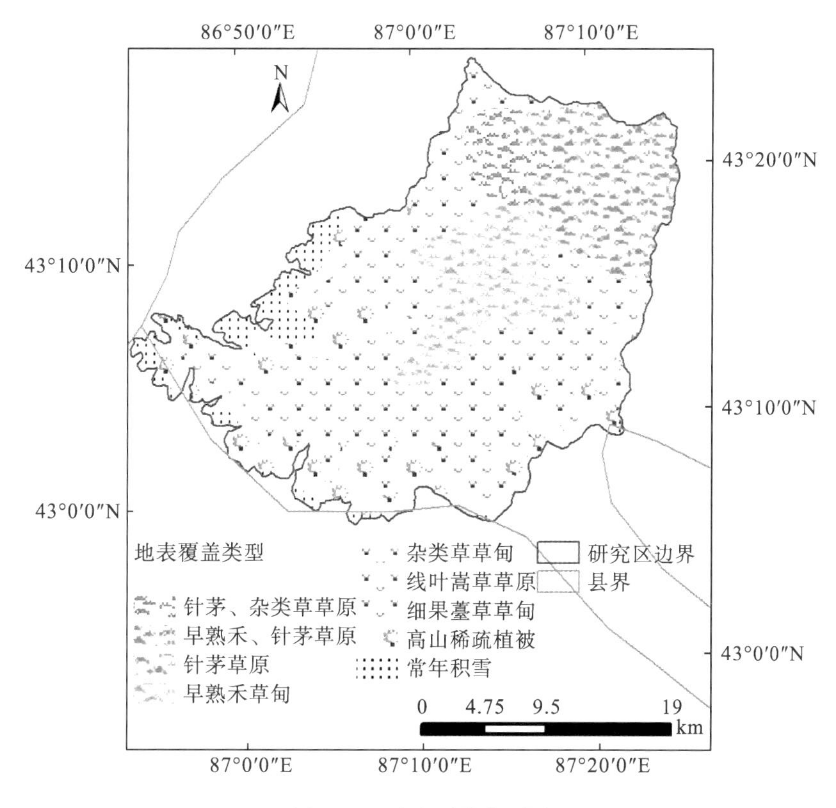

图2-46 地表覆盖类型图

4. 遥感数据

1) TM数据

纹理影像数据采用美国地质勘探局(United States Geological Survey，USGS)(http://www.usgs.gov/)提供的TM影像，时间分辨率为16天，空间分辨率为30m，采用ENVI软件进行重投影、裁剪等处理。

2) MODIS数据

雪盖数据采用美国国家航空航天局(NASA)提供的MODIS雪盖产品(MODIS 10A1和MODIS 10A2)，时间分辨率为日和8日，空间分辨率为500m；地表温度数据为MODIS地表温度/发射率产品(MODIS 11A1)，时间分辨率为日，空间分辨率为1km，首先使用MRT(MODIS Reprojection Tool)软件进行拼接、重投影及格式转换，最后用ArcGIS软件对影像进行拼接和裁剪。雪面温度数据基于 MODIS 第 31 波段和第 32 波段，根据分裂窗算法进行反演。

3) AMSR_E 数据

雪水当量数据采用美国国家航空航天局(NASA)提供的 AMSR_E 数据，时间分辨率为日，空间分辨率为 25km，采用 ArcGIS 软件进行重投影、裁剪等处理。

2.7.3 流域信息提取

运用本系统中的流域信息提取模块对 DEM 数据进行填洼、平坦起伏处理，并进行坡度、坡向、流向、汇流累积等计算，最终提取水系，并划分子流域，结果如图 2-47 所示。

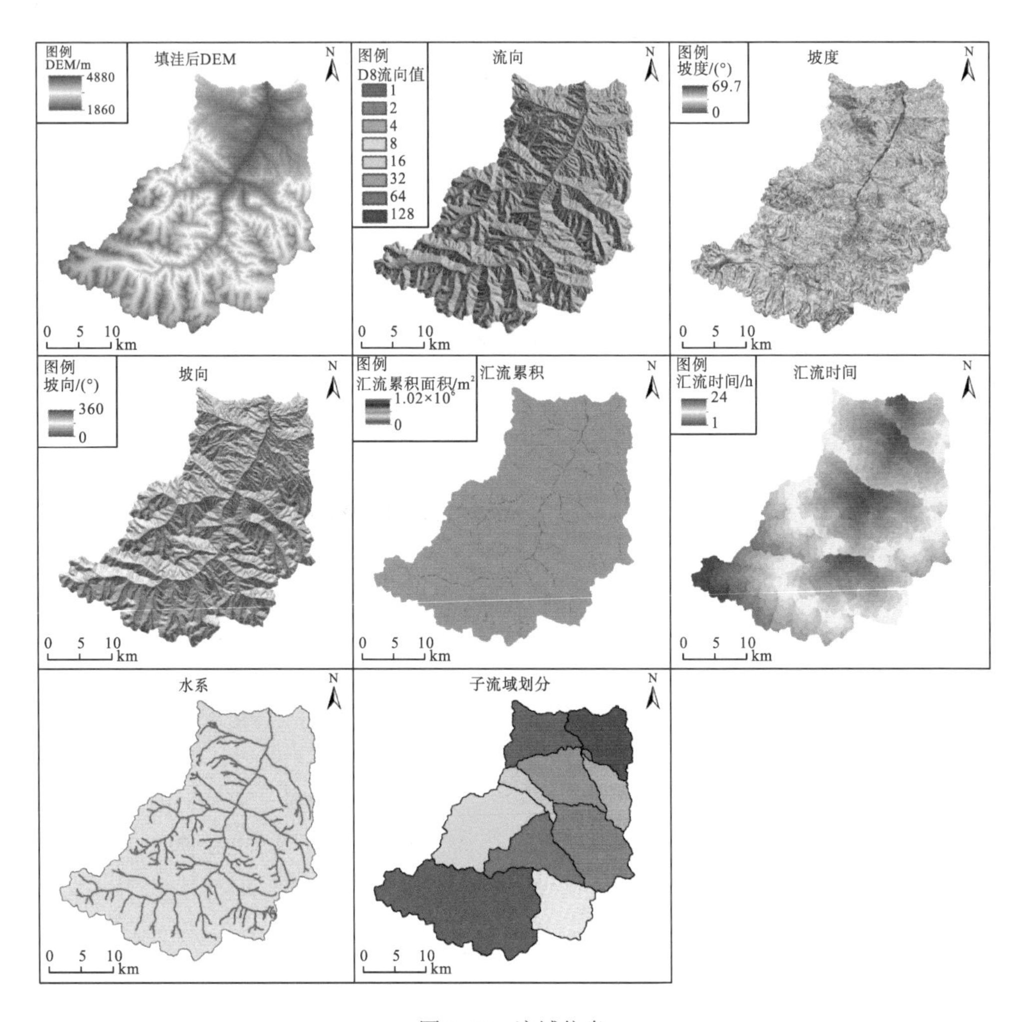

图 2-47 流域信息

2.7.4　模型参数化方案

本模型需要输入很多水文参数，而水文参数在空间上有很大的变异性。融雪过程实际上非常复杂，不仅受气温、风速、空气湿度等多种气象因素的影响，而且与土壤特性、流域下垫面情况和人类活动息息相关。尤其是物理模型，充分考虑物理过程，准确描述实际融雪过程，情况非常复杂。本模型以物理过程为基础，参数较多且大部分具有物理含义，主要参数如下：

(1) 初始时刻空间太阳短波辐射图、空间空气温度图、空间雪面温度图、空间风速图和空间雪盖分布图。

(2) 初始时刻土壤湿度图、土壤表面温度图和植被覆盖图。

(3) 初始时刻水汽化潜热值、地表比辐射率值、地表反照率值、大气比辐射率值、斯忒藩-玻尔兹曼 (Stefan-Bohzman) 常数值和普里斯特利-泰勒 (Priestley-Taylor) 系数值。

(4) 模拟时间段的汇流时间矩阵图和子流域划分图。

(5) 预处理后的研究区 DEM 和研究区同期遥感高分影像。

2.7.5　融雪径流模拟

系统模拟了乌鲁木齐河上游流域 2010 年 3 月 14 日 00：00 至 2010 年 3 月 20 日 24：00 的春季融雪径流过程，本书模拟区域为 86° 45′～87° 56′E，43° 00′～44° 07′N，包括乌鲁木齐上游流域及其周围山区，河流出口在最北部，空间分辨率 30m，投影方式为 Krasovsky_1940_Transverse_Mercator，融雪径流时间步长 30min。

1. 二维融雪模拟结果

单点的融雪能量过程不能代表整个流域的融雪过程，积雪的融化过程具有空间异质性，不仅受空间地形和空间地表覆盖的影响，还受空间太阳辐射、风向、坡度坡向和下垫面情况的影响。基于气象站点和积雪常规观测点的研究也是在个别点上，而个别点的模拟不能反映整个流域的融雪能量过程。因此需要建立一个以物理过程为基础、以栅格为基本单元的空间融雪径流模型。

本书以能量平衡方法为基础，构建二维分布式融雪径流模型，模拟乌鲁木齐河上游流域 2010 年 3 月 14 日至 3 月 20 日二维融雪过程，如图 2-48 所示。

从图 2-48 可以看出，在时间上，3 月 14 日到 17 日融雪面积一直在增大，3 月 18 日研究区大面积都在融雪，之后的 3 月 19～20 日融雪面积在逐渐减小，融雪型洪水易发生在 3 月 18 日；在空间上，融雪径流深最大值出现在北部，融雪径流深小值出现在南部，这主要与地形因素有关，南部靠近天格尔 II 峰，为高山区，气温低并有常年积雪，不易融化，北部地势相对平缓，温度较高，积雪易大量融化；而研究区中部、北部有融雪量为 0 的区域，主要是由于河道附近以及北部一些平坦地区人类活动较多，自然融化的积雪较少。

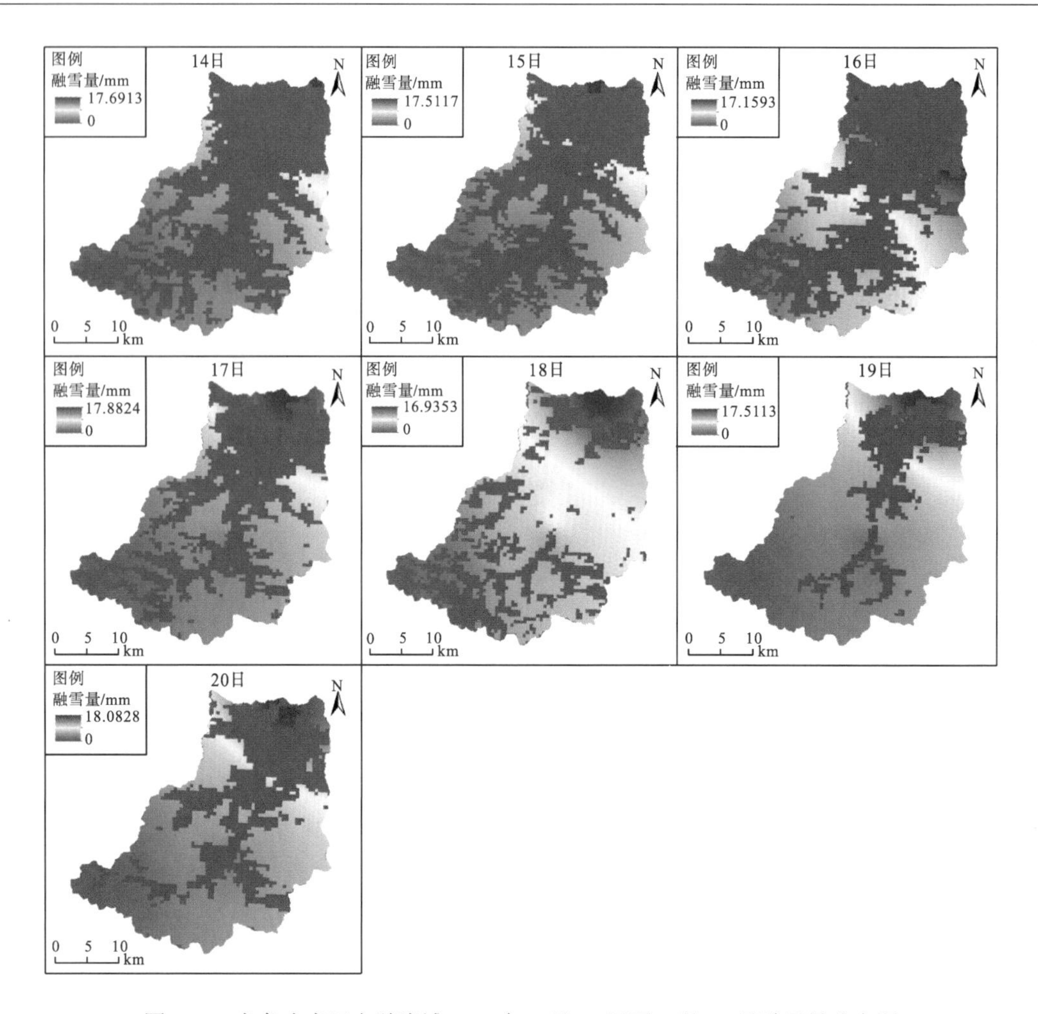

图 2-48 乌鲁木齐河上游流域 2010 年 3 月 14 日至 3 月 20 日融雪量分布图

2. 三维洪水演进模拟结果

洪水三维演进模块采用 IDL 编程进行场景搭建，使用 ArcEngine 的动态(Animation)模拟洪水的淹没变化。首先根据时间间隔把洪水演进数值结果进行制图，本书每隔 30min 模拟一景洪水淹没图层。然后在三维场景控体(SceneControl)中加载这些图层，并根据时间排序。最后在场景中组建图层，建立三维场景化动画，实现洪水三维演进模拟。

1) 三维场景实现

在系统中加载 DEM 数据与 DOM 影像，将 DOM 影像的高程值作为研究区的高程，并用 DOM 影像叠加在 DEM 数据上，利用 IDL 语言进行编程，运用 CONGRID、WINDOW 等函数和 DEVICE、SHADE_SURF、SET_SHADING 等过程生成三维地形，然后将研究区纹理贴图从高分遥感影像中提取出来，运用 OBJ_NEW、NORM_COORD 等函数进行纹理的粘贴，最后在河道图层添加水位信息，并设置为蓝色，三维场景搭建完成，如图 2-49 所示。

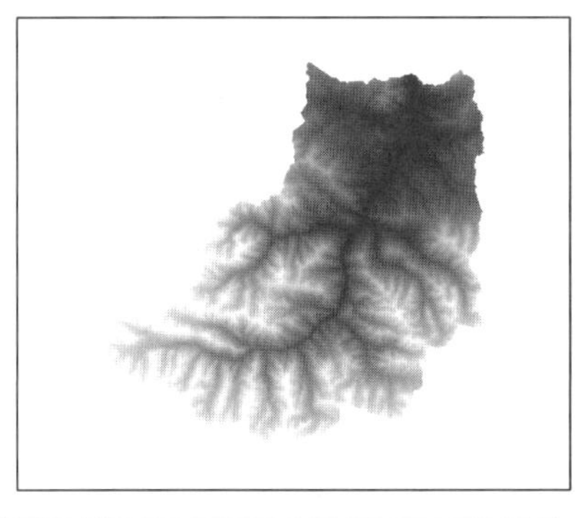
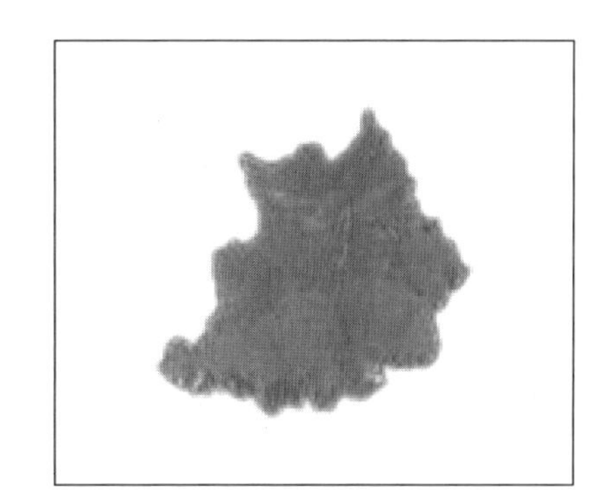

图 2-49 三维场景图

2) 洪水三维演进

本系统根据洪水演进数值结果，每隔 30min 生成一景洪水淹没图像，将水体颜色设置为蓝色，然后把模拟时段的洪水淹没图像根据时间顺序加载到场景(Scene)中，运用动态(Animation)模拟中的组动态(Group Animation)功能实现洪水三维演进模拟，截取第 1 景和第 20 景洪水淹没影像进行展示，如图 2-50 所示。

图 2-50 洪水演进图

3) 遥感验证

本书选取 2010 年 3 月 18 日 13：00 的 Landsat 7 遥感影像，首先进行几何校正、辐射定标和大气校正等处理，然后对洪水的淹没范围进行对比验证(图 2-51)，结果显示，河道内淹没范围与实际情况比较吻合，洪水三维演进模拟比较准确。

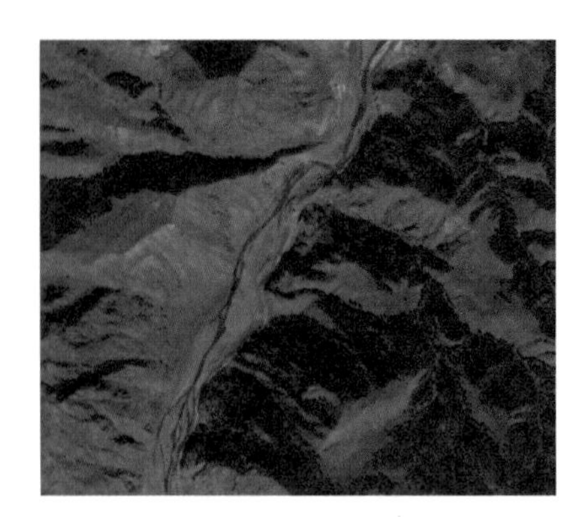

图 2-51 结果验证图

3. 融雪径流模拟结果

本系统融雪过程基于能量平衡，汇流过程基于等流时线原理，对乌鲁木齐河上游流域融雪径流进行模拟，模拟时段为 2010 年 3 月 1 日至 3 月 20 日，模拟结果如图 2-52 所示。

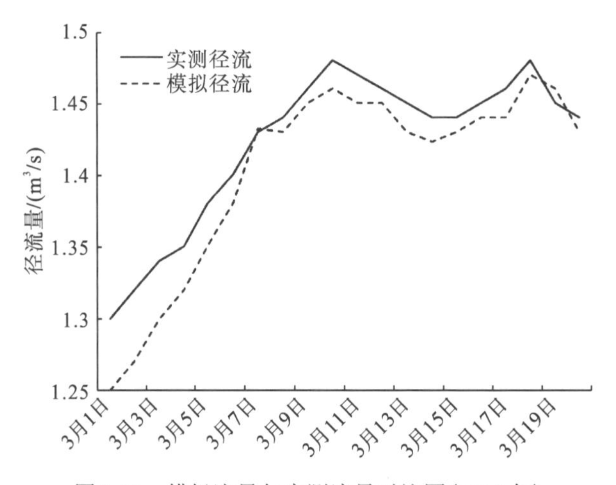

图 2-52 模拟流量与实测流量对比图(2010 年)

从图 2-52 可以看出，乌鲁木齐河上游流域 2010 年 3 月融雪径流受天气影响较大。3 月 1 日至 3 月 10 日逐渐升温，在 3 月 10 日出现融雪高峰，随后几天出现降温或降雪天气，积雪融化变慢，3 月 15 日以后气温快速升高，3 月 18 日出现融雪高峰，在 3 月 10 日和 18 日，容易出现小规模融雪型洪水。

为了验证模拟结果，本书采用纳什系数 E 与峰值相对误差 R 来检验系统模拟结果。

(1)纳什系数 E，主要用来评价系统模拟的准确度，检验实测径流量和模拟径流量的吻合程度，E 越大，说明模拟精度越高，计算公式如下：

$$E = 1 - \frac{\sum_{i=1}^{n}(Q_{o,i} - Q_{s,i})^2}{\sum_{i=1}^{n}(Q_{o,i} - \bar{Q}_o)^2} \tag{2-28}$$

式中，$Q_{o,i}$ 为 i 时刻的实测流量(m^3/s)；$Q_{s,i}$ 为 i 时刻的模拟流量(m^3/s)；$\bar{Q}_o$ 为模拟时段的实测流量的平均值(m^3/s)。

正常情况下，当 $E\leqslant0$ 时，表明模拟的准确度较低；当 $0<E\leqslant0.5$ 时，表明模拟水平差，模拟准确性一般；当 $0.5<E\leqslant1$ 时，E 的值越接近1，表明模拟精度越高，模拟径流量与实测径流量吻合程度越好。

(2)峰值相对误差 R，在融雪期，融雪型洪水洪峰实测与模拟之间的误差尤为重要，是检验模拟结果的重要指标，计算公式如下：

$$R=\frac{\left|Q_{o,i}-Q_{s,i}\right|}{Q_{o,i}}\times100\% \tag{2-29}$$

式中，$Q_{o,i}$ 为 i 时刻的实测流量(m^3/s)；$Q_{s,i}$ 为 i 时刻的模拟流量(m^3/s)。

由模拟结果分析可知，模拟径流线的变化趋势与实测径流线比较一致，而且对于3月10日和18日的两次融雪高峰模拟比较准确，但是模拟径流量曲线和实测径流量曲线吻合程度不够，融雪期气温的突变会造成很多不确定性，使得融雪过程更为复杂，模拟结果会有偏差，本次模拟的纳什系数 E 为0.72，峰值相对误差 R 为4.36%，可见本模型在乌鲁木齐河上游流域的融雪型洪水径流模拟比较准确，可以为积雪融化过程模拟和融雪型洪水的防范工作提供依据。

参考文献

柏玲，刘祖涵，陈忠升，等，2017. 开都河源流区径流的非线性变化特征及其对气候波动的响应[J]. 资源科学，39(8)：1511-1521.

冯曦，王船海，李书建，等，2013. 基于能量平衡法的融雪模型多时间尺度模拟[J]. 河海大学学报(自然科学版)，(1)：26-31.

高芹，霍丽，龚建新，2008. 乌鲁木齐河洪水变化趋势分析[J]. 沙漠与绿洲气象，(2)：30-33.

龚建新，文军，2012. 新疆天山北坡中段河流洪水规律探讨[J]. 地下水，34(04)：113-116.

胡彩虹，杨帆，李析男，等，2013. 极端水文事件概念内涵及其在小流域的分析应用[J]. 水资源研究，2(3)：171-180.

李江风，2006. 乌鲁木齐河流域水文气候资源与区划[M]. 北京：气象出版社.

李新亮，2000. 乌鲁木齐河流域志[M]. 乌鲁木齐：新疆人民出版社.

李秀云，汤奇成，傅肃性，等，1993. 中国河流的枯水研究[M]. 北京：海洋出版社.

刘贤赵，康绍忠，刘德林，等，2005. 基于地理信息的SCS模型及其在黄土高原典型流域降雨-径流关系中的应用[J]. 水力发电学报，(6)：57-61，94.

刘永强，戴维，刘志辉，2011. 基于DEM的分布式融雪汇流模型关键算法和实现[J]. 干旱区地理，(1)：143-149.

刘钰，蔡林根，1997. 参照腾发量的新定义及计算方法对比[J]. 水利学报，(6)：28-34.

乔鹏，秦艳，刘志辉，2011. 基于能量平衡的分布式融雪径流模型[J]. 水文，(3)：22-26，35.

秦艳，刘志辉，乔鹏，2010. 基于能量平衡的融雪期雪层水热过程研究[J]. 沙漠与绿洲气象，(5)：11-15.

沈雪峰，艾成，2012. 新疆玛纳斯河径流时间变化特征及其趋势分析[J]. 干旱区资源与环境，26(7)：14-19.

王士飞，包安明，王永琴，等，2013. 水情波动下2006—2011年塔里木河下游植被变化研究[J]. 水土保持通报，(4)：302-306.

王晓杰，刘海隆，包安明，2012. 气候变化对玛纳斯河的径流量影响预测模拟分析[J]. 冰川冻土，34(5)：1220-1228.

吴立新，史文中，2003. 地理信息系统原理与算法[M]. 北京：科学出版社.

闫殿武，2003. IDL可视化工具入门与提高[M]. 北京：机械工业出版社.

詹道江，2000. 工程水文学[M]. 北京：中国水利水电出版社.

张耀存, 丁裕国, 陈斌, 2006. 地形非均匀性对网格区地面长波辐射通量计算的影响[J]. 气象学报, 64(1): 39-47.

赵求东, 刘志辉, 房世峰, 等, 2007. 基于 EOS/MODIS 遥感数据改进式融雪模型[J]. 干旱区地理, (6): 915-920.

赵志敏, 2008. 中天山垂直带土壤有机碳与植被有机碳的空间耦合分析[D]. 乌鲁木齐: 新疆大学.

周纪, 陈云浩, 李京, 等, 2007. 基于 MODIS 数据的雪面温度遥感反演[J]. 武汉大学学报(信息科学版), (8): 671-675.

Anderson E A, 1976. A Point Energy and MSS Balance Model of a Snow Cover. Silver Spring, MD US. National Oceanic and Atmospheric Administration[R]. Technical Report NWS 19.

Brutsaert W, 1982. Evaporation into the Atmosphere[M].Boston: D. Reidel Publishing Co.

Bourgouin P A, 2000. Method to determine precipitation types[J]. Weather & Forecasting, 15(5): 583-592.

Bristow K L, Campbell G S, Saxton K E, 1985. An equation for separating daily solar irradiation into direct and diffuse components[J]. Agricultural and Forest Meteorology, 35(1): 123-131.

Dou Y, Chen X, Bao A, et al., 2011. The simulation of snowmelt runoff in the ungauged Kaidu River Basin of TianShan Mountains, China[J]. Environmental Earth Sciences, 62(5):1039-1045.

Feldman A D, 2000. Hydrologic Modeling System HEC-HMS: Technical Reference Manual[M]. Daris, C: US Army Corps of Engineers, Hydrologic Engineering Center.

Fu A H, Chen Y N, Li W H, et al., 2013. Spatial and temporal patterns of climate variations in the Kaidu River Basin of Xinjiang, Northwest China[J]. Quaternary International, 311(11): 117-122.

Guo L, Li L, 2015. Variation of the proportion of precipitation occurring as snow in the Tian Shan Mountains, China[J]. International Journal of Climatology, 35(7): 1379-1393.

Hydrologic Engineering Center, 2010. HEC-RAS River Analysis System User' s Manual, Version 4.1[Z]. Davis, CA: US Army Corps of Engineers Institute for Water Resources.

Koistinen J, Saltikoff E, 1998. Experience of customer products of accumulated snow, sleet and rain[C]//International Seminar; Locarno, Switzerland: 397-406.

Moran C J, Vezina G, 1993. Visualizing soil surfaces and crop residues[J]. Computer Graphics and Applications, IEEE, 13(2): 40-47.

O' Callaghan J F, Mark D M, 1984. The extraction of drainage networks from digital elevation data[J]. Computer Vision Graphics and Image Processing, 28(3): 323-344.

Poole G C, Stanford J A, Frissell C A, et al., 2002. Three-dimensional mapping of geomorphic controls on flood-plain hydrology and connectivity from aerial photos[J]. Geomorphology, 48(4): 329-347.

Priestley C H B, Taylor R J, 1972. On the assessment of surface heat flux and evaporation using large-scale parameters[J]. Monthly Weather Review, 100(2): 81-92.

Schaaf C B, Gao F, Strahler A H, et al., 2002. First operational BRDF, albedo nadir reflectance products from MODIS[J]. Remote Sensing of Environment, 83(1): 135-148.

Shi Y, Shen Y, Kang E, et al., 2007. Recent and future climate change in Northwest China[J]. Climatic Change, 80(3-4):379-393.

Soil Conservation Service, 1972. National Engineering Handbook[M]. USDA, Springfield, VA.

Tarboton D G, 1994. Measurement and modeling of snow energy balance and Sublimation from snow[R]. Proceedings of the International Snow Science Workshop, Snowbird, Utah, USA, October 31 to November2: 260-279.

Watson K, 2002. C#入门经典[M]. 齐亚波. 北京：清华大学出版社.

Yao J Q, Yang Q, Wen-Feng H U, et al., 2013. Characteristics analysis of water vapor contents around Tianshan Mountains and the relationships with climate factors[J]. Scientia Geographica Sinica, 33(7): 859-864.

Zhong Y, Wang B, Zou C B, et al., 2017. On the teleconnection patterns to precipitation in the eastern Tianshan Mountains, China[J]. Climate Dynamics, 49(9-10): 3123-3139.

第3章 中亚干旱区陆地水储量变化特征分析

3.1 陆地水储量变化分析方法

3.1.1 基于 GRACE 地球重力场模型反演陆地水储量变化

地球系统的质量迁移和质量重新分布引起地球重力场的变化。地球系统质量季节和年际时间尺度上的变化主要来自地球表层大气、海洋、陆地系统中各系统间的水质量交换，如降雨、河流输运、蒸发和冰川融化等。因此，如果能对地球重力场随时间的变化进行精确地观测，那么我们就可以反演各系统间水质量迁移的情况。目前，GRACE 重力卫星观测得到的时变重力场数据具有较高的精度，可以用来反演地球圈层水储量变化和运移过程。

1. GRACE 反演水储量变化原理

地球重力场通常可以表示成大地水准面的形式，大地水准面用地球重力场球谐函数可表示为(Wahr et al.，1998；胡小工等，2006)

$$N(\theta,\lambda)=a\sum_{n=0}^{\infty}\sum_{m=0}^{n}\overline{P}_{nm}\cos\theta\left[C_{nm}\cos(m\lambda)+S_{nm}\sin(m\lambda)\right] \tag{3-1}$$

式中，a 是地球半径；θ 和 λ 分别表示地心余纬和地心经度；n 和 m 为球谐系数展开的阶和次，C_{nm} 和 S_{nm} 是一组无量纲的完全规格化球谐系数；$\overline{P}_{nm}$ 是归一化的缔合勒让德(Legendre)多项式，$\overline{P}_{nm}\cos\theta$ 为完全规格化缔合勒让德函数：

$$\overline{P}_{nm}(x)=\sqrt{(2-\delta_{m0})(2n+1)\frac{(n-m)!}{(n-m)!}}\times\frac{(1-x^2)^{\frac{m}{2}}}{2^n n!}\frac{\mathrm{d}^{n+m}}{\mathrm{d}x^{n+m}}(x^2-1)^n \tag{3-2}$$

假定大地水准面随时间的变化表示为 ΔN，ΔN 可以看作 N 从一个时间到另一个时间的变化，也可以看作是一个时间的 N 和一个时间段内平均 N 的差。同理可知，ΔN 也可以用球谐系数的变化量 ΔC_{nm} 和 ΔS_{nm} 表示：

$$\Delta N(\theta,\lambda)=a\sum_{n=0}^{\infty}\sum_{m=0}^{n}\overline{P}_{nm}\cos\theta\left[\Delta C_{nm}\cos(m\lambda)+\Delta S_{nm}\sin(m\lambda)\right] \tag{3-3}$$

现在对地球圈层质量运移和重新分布于大地水准面变化之间的关系进行解释。假设 $\Delta\rho(r，\theta，\lambda)$ 是因其大地水准面变化的密度，结合 Chao 和 Gross(1987)中的公式，ΔC_{nm} 和 ΔS_{nm} 可以表示为

$$\begin{Bmatrix}\Delta C_{nm}\\ \Delta S_{nm}\end{Bmatrix}=\frac{3}{4\pi\rho_{\text{ave}}(2n+1)}\int\Delta\rho(r,\theta,\lambda)\overline{P}_{nm}\cos\theta\left(\frac{r}{a}\right)^{n+2}\begin{bmatrix}\cos(m\lambda)\\ \sin(m\lambda)\end{bmatrix}\sin\theta\mathrm{d}\theta\mathrm{d}\lambda\mathrm{d}r \tag{3-4}$$

其中，ρ_{ave} 为地球平均密度，$\rho_{\mathrm{ave}}=5517\mathrm{kg/m^3}$；$\Delta\rho(r,\theta,\lambda)$为某一位置的密度随时间的变化，主要包括大气、海洋、冰和地下水的变化。

对地球表层的质量重新分布(包括大气、海洋、冰和地下水)而言，其空间范围主要集中在厚度为 10～15km 的水圈和大气圈层之内。本书将表面密度变化定义为 $\Delta\sigma$(即质量/面积)为沿薄层径向对 $\Delta\rho$ 的积分：

$$\Delta\sigma(\theta,\lambda)=\int\Delta\rho(r,\theta,\lambda)\mathrm{d}r \tag{3-5}$$

由于误差，GRACE 卫星所恢复的时变重力场系数在 100 阶以后精度很低。事实上，可恢复的时变重力信号大部分集中在 80 阶以下，因此，在利用 GRACE 时变重力场数据计算大地水准面变化时，将式(3-3)中的阶数 n 截断到一个特定的值 $n_{\max}$(一般取 $n_{\max}\approx 100$)。假设薄层的厚度 H 足够薄，以至满足$(n_{\max}+2)H/a\ll 1$，考虑到地球平均半径 6378km 远大于 H 的值，则有$(r/a)^{n+2}\approx 1$，所以式(3-4)可以简化为

$$\begin{Bmatrix}\Delta C_{nm}\\ \Delta S_{nm}\end{Bmatrix}_{\text{surf mass}}=\frac{3}{4\pi\rho_{\mathrm{ave}}(2n+1)}\int\Delta\sigma(\theta,\lambda)\overline{P}_{nm}\cos\theta\begin{bmatrix}\cos(m\lambda)\\ \sin(m\lambda)\end{bmatrix}\sin\theta\mathrm{d}\theta\mathrm{d}\lambda \tag{3-6}$$

式(3-6)描述的是地球表层质量变化对地球重力场的直接影响，另外，固体地球并非刚体而是一个弹性体，地球表面荷载变化会引起地球的响应，从而间接导致重力场发生变化，这部分变化通常用负荷勒夫数表示：

$$\begin{Bmatrix}\Delta C_{nm}\\ \Delta S_{nm}\end{Bmatrix}_{\text{solid E}}=\frac{3k_n}{4\pi\rho_{\mathrm{ave}}(2n+1)}\int\Delta\sigma(\theta,\lambda)\overline{P}_{nm}\cos\theta\begin{bmatrix}\cos(m\lambda)\\ \sin(m\lambda)\end{bmatrix}\sin\theta\mathrm{d}\theta\mathrm{d}\lambda \tag{3-7}$$

式中，k_n 是 n 阶负荷勒夫数。

大地水准面球谐系数变化由两部分组成，一部分直接由地表物质引起，一部分由固体地球产生形变而引起，因此重力场变化可以表示为这两种贡献之和：

$$\begin{Bmatrix}\Delta C_{nm}\\ \Delta S_{nm}\end{Bmatrix}=\begin{Bmatrix}\Delta C_{nm}\\ \Delta S_{nm}\end{Bmatrix}_{\text{surf mass}}+\begin{Bmatrix}\Delta C_{nm}\\ \Delta S_{nm}\end{Bmatrix}_{\text{solid E}} \tag{3-8}$$

为方便起见，将 $\Delta\sigma$ 展开为

$$\Delta\sigma(\theta,\lambda)=a\rho_{\mathrm{w}}\sum_{n=0}^{\infty}\sum_{m=0}^{n}\overline{P}_{nm}(\cos\theta)\left[\Delta\overline{C}_{nm}\cos(m\lambda)+\Delta\overline{S}_{nm}\sin(m\lambda)\right] \tag{3-9}$$

式中，ρ_{w} 是水密度，$\rho_{\mathrm{w}}=1000\mathrm{kg/m^3}$；$\Delta\overline{C}_{nm}$ 和 $\Delta\overline{S}_{nm}$ 是无量纲的。注意 $\Delta\sigma/\rho_{\mathrm{w}}$ 是用等效水高表示的表面质量变化。$\overline{P}_{nm}$ 是归一化的缔合勒让德函数，所以

$$\int\overline{P}_{nm}^{2}\cos\theta\sin\theta\mathrm{d}\theta=2(2-\delta_{m,0}) \tag{3-10}$$

从式(3-9)中可以得到

$$\begin{Bmatrix}\Delta C_{nm}\\ \Delta S_{nm}\end{Bmatrix}=\frac{1}{4\pi a\rho_{\mathrm{w}}}\int_0^{2\pi}\mathrm{d}\lambda\int_0^{\pi}\sin\theta\mathrm{d}\theta\times\Delta\sigma(\theta,\lambda)\overline{P}_{nm}\cos\theta\begin{bmatrix}\cos(m\lambda)\\ \sin(m\lambda)\end{bmatrix} \tag{3-11}$$

将式(3-6)和式(3-7)代入式(3-8)中，根据式(3-11)，可得到 ΔC_{nm} 和 ΔS_{nm} 与 $\Delta\overline{C}_{nm}$ 和 $\Delta\overline{S}_{nm}$ 之间的一个简单关系：

$$\begin{Bmatrix}\Delta C_{nm}\\ \Delta S_{nm}\end{Bmatrix}=\frac{3\rho_{\mathrm{w}}}{\rho_{\mathrm{ave}}}\frac{1+k_n}{2n+1}\begin{Bmatrix}\Delta\overline{C}_{nm}\\ \Delta\overline{S}_{nm}\end{Bmatrix} \tag{3-12}$$

或者，反过来表示为

$$\begin{Bmatrix} \Delta\bar{C}_{nm} \\ \Delta\bar{S}_{nm} \end{Bmatrix} = \frac{\rho_{\text{ave}}}{3\rho_{\text{w}}} \frac{2n+1}{1+k_n} \begin{Bmatrix} \Delta C_{nm} \\ \Delta S_{nm} \end{Bmatrix} \tag{3-13}$$

将式(3-13)代入式(3-9)可得

$$\Delta\sigma(\theta,\lambda) = \frac{a\rho_{\text{ave}}\pi}{3} \sum_{n=0}^{\infty}\sum_{m=0}^{n} \bar{P}_{nm}\cos\theta \frac{2n+1}{1+k_n}\left[\Delta C_{nm}\cos(m\lambda) + \Delta S_{nm}\sin(m\lambda)\right] \tag{3-14}$$

用式(3-14)就可以从大地水准面系数变化 ΔC_{nm} 和 ΔS_{nm} 得到表面质量密度的变化。

同样，将式(3-12)代入式(3-3)中可得

$$\Delta N(\theta,\lambda) = \frac{3a\rho_{\text{w}}}{\rho_{\text{ave}}} \sum_{n=0}^{\infty}\sum_{m=0}^{n} \bar{P}_{nm}\cos\theta \frac{1+k_n}{2n+1}\left[\Delta\bar{C}_{nm}\cos(m\lambda) + \Delta\bar{S}_{nm}\sin(m\lambda)\right] \tag{3-15}$$

结合式(3-11)，就可以用式(3-15)从表面质量密度变化得到大地水准面的变化。

式(3-14)是使用 GRACE 重力场球谐系数变化量 ΔC_{nm} 和 ΔS_{nm} 来恢复表面质量密度变化的起点。由于 GRACE 时变重力场系数在高阶具有较大的误差，因此在利用式(3-14)计算时，所得结果误差较大。

为了消除高阶球谐系数造成的误差，对数据进行更精确合理的分析，本书使用半径为 300km 的高斯滤波对 60 阶次的 GRACE 时变重力场数据进行平滑处理：

$$\Delta\bar{\sigma}(\theta,\lambda) = \frac{2\pi a\rho_{\text{ave}}}{3\rho_{\text{w}}} \sum_{n=0}^{60}\sum_{m=0}^{n} w_n\bar{P}_{nm}\cos\theta \frac{2n+1}{1+k_n}\left[\Delta C_{nm}\cos(m\lambda) + \Delta S_{nm}\sin(m\lambda)\right] \tag{3-16}$$

以等效水高形式表示为

$$\text{EWH}(\theta,\lambda) = \frac{2\pi a\rho_{\text{ave}}}{3\rho_{\text{w}}} \sum_{n=0}^{60}\sum_{m=0}^{n} w_n\bar{P}_{nm}\cos\theta \frac{2n+1}{1+k_n}\left[\Delta C_{nm}\cos(m\lambda) + \Delta S_{nm}\sin(m\lambda)\right] \tag{3-17}$$

利用式(3-17)计算得到的等效水高变化值代表陆地水储量的地表垂直集成估算(Syed et al.，2008)，即位于相同区域而不同深度的地表水、土壤水、生物水、地下水、冰川水、雪水等不同成分的总和(IPCC，2014)。

2. GRACE 反演水储量变化的数据处理

根据 1.2 节对 GRACE 卫星数据的介绍，在计算区域水储量变化时通常选取 CSR 或 GFZ 的 Level-2 数据产品。本书从 CSR 数据中心下载类型为 GSM 的 GRACE 球谐系数后，需要进行必要的数据处理，主要的处理流程包括以下几个步骤。

1)数据前处理

在从官方网站上获取的 GRACE 数据集中，选用空间研究中心(Center for Space Research，CSR)数据中心提供的 RL05 版本，时间段为 2002 年 4 月至 2014 年 10 月。正常情况下，GRACE 卫星在运行期间将持续向科学数据系统返回数据，并通过该系统进行集中的数据处理和科学计算，由此得到的数据产品在时间上应具有连续性，在精度上应具有统一性。但受卫星轨道变化、设备维护暂歇等因素的影响，个别月份的数据点有所缺失，为了后面研究其整体变化，本书通过均值插值法补足缺失月份。

由于受轨道几何形状和高度的制约，GRACE 在重力场低阶成分的处理上仍表现出一

定程度的不敏感特性，反演出的低阶项系数精度较差，主要体现在 C_{20} 项系数上。由卫星激光测距技术获取的 C_{20} 项系数能够体现出更为显著的季节性变化。因此，为提高计算结果的精度，数据处理过程中通常将 Level-2 数据中的 C_{20} 替换成空间研究中心(CSR)提供的激光资料测得的 C_{20} 项。

2) 异常化处理

为计算水储量变化，首先应将球谐系数转化为代表其变化量的异常值，这一过程的实现需根据研究需要，将研究时段覆盖的所有数据文件进行平均，求出月均重力场球谐系数(ΔC_{nm} 和 ΔS_{nm})，即所有月份的球谐系数平均值。

获取的月水储量变化是由时变重力场球谐系数得到的，从每个月的重力场球谐系数中分别减去该月均重力场球谐系数得到 $\Delta\overline{C}_{nm}$ 和 $\Delta\overline{S}_{nm}$。

3) 去相关处理

如果直接将异常化处理后的球谐系数异常值 $\Delta\overline{C}_{nm}$ 和 $\Delta\overline{S}_{nm}$ 代入式(3-17)进行计算，绘制出的水储量变化分布图会出现明显的条带现象，很大程度上掩盖了真实的物理信号，严重干扰对陆地水储量变化的直观认识。因此，在计算前采用去相关滤波来去除 GRACE 数据高阶系数相关性引起的条带现象。但 GRACE 在观测和处理过程中仍存在其他误差来源，为获取更加精确的水储量变化，需对数据进行进一步的处理。

4) 高斯滤波平滑处理

为了平滑上述两种误差，对数据进行更精确合理的分析，使用半径为 300km 的高斯滤波对 60 阶次的 GRACE 时变重力场数据进行平滑处理。

在式(3-17)中，w_n 为高斯平滑函数，可以通过递推公式表示(Wahr et al.，1998)：

$$\begin{cases} w_0 = \dfrac{1}{2\pi} \\ w_1 = \dfrac{1}{2\pi}\left(\dfrac{1+\mathrm{e}^{-2b}}{1-\mathrm{e}^{-2b}} - \dfrac{1}{b}\right) \\ b = \dfrac{\ln 2}{1-\cos\left(r/a\right)} \end{cases} \tag{3-18}$$

式中，r 代表高斯平滑半径，本书取 r=300km。

5) 区域水储量变化的获取

经上述处理计算，得到 2003 年 1 月至 2014 年 10 月全球 180°×360° 的月平均质量变化格网数据。为获得区域水储量变化，还需采用维度的余弦值作为各格网的权重，根据中亚五国及中国新疆的边界对研究区内的格网数据进行加权平均，进而得到研究区的平均等效水高(equivalent water height，EWH)，即陆地水储量变化：

$$\mathrm{EWH}_{\mathrm{region}} = \frac{\sum_{i=1}^{n} \Delta h(\theta_i, \lambda_i) \times \cos\theta_i}{\sum_{i=1}^{n} \cos\theta_i} \tag{3-19}$$

3. GRACE 水储量变化的验证方法

根据陆地水储量的平衡方程(Fan et al.，2003; Rodell et al.，2004)，可推断 GLDAS 模型包含的参数与水储量直接相关的是土壤平均湿度以及雪水当量。

土壤水分变化量+积雪变化量=降水量−土壤水蒸发及蒸腾量−深层渗透量−地表水流失量，平衡方程右边的各项难以测量，所以常采用上述平衡方程的左边来计算流域水储量。为此，需知道陆地上各点的土壤水分及积雪厚度变化。由于模型的陆地格点间隔至少为几十千米，河流如长江的水储量已被平均到格点周围，即其流域的土壤水数据中。

为合理比较 GRACE 观测与水文模型预测的结果，需要对水文模型进行与 GRACE 类似的数据处理。将全球水文模型 GLDAS 的格网数值结果转换为与 GRACE 重力场模型同阶次的球谐系数，并采用与 GRACE 数据处理相同的高斯滤波方法计算中亚干旱区的水储量变化(仅包含土壤水变化和积雪变化，不包括地下水变化)，比较 GRACE 和 GLDAS 计算出的水储量变化趋势。GLDAS 包含的土壤湿度数据是地表的绝对湿度，而本书需要的是地表水储量的变化，因此，需要将每个格网点时间序列的平均值扣除，得到残差，视为水储量的变化，即对于所有空间格网点，异常值为

$$\Delta\sigma(\theta,\lambda,t_i)=\sigma(\theta,\lambda,t_i)-\sum_{i=1}^{n}(\theta,\lambda,t_i),\quad i=1,2,\cdots,n \tag{3-20}$$

式中，t 表示时间；σ 表示由土壤湿度转化得到的质量；θ 和 λ 表示经度和纬度；$\Delta\sigma$ 表示质量异常。需要指出的是，GLDAS 原始土壤湿度的单位是 kg/m^2。

由于 GRACE 得到的等效水高在频谱域经过了滤波处理，为保持 GLDAS 与 GRACE 的一致性，GLDAS 也需要在频谱域进行滤波。本书对球谐展开至 60 阶次，与 GRACE 相同。在得到球谐系数残差后，使用与 GRACE 同样的滤波对 GLDAS 的球谐系数残差作处理。

3.1.2　陆地水储量变化对气候变化的响应分析方法

为了揭示陆地水储量动态变化及其对气候变化响应规律，本书综合应用了三种典型的统计分析方法。其中，最小二乘谱分析法用于分析动态变化，Pearson 相关性分析方法和相关性 t 检验法用于分析水储量对气候变化的响应规律。这三种方法的详细介绍如下。

1. 最小二乘谱分析法

由于陆地水储量变化、气温和降水时间序列呈明显的周年变化，并伴随有线性变化，因此采用最小二乘谱分析［式(3-21)］来分析陆地水储量、降水与气温的时间序列的线性变化趋势和周年信号(振幅和相位)。

$$y(t)=A_0+B_0t+A_1\cos 2\pi ft+B_1\sin 2\pi ft \tag{3-21}$$

式中，y 表示 GRACE 计算的等效水高值；t 表示时间；A_0 表示常数项；B_0 表示速率项；f 表示周年频率。

周年振幅 S 和对应的相位 φ 由式(3-22)得

$$S = (A_1^2 + B_1^2)^{\frac{1}{2}}, \qquad \varphi = \tan^{-1}(A_1/B_1) \tag{3-22}$$

对于拟合结果，振幅可以表示陆地水储量、降水和气温周期变化的强烈程度，而线性速率则可以表示时间段内陆地水储量、降水和气温增加或减少的趋势。

2. Pearson 相关性分析方法

采取空间相关分析方法［式(3-23)］计算水储量变化与降水、气温之间的相关系数 r。r 的取值为−1.0～1.0。当 $r>0$ 时，表明两变量呈正相关，越接近于 1.0，正相关越显著；当 $r<0$ 时，表明两变量呈负相关，越接近于−1.0，负相关越显著；当 $r=0$ 时，表示两变量相互独立。当 $|r|\leqslant 0.3$ 时为弱相关；$0.3<|r|\leqslant 0.5$ 为低度相关；$0.5<|r|\leqslant 0.8$ 为显著相关，$0.8<|r|\leqslant 1$ 为高度相关。

$$r = \frac{n\sum_{i=1}^{n} X_i Y_i - \sum_{i=1}^{n} X_i \sum_{i=1}^{n} Y_i}{\sqrt{n\sum_{i=1}^{n} X_i^2 - \left(\sum_{i=1}^{n} X_i\right)^2}\sqrt{n\sum_{i=1}^{n} Y_i^2 - \left(\sum_{i=1}^{n} Y_i\right)^2}} \tag{3-23}$$

其中，r 为相关系数；n 为研究时段年，本书为 12a；i 代表第 i 年(2003 年为第 1 年)；X、Y 为相关分析的两个变量。

根据统计学中大样本定理，样本量大于 30 才有统计意义；当样本量较小时，计算所得相关系数可能会与总体相关系数偏离较远。这时，需要计算无偏相关系数加以校正［式(3-24)］，将无偏相关系数记为 r^*，则

$$r^* = r\left[1 + \frac{1-r^2}{2(n-4)}\right] \tag{3-24}$$

3. 相关性 t 检验法

式(3-23)给出的相关系数 r 是总体相关系数 ρ 的渐近无偏估计，所谓相关检验，就是检验 ρ 为 0 的假设是否显著。在假设总体相关系数 $\rho=0$ 成立的条件下，相关系数 r 的概率密度函数正好是 t 分布的密度函数，因此可以用 t 检验［式(3-25)］来分析相关系数的显著性。给定显著水平 $\alpha=0.05$，查 t 分布表获得显著的临界值 t_α，若 $t>t_\alpha$，表明相关性显著。

$$t = \sqrt{n-2}\frac{r}{\sqrt{1-r^2}} \tag{3-25}$$

3.2 中亚干旱区陆地水储量时空变化特征

3.2.1 GRACE 反演数据与 GLDAS 模型数据对比分析

为了验证 GRACE 反演结果，将其与全球陆面同化模式之一——GLDAS 水文模型结果进行比较。

计算中亚干旱区的平均水储量变化，由 GRACE 反演的水储量月异常值和用 GLDAS 的模型计算结果的比较见图 3-1。无论是 GRACE 的反演结果，还是 GLDAS 模拟都显示了中亚干旱区水储量变化明显季节性周期和长期减小趋势；并且 GRACE 反演的结果与模型预报的结果吻合度较高，两者的相关系数达到 0.75（$P<0.01$）。

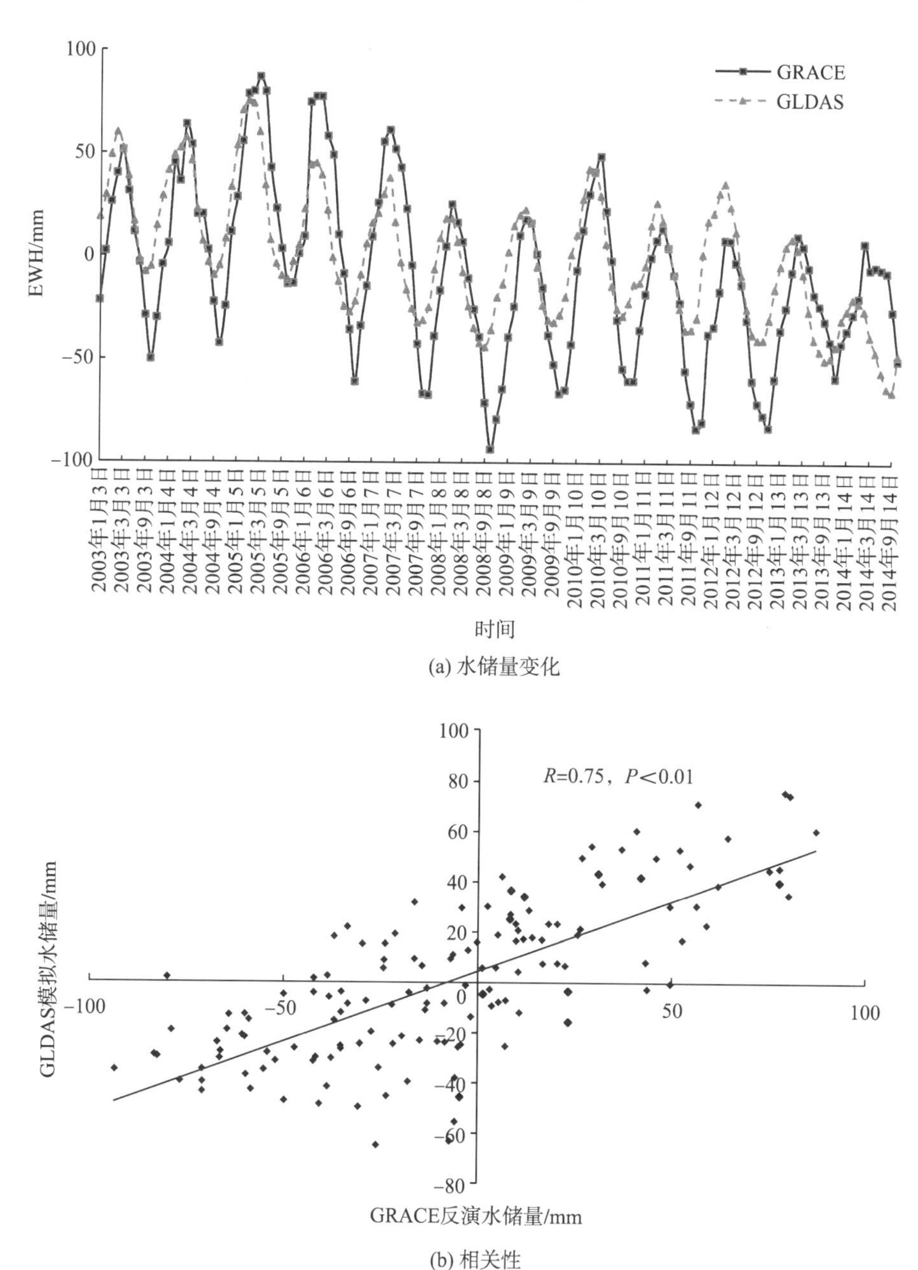

(a) 水储量变化

(b) 相关性

图 3-1 GRACE 反演和 GLDAS 模拟 2003～2014 年中亚干旱区陆地水储量月变化及两者的相关性

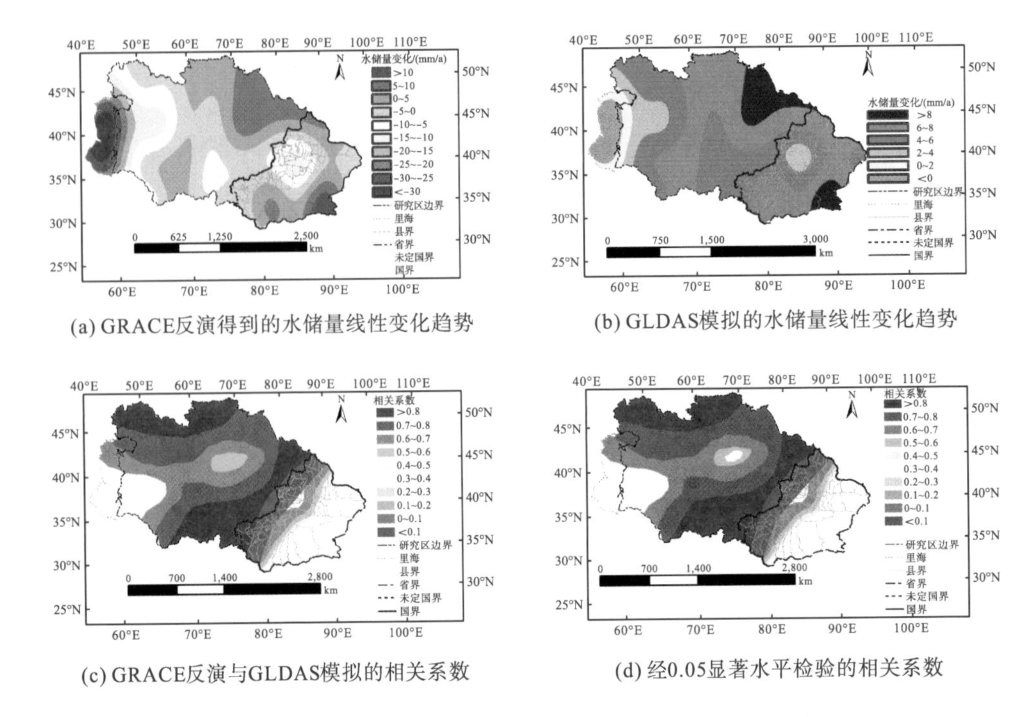

(a) GRACE反演得到的水储量线性变化趋势

(b) GLDAS模拟的水储量线性变化趋势

(c) GRACE反演与GLDAS模拟的相关系数

(d) 经0.05显著水平检验的相关系数

图 3-2 GRACE 反演与 GLDAS 模拟的中亚干旱区水储量比较

图 3-2(a)、(b)分别代表由 GRACE 反演和 GLDAS 模拟的 2003～2014 年中亚干旱区水储量线性变化趋势，图中研究区大部分地区水储量均有不同程度的减少，除新疆的东南地区呈增长趋势外，整体上 GRACE 的反演结果和 GLDAS 模拟结果存在较高的吻合度。两个结果在一些格网尺度上还是存在一定的差异，相比之下，GRACE 反演结果在空间上连续性更好。

结合图 3-2(c)、(d)可知，研究区内 GRACE 与 GLDAS 的变化趋势在大部分区域呈显著相关，尤其是在新疆边界以西，两者的相关系数较高，普遍在 0.8 以上。在哈萨克斯坦境内，相关系数在 0.6～0.8，而在帕米尔高原以及天山山脉，相关系数也超过了 0.8。在中国新疆、西藏以及内蒙古，相关系数较低，甚至在新疆和西藏的交界处昆仑山脉地区出现了负相关。

需要指出的是，虽然 GRACE 反演结果和 GLDAS 模型模拟结果的吻合度总体较好，但是如果精确到格网尺度，两者之间的差异也十分明显。GRACE 反演得到的是陆地总体水储量变化，GLDAS 主要包含土壤湿度数据，两者之间最大的差异是地下水引起的，此外，来自地表径流的影响同样十分重要。相关系数的大小体现了 GRACE 反演与 GLDAS 模拟的水储量变化趋势相关系数的高低，图 3-2(c)说明在俄罗斯境内和帕米尔高原地区，GRACE 和 GLDAS 具有十分类似的变化，地表土壤湿度的变化与陆地总体水储量的变化一致，而在新疆，土壤水与总体水储量的变化出现了较大差异，主要原因则可能与地下水变化有关。与 GRACE 相比，GLDAS 的变化相对较小，而且不包含内陆湖泊水的变化，如里海海面的变化 GLDAS 就无法反映。监测湖泊和河流的径流数据，地下水变化数据通常都需要人工台站获取，费时费力，而且对于研究而言难以获取较为全面的实测资料，因此本书对于 GRACE 和 GLDAS 之间的差异还不能做出明确解释，只能做出合理推测。

3.2.2　中亚干旱区陆地水储量时序变化

本书利用 GRACE 卫星数据对 2003～2014 年中亚干旱区的水储量变化进行了反演，并对其时空变化特征进行了分析。研究采用 CSR 数据中心提供的 Level-2 数据产品，数据版本为 RL05，数据类型为 GSM，计算过程中仅选用 60 阶以下的球谐系数。

1. 年内变化

首先对球谐系数进行处理，根据式(3-17)逐月计算研究区的陆地水储量等效水高，获取其时间序列，逐月进行区域平均，所得平均值即代表中亚干旱区的整体水储量变化，具体结果如图 3-3 所示。

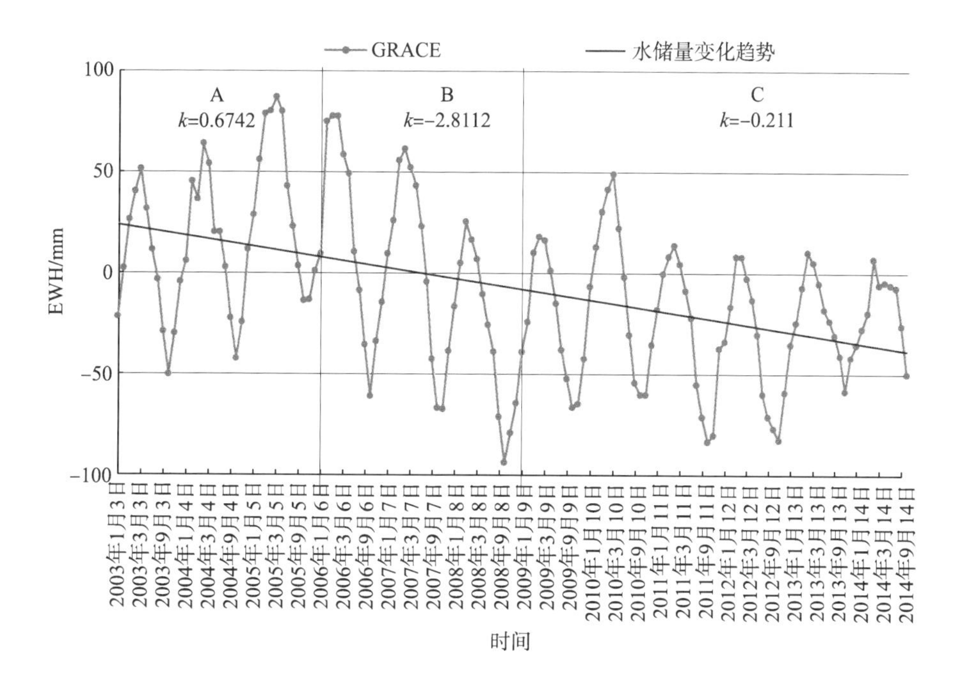

图 3-3　2003～2014 年中亚干旱区陆地水储量等效高度的月变化情况

由图 3-3 可以看出，2003～2014 年中亚干旱区陆地水储量呈减小趋势，平均下降速率为每月 0.44mm，总减少量约为 62.92mm，换算成体积约为 122.85 亿 m^3。由水储量变化曲线还可以看出每年的 3～5 月水储量普遍增加，5 月为一年中水储量的高峰期，9、10 月水储量减少最多，处于严重损失状态。根据图中折线的线性趋势特征，可将水储量等效水高的月值序列划分为 3 个区间：A 段对应 2003～2005 年，研究区水储量呈增长趋势，平均增长速度约为每月 0.67mm；B 段对应 2006～2008 年，研究区水储量快速减少，平均减少速率约为每月 2.81mm，水储量的年内变化较大；C 段对应 2009～2014 年，水储量持续减少的状态，其平均减少速率约为每月 0.21mm，年内变化与 B 段相比有所减缓。

2. 季节变化

本书以每年 3～5 月作为春季，6～8 月作为夏季，9～11 月作为秋季，12 月～次年 2 月作为冬季(后文同上)，对图 3-3 中的数据进行季度平均处理，得到研究区四季陆地水储量时序变化，结果如图 3-4 所示。

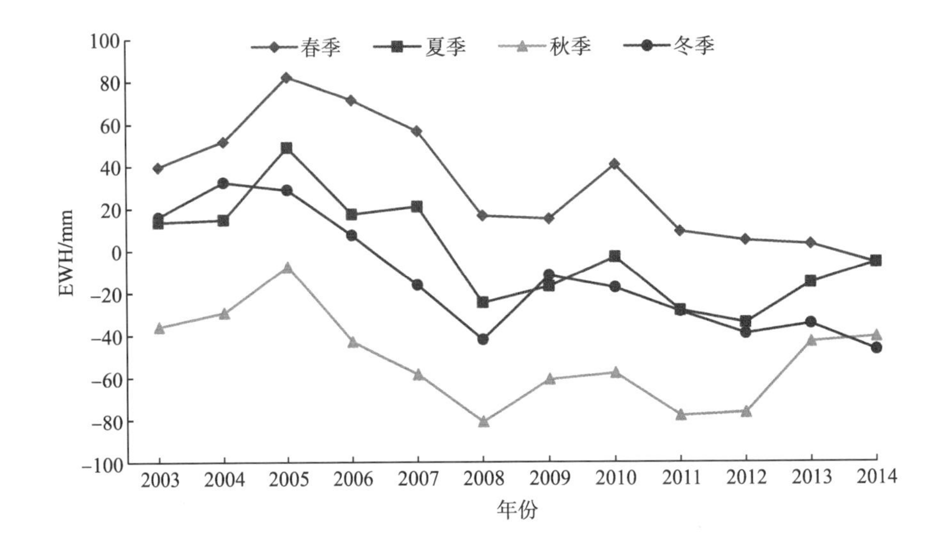

图 3-4　2003～2014 年中亚干旱区四季陆地水储量等效高度的变化情况

从图 3-4 可以看出，中亚干旱区陆地水储量在不同季节差异很大，但大多呈现出春季＞夏季＞冬季＞秋季的状态，整个中亚干旱区季度平均水储量在-80～80mm 浮动变化。鉴于相同季节的降水、温度、径流、冰川融冻等可能引起陆地水储量变化的因素非常相似并且稳定，因此，每年同一季节的陆地水储量变化非常具有可比性。中亚干旱区虽然降水量少，蒸散发大，但冬季寒冷且日夜温差大，使得冬季冰雪冻结减少了水储量的流失，冬季陆地水储量异常值明显高于秋季。研究期间中亚干旱区陆地水储量于春季和冬季呈现出增加—减少—增加—减少的波动，总体趋势是先升高后降低的；在夏季和秋季呈现出的变化波动起伏较大，但其总体趋势是水储量变化的减少量远大于增加量，因此在十二年间中亚干旱区陆地水储量呈现降低的趋势。当 EWH＜0 时，陆地水储量处于亏损状态；当 EWH＞0 时，陆地水储量处于盈余状态。2008～2014 年 7 年的夏季，中亚干旱区陆地水储量出现明显亏损，2008 年之前均有所盈余；2007～2014 年冬季陆地水储量出现亏损。且 2003～2014 年的 12 年里，春季水储量几乎完全处于盈余状态，而秋季几乎完全处于亏损状态。

表 3-1　2003～2014 年中亚干旱区四季陆地水储量变化表

时间		春季	夏季	秋季	冬季
2003 年	等效水高变化/mm	39.383	13.352	−36.164	15.757
	陆地水储量变化/km³	209.476	165.854	−127.675	101.278
2005 年	等效水高变化/mm	81.961	48.648	−7.634	28.596
	陆地水储量变化/km³	379.315	246.810	−32.229	162.891
2008 年	等效水高变化/mm	16.379	−24.842	−81.058	−42.260
	陆地水储量变化/km³	115.981	−58.342	−287.691	−208.731
2014 年	等效水高变化/mm	−6.058	−5.801	−40.991	−47.181
	陆地水储量变化/km³	−8.836	−139.301	−408.192	−108.054
2003～2005 年	增加量/km³	169.839	80.956	−160.016	61.613
	变化率/(km³/a)	56.280	26.985	−53.339	20.538
2006～2008 年	增加量/km³	−263.334	−305.152	−255.462	−371.622
	变化率/(km³/a)	−87.778	−101.717	−85.154	−123.874
2009～2014 年	增加量/km³	−124.817	−80.960	−120.501	100.677
	变化率/(km³/a)	−20.803	−13.493	−20.084	16.780

注：由于 GRACE 只反演到 2014 年 10 月，因此取 2014 年 1 月和 2 月计算 2014 年冬季陆地水储量变化。

从表 3-1 可以看出，2003～2005 年除秋季外，中亚干旱区陆地水储量处于盈余状态，并且在三年之间等效水高有所上升，秋季陆地水储量一直处于亏损状态，并以−53.339km³/a 的变化率减少，但总体呈现增加趋势。2006 年春季到 2008 年冬季，除了春季以及 2006～2007 年夏季陆地水储量是盈余的，其他季节均亏损，但是这三年内四季陆地水储量均呈现急剧降低趋势，尤其是冬季的陆地水储量变化率高达−123.874km³/a。2009 年春季到 2014 年冬季，除冬季外的其他三个季节的陆地水储量均处于亏损状态，而冬季水储量呈现微弱的增加趋势，增加量为 100.677km³，在这六年里陆地水储量总体上呈现降低趋势。在研究期间，前 3 年表现为急剧增加趋势，后 9 年表现为降低趋势，总体变化趋势趋于亏损。但 2009～2014 年水储量的变化率明显小于 2006～2008 年，说明虽然陆地水储量依然亏损，但已经呈现出较为明显的好转趋势。

3. 年际变化

图 3-5 为中亚干旱区陆地水储量年际动态变化曲线。中亚干旱区年平均水储量在−40～40mm 等效水高之间浮动变化，2003 年的年均水储量变化较小，仅为 2.21mm 等效水高，2004 年的年平均水储量变化量逐渐增大，2005 年变化最大，达到峰值 37.91mm，是高降水量和低气温共同作用的结果；随后中亚干旱区水储量变化逐年波动减小，2012 年达到低谷，为−35.67mm 等效水高。2003～2014 年中亚干旱区水储量变化整体上呈现显著的下降趋势，平均下降速率约为 4.79mm/a。

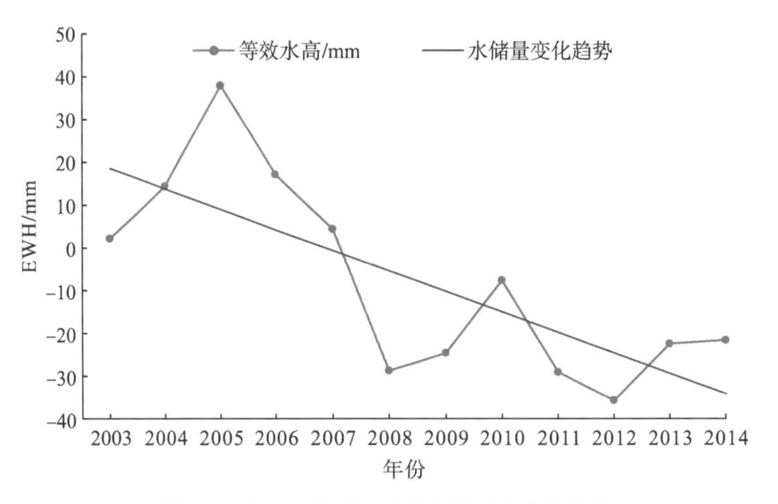

图 3-5　中亚干旱区水储量年际动态变化曲线

3.2.3　中亚干旱区陆地水储量空间变化

获取研究区内各栅格像素点的水储量异常月值序列后，逐点进行趋势求解，所得线性趋势斜率代表该点的水储量变化，以此为基础绘制的等值线图表示水储量变化的空间分布情况。如果变化率大于 0，说明随着时间的增加呈增大趋势；反之，呈减小趋势。

1. 陆地水储量变化程度分析

将研究区内水储量异常月值标准化处理后，能更加清晰地反映各个区域陆地水储量变化程度的大小。如图 3-6 所示，将标准差(SD)的值进行分级处理：①SD≥100mm，表示陆地水储量变化剧烈或者异常剧烈；②100mm>SD>60mm，表示变化程度较大；③SD≤60mm，表示程度微弱或者无变化(Ahmed et al.，2011)。

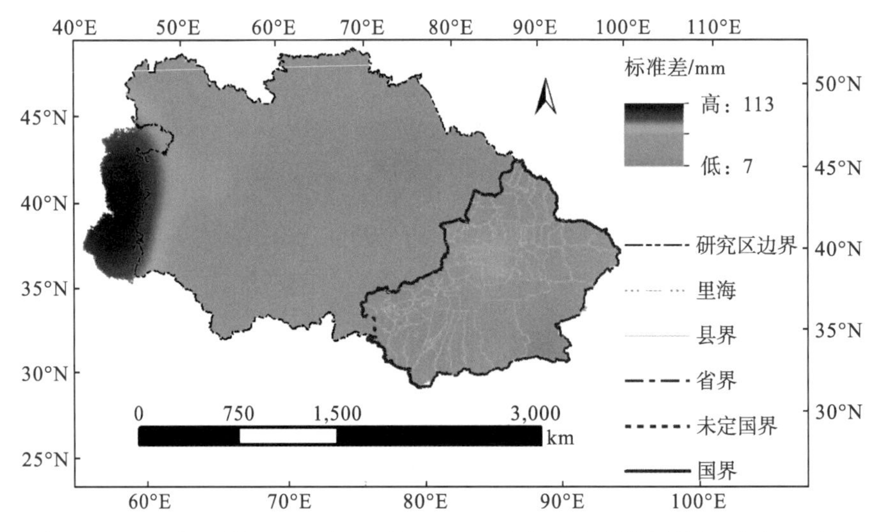

图 3-6　2003 年 1 月至 2014 年 10 月 GRACE 重力卫星数据的等效水柱高 SD 图

根据标准差分级，结合图3-6可以看出，在新疆吐鲁番盆地，水储量变化非常微弱；除了靠近里海地区之外的哈萨克斯坦，其他陆地水储量在大面积范围内均有所变化，或者变化较大；靠近里海区域的小范围的哈萨克斯坦和土库曼斯坦，其水储量变化剧烈；里海地区水储量变化极其剧烈。整体看来，研究区自东向西呈现出陆地水储量变化程度逐渐递增趋势，但是依然存在部分地区并不符合递增规律，比如在乌兹别克斯坦与土库曼斯坦的交界处，其陆地水储量呈现增加趋势，而新疆天山地区水储量呈现明显的减少趋势。

2. 陆地水储量变化趋势分析

考虑到水储量变化的时间序列特性，在2003～2014年整体拟合的基础上，按线性速率对时间作分段：2003～2005年、2006～2008年和2009～2014年。速率的整体变化与各个时间段内的变化具有较大差别，而周期项则差别不大。图3-7给出的是陆地水储量的速率变化。

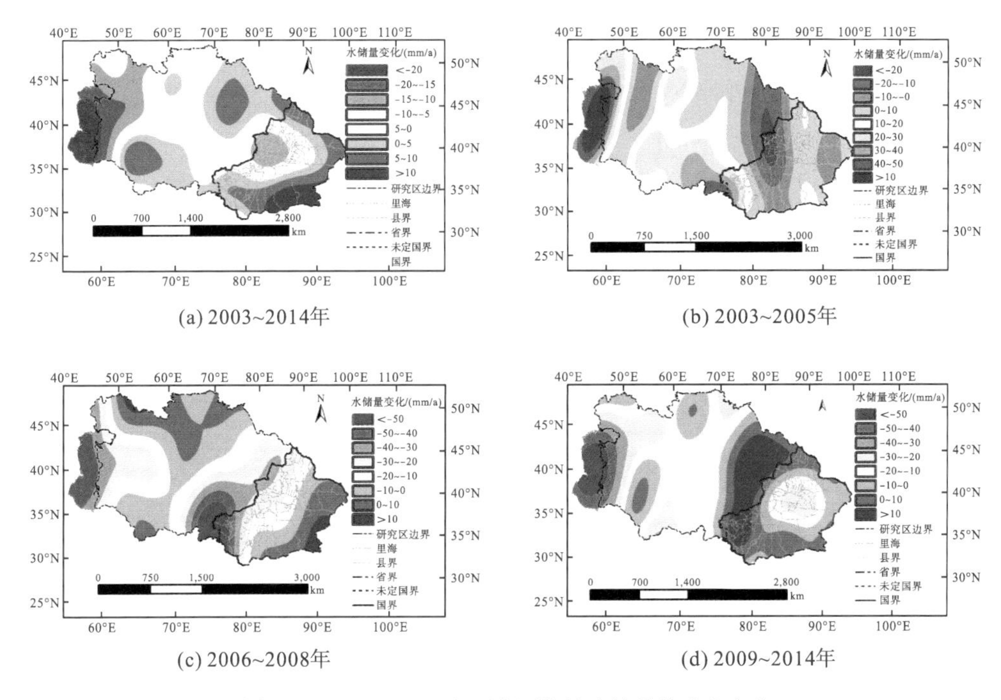

(a) 2003~2014年

(b) 2003~2005年

(c) 2006~2008年

(d) 2009~2014年

图3-7 2003～2014年研究区陆地水储量的速率变化

从图3-7可以看出，在2003～2014年，中亚干旱区陆地水储量大部分地区均有不同程度的减少，里海及其周边范围内的陆地水储量呈现急剧降低的趋势，水储量减少中心位于里海地区，最大减少幅度为32mm/a；由此中心向外延伸，水储量变化量逐渐减少，至哈萨克斯坦东北及中国新疆东南地区降至最低水平；哈萨克斯坦中东部地区及塔吉克斯坦，以及其余三国和中国新疆部分地区的水储量线性变化并不明显，变化幅度小于5mm/a。

在分段拟合后，GRACE的线性速率有了明显改变，这也说明水储量在不同时间段的变化是不一样的。在2003～2005年，里海海面及周边区域具有明显的增加趋势，甚至超过30mm/a。这种增加变化一直延伸至帕米尔高原，增加速率为10～20mm/a。

在 2005～2008 年，GRACE 在里海海面和帕米尔高原地区具有明显的减少趋势，在里海地区已经超过 30mm/a，帕米尔高原局部地区甚至超过 40mm/a，并且这种减少趋势沿着中国和哈萨克斯坦、吉尔吉斯斯坦边境延伸。

在 2009～2014 年，里海地区，尤其是中部海面，继续以 30～40mm/a 的速率减少。在帕米尔高原东部和天山山脉，GRACE 显示了 10～20mm/a 的增加速率，并一直延伸到青藏高原，覆盖了部分新疆地区。

为便于对中亚干旱区 12 年来的陆地水储量变化趋势进行深入的分析，根据 2003～2014 年线性变化趋势的结果，在趋势图上选取 A、B、C、D、E 共计 5 个小区域：A 区域涵盖大面积的巴尔喀什湖流域和小范围的额比河流域西南部，其陆地水储量在研究期间具有较为明显的上升趋势；B 区域覆盖天山山脉和塔里木河内流区以北的部分区域，如图 3-7(a)所示，该区域陆地水储量呈现较明显的降低趋势；C 区域包括塔里木河内流区以南的部分区域，其陆地水储量呈现剧烈的增加趋势；D 区域在乌兹别克斯坦和土库曼斯坦的交界处，覆盖阿姆河和里海东岸，其陆地水储量呈现较微弱的增加趋势；E 区域位于锡尔河流域和阿姆河流域的交界处，并且囊括了里海、咸海海域以及里海东海岸，该区域周边范围的陆地水储量呈现急剧的降低趋势。本书将在第五章结合各类数据针对这些变化趋势显著的区域进行陆地水储量变化的影响因素分析。

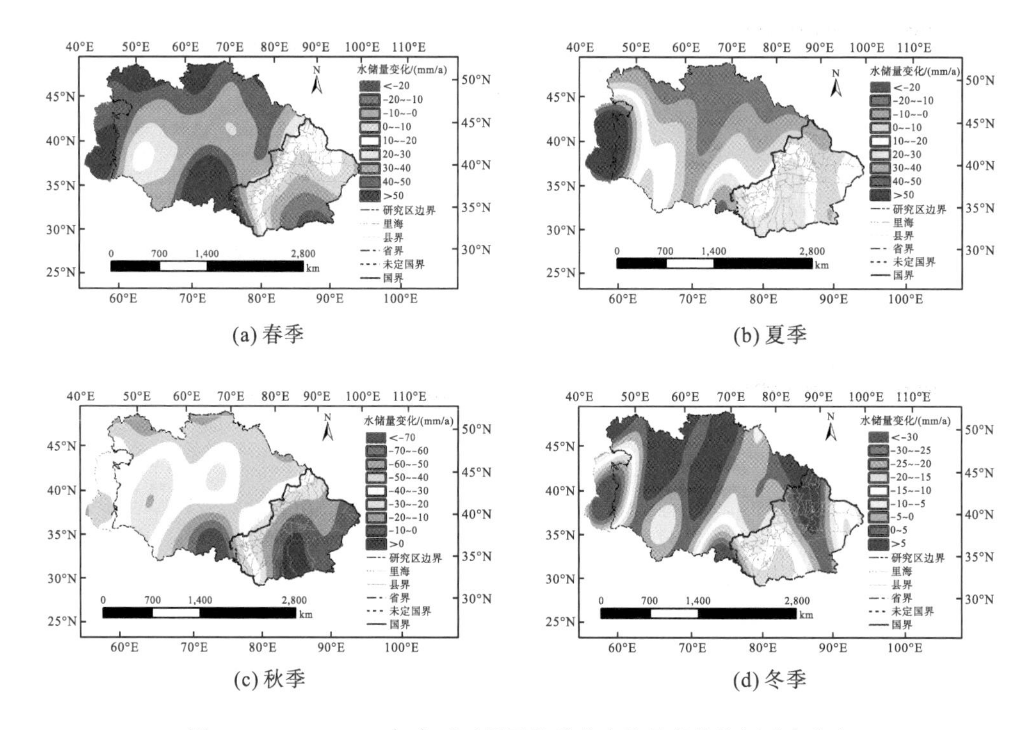

(a) 春季　(b) 夏季　(c) 秋季　(d) 冬季

图 3-8　2003～2014 年中亚干旱区各季节水储量变化特征时空分布

由图 3-8 可知，中亚干旱区各季节水储量变化时空分布格局均与年水储量变化时空分布格局类似，但季节之间存在一定的差异，春季和秋季的陆地水储量变化趋势比夏季和冬季变化趋势明显。例如，里海地区陆地水储量减少趋势在春季和秋季要大于夏季和冬季，春季和秋季的变化率小于–30mm/a，而夏季和冬季的变化率为–25～–20mm/a。我国新疆天山地区秋季和冬季的陆地水储量变化上升趋势要高于春季和夏季，秋季和冬季水储量变化率为–15～–10mm/a，而春季和夏季的变化率为–10～0mm/a。

从图 3-9 可以看出，2003 年中亚干旱区各地区陆地水储量变化区域差异性较大，里海地区陆地水储量增量明显高于咸海流域，其陆地水储量在 10～15mm 变化，中部地区高于 15mm；2004 年研究区的整体陆地水储量变化处于相对平稳状态，中部地区陆地水储量呈下降或缓慢下降趋势，新疆部分地区陆地水储量呈缓慢上升趋势；2003～2004 年，里海海面及周边区域具有明显的增加趋势，甚至超过 15mm；从 2004 年开始，研究区大部分区域陆地水储量均呈现减少的趋势，其水储量减少量逐年增大，到 2008 年达到研究区最大面积陆地水储量减少状态；2009 年研究区整体陆地水储量变化恢复平稳状态，全区陆地水储量变化呈缓慢增长或者缓慢减少趋势；2010 年起研究区的整体陆地水储量在 2009 年的基础上进一步减少，且各地区的变化量均有不同程度的升高，大部分地区水储量呈现较快下降趋势；2014 年研究区陆地水储量变化再次呈现较大的区域差异性，且部分地区尤其是里海与哈萨克斯坦中东地区可见明显的水储量减少中心。

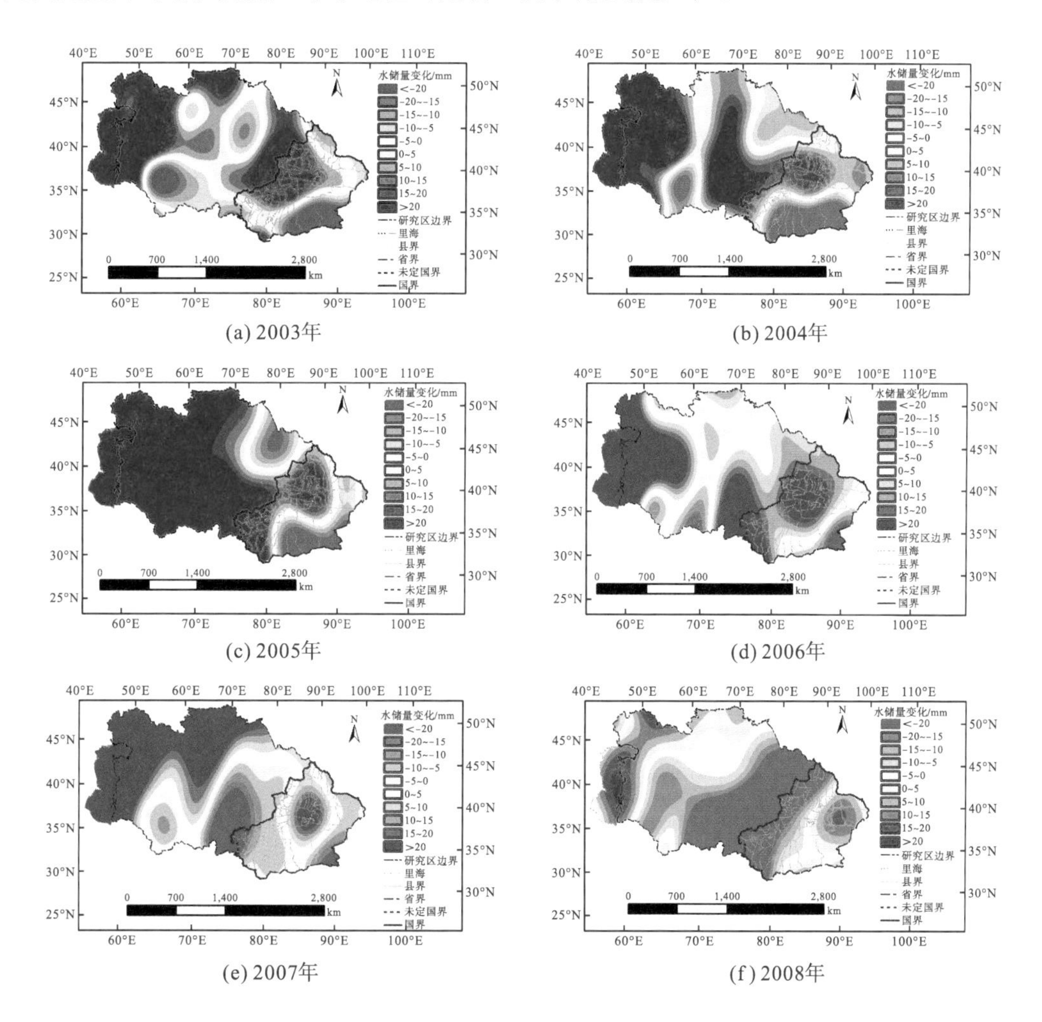

(a) 2003年　(b) 2004年

(c) 2005年　(d) 2006年

(e) 2007年　(f) 2008年

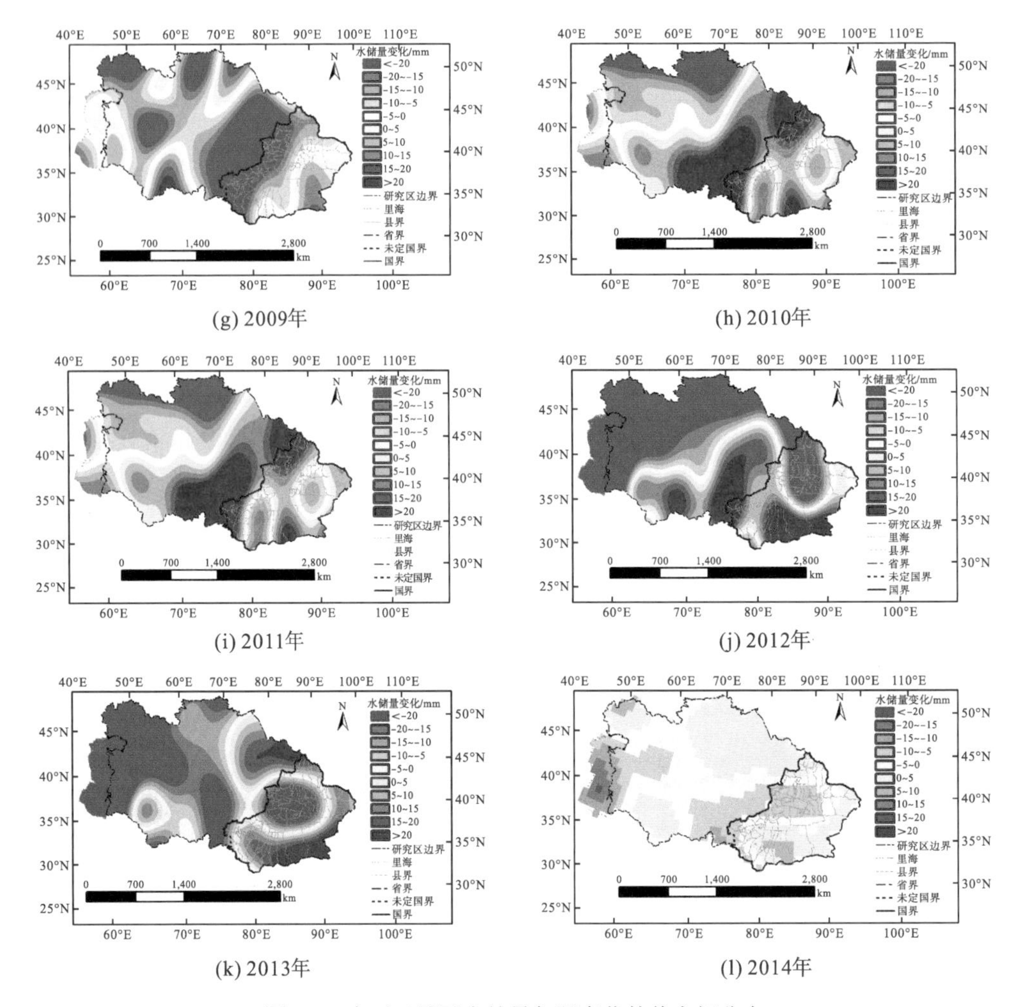

(g) 2009年 (h) 2010年

(i) 2011年 (j) 2012年

(k) 2013年 (l) 2014年

图 3-9 中亚干旱区水储量年际变化趋势空间分布

3.3 中亚干旱区陆地水储量对气候变化的响应

陆地水储量的变化主要受自然因素影响，在区域水循环转化关系中，降水是水循环的基础，是整个水循环的源头，太阳辐射是水循环的驱动力。因此，清楚认识降水和气温的时空分布规律对于研究水储量的时空变化规律具有重要意义。

采用欧洲中期天气预报中心发布的高分辨率降水和温度数据(宁津生，2002)，首先分析中亚干旱区的降水及气温时空分布特征及变化趋势，而后分析不同时间尺度的水储量对气候变化的响应规律。

3.3.1 中亚干旱区气象要素多年平均值分布特征

由图 3-10 可知，中亚地区西南部降水最少，年平均降水量基本在 150mm 以下，并随纬度和海拔的升高呈递增的趋势，在中亚东北高山地区达到最大(大于 500mm)。同时段中亚平均气温分布与降水相反，西南部最高，平均气温在 16℃以上，并呈向北、向东递减的变化趋势。我国新疆地区的气候分布特征与该地区的地形地貌特征有很大的相似性。“三山”地区气温最低，除南部昆仑山区外，降水量在全新疆也最高。南北两盆地及东疆吐鲁番盆地地区气温最高，且降水最少，其中塔里木盆地和吐鲁番盆地高温少雨状况尤为明显。

由图 3-11 可知，亚洲中部地区各季节降水和气温时空分布格局均与图 3-10 中的平均降水和气温时空分布格局类似，但季节之间存在一定的差异，例如中亚北部以及我国新疆大部分地区夏季的降水均要高于春季、秋季和冬季，而研究区域南部区域春季的降水均要高于夏季、秋季和冬季。

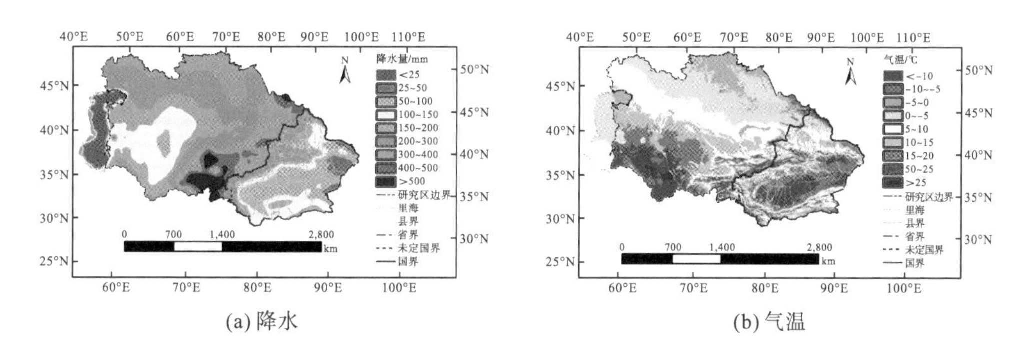

(a) 降水　　(b) 气温

图 3-10　2003～2014 年中亚干旱区气象要素时空分布图

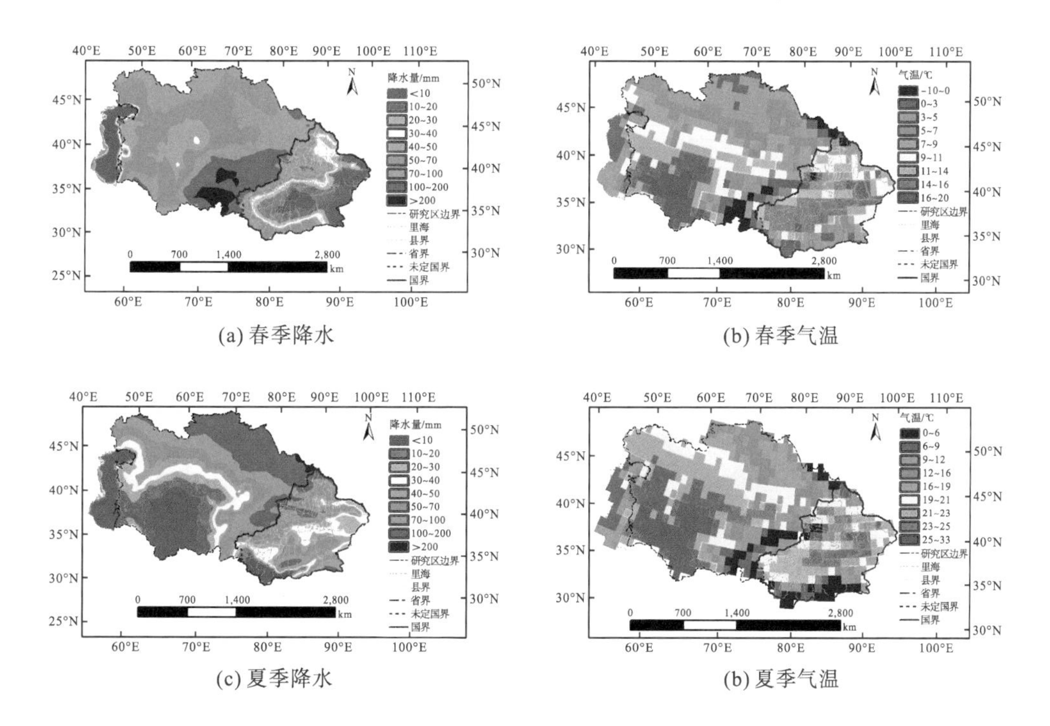

(a) 春季降水　　(b) 春季气温

(c) 夏季降水　　(b) 夏季气温

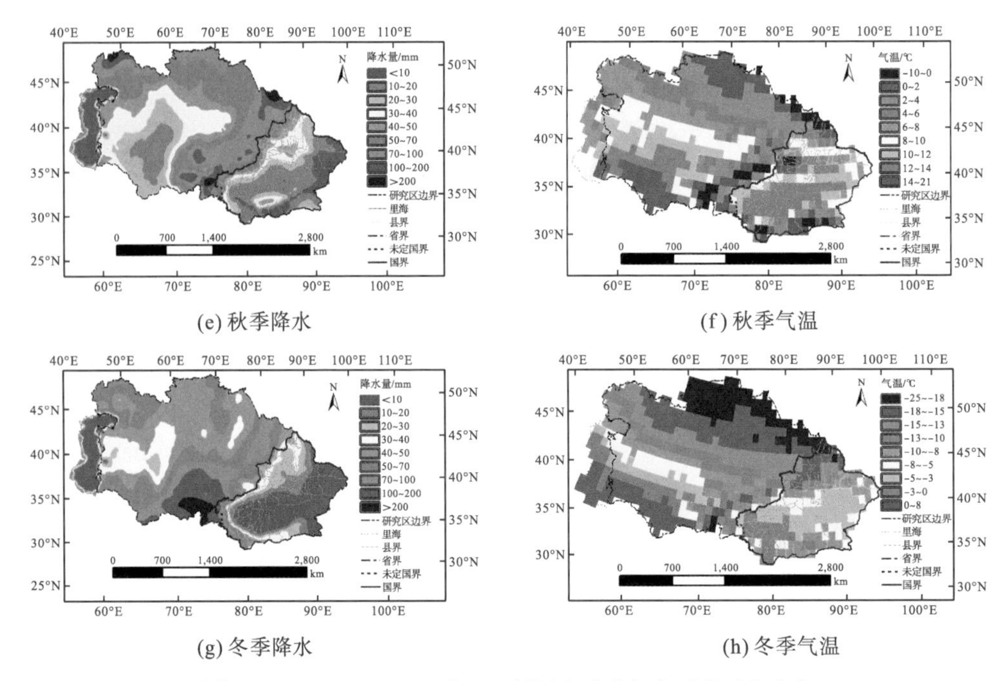

(e) 秋季降水　(f) 秋季气温

(g) 冬季降水　(h) 冬季气温

图 3-11　2003～2014 年中亚干旱区各季节气象要素时空分布

3.3.2　中亚干旱区气象因子变化率分析

1. 年际变化

2003～2014 年的气候变化特征如图 3-12 所示。12 年来研究区域的气温总体呈上升趋势，在我国新疆东南部、哈萨克斯坦东北部和土库曼斯坦北部地区呈下降趋势，并且研究区域西部升温趋势要普遍大于研究区东部。气温由中亚中部向东北逐渐降低，向西北表现为增温，向南部表现为先增温后降温。研究区域降水基本呈下降趋势，中亚西北部及图兰平原降水量下降趋势相对显著，而在里海东侧 45° N 附近、哈萨克斯坦东部、塔吉克斯坦小部分地区及新疆天山地区降水量增加，研究区西南部、哈萨克丘陵西北部及帕米尔高原西侧谷地降水下降趋势最为明显。

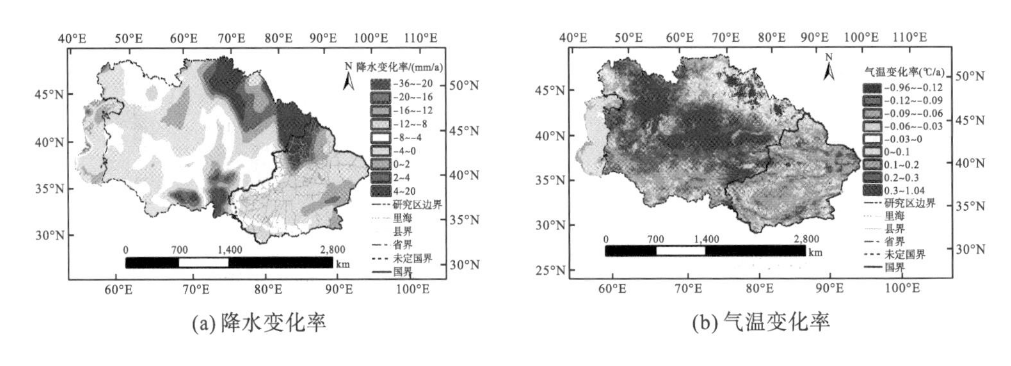

(a) 降水变化率　(b) 气温变化率

图 3-12　2003～2014 年间研究区域气候变化时空分布特征

2. 季节变化

结合图 3-13 和图 3-14 可知，春季和秋季的降水部分地区增加趋势较为明显，其降水增加区域的面积分别占总面积的 33.47%和 32.47%，夏季和冬季的降水以减少为主。研究区域绝大部分地区三个季节的降水变化均不显著。帕米尔高原、天山以及研究区域西南部分地区(55° E～60° E)的降水在三个季节均呈增多的趋势，这在图 3-13 中有所体现。我国新疆塔里木盆地西南地区秋季降水有显著增多的趋势。

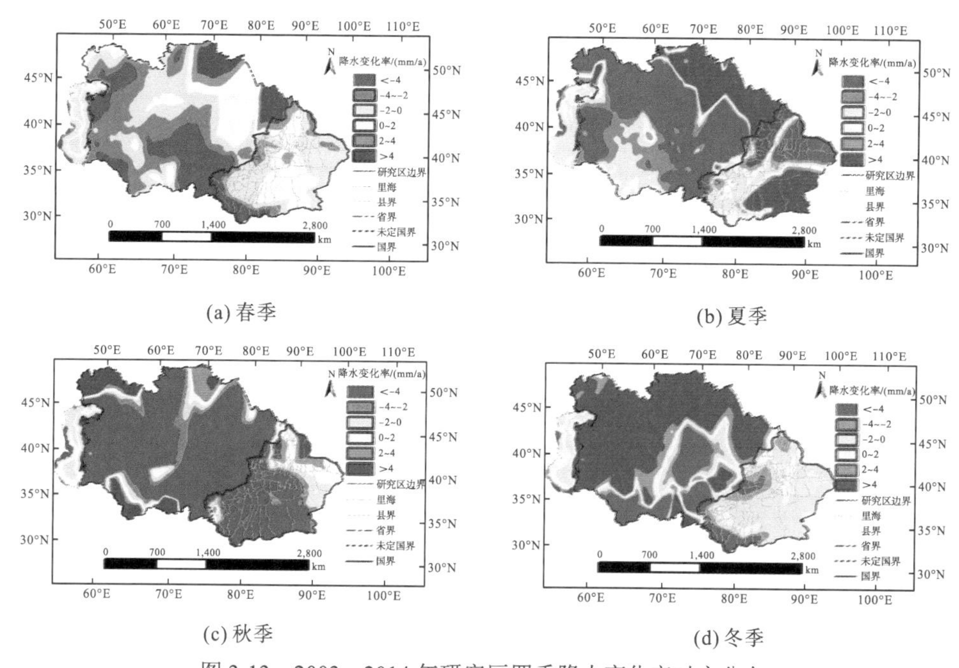

(a) 春季　　(b) 夏季

(c) 秋季　　(d) 冬季

图 3-13　2003～2014 年研究区四季降水变化率时空分布

由图 3-13 可知，研究区域大部分地区春季和夏季气温呈上升的趋势，秋季和冬季升温的区域面积较小，大部分地区都是呈略微下降的趋势。对比图 3-14 中各季节气温变化率空间分布格局可以看出，夏季气温的上升趋势要明显高于春季，研究区 78° E 以西的升温率均高达 0.1℃/a，明显高于全球和北半球的增温率。塔里木盆地西南部分地区的气温在春季、夏季和秋季均呈上升的趋势。里海沿岸低地以及我国新疆中东部部分地区春季和夏季的气温分布呈显著上升的趋势。

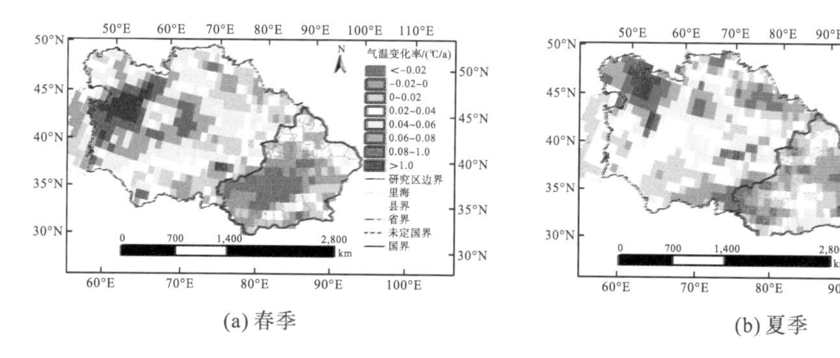

(a) 春季　　(b) 夏季

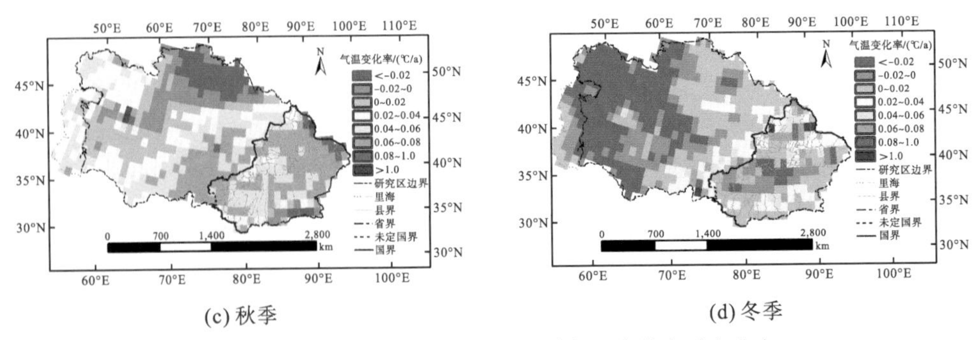

(c) 秋季 (d) 冬季

图 3-14 2003～2014 年研究区四季气温变化率时空分布

3.3.3 中亚干旱区陆地水储量对气候变化的响应特征

对比图 3-8～图 3-10 可以发现，在哈萨克斯坦东北部（72° E～87° E）以及哈萨克丘陵东部地区，降水增加，气温下降，陆地水储量变化呈上升趋势；在塔里木盆地西南区域，降水减少，气温上升，陆地水储量也呈上升趋势。进一步对比分析图 3-12～图 3-14 可以发现，里海沿岸东南部地区春季降水增多，气温显著上升，水储量呈显著下降趋势；巴尔喀什湖东北地区夏季降水增多，气温微弱上升，水储量呈显著上升趋势；新疆天山山脉秋季降水增多，气温没有统一的变化趋势，水储量变化率明显下降。基于研究区域当前的气候变化特征，为探明不同时空尺度的陆地水储量对气候变化响应规律，本节对陆地水储量与气候因子（主要是降水和气温）进行相关性分析，然后讨论不同时空尺度的陆地水储量对气候变化的响应规律。

1. 时间序列变化对比分析

对中亚干旱区 2003～2014 年水储量变化、降水及气温月时间序列进行统计，如图 3-15 所示。

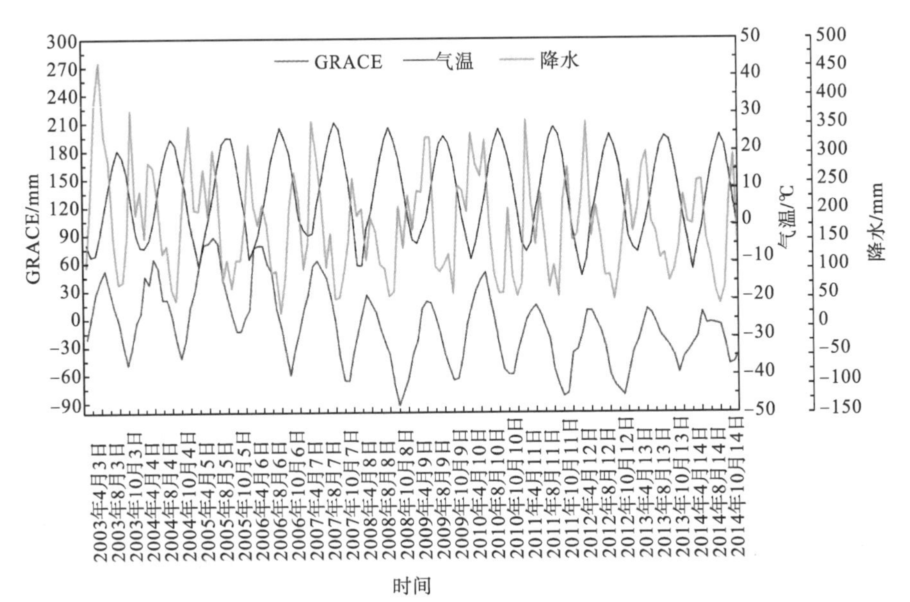

图 3-15 中亚干旱区 2003～2014 年水储量变化、降水及气温的月值变化

由图 3-15 可以看出，陆地水储量变化和气温呈规律性的波动和明显的季节性变化特征，2003～2014 年中亚干旱区的降水以平均每月 0.32mm 的下降速率整体呈缓慢下降的趋势，和陆地水储量变化的总体趋势相一致；气温则以平均每月 0.015℃的上升速率呈缓慢上升的趋势，与陆地水储量变化的趋势相反。总体上随着降水量增加，陆地水储量呈现增加趋势；随着气温上升，陆地水储量呈现减少趋势。

在对陆地水储量和降水及气温进行比较的基础上，利用最小二乘谱分析法分别对陆地水储量变化、降水、气温进行拟合，振幅、相位和周期间见表 3-2，并将三者的拟合值进行比较(图 3-16)。

表 3-2　振幅、相位及周期

数据	振幅/cm	相位/月	周期/月
陆地水储量变化	4.36	5	12.02
气温	1.57	8	11.98
降水	7.93	3	11.94

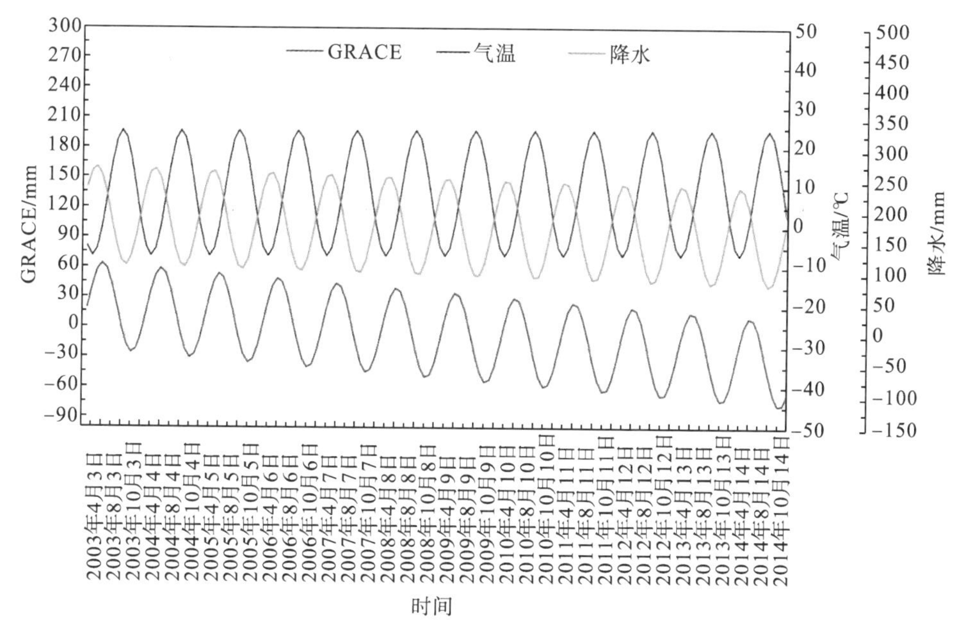

图 3-16　陆地水储量变化、降水及气温最小二乘拟合值的比较

从表 3-2 可以看出，陆地水储量变化、降水和气温的周期都是 1 年左右，其中陆地水储量变化是 12.02 月，与之最接近的是气温的周期 11.98 月；研究区范围内陆地水储量变化、降水与气温中，降水的振幅最大，为 7.93cm，气温的振幅最小，为 1.57cm。陆地水储量出现最大值的时间较降水量出现最大值的时间略滞后，其平均滞后时间为 2 个月；同样，陆地水储量出现最小值的时间较气温出现最大值的时间也滞后 3 个月。结合表 3-2 中陆地水储量变化、降水与气温的周年相位，可推断出中亚干旱区陆地水储量对气候变化的响应有一定的时滞性。

2. 空间分布相关性分析

分别计算 2003～2014 年中亚干旱区水储量变化与气温、降水的相关系数及其通过 0.05 显著性水平检验的相关系数分布情况，如图 3-17 和图 3-18 所示。

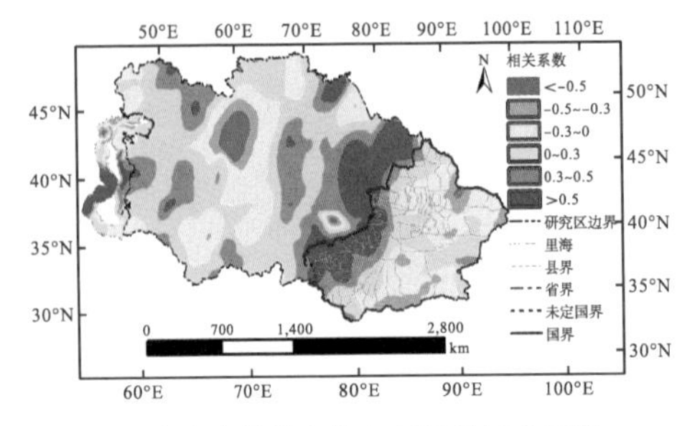

(a) 陆地水储量变化与气温的相关系数

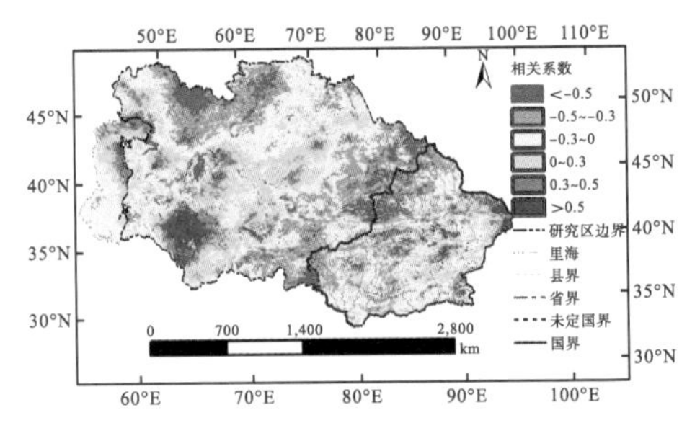

(b) 陆地水储量变化与降水的相关系数

图 3-17　2003～2014 年研究区水储量变化与气象因子相关系数空间分布

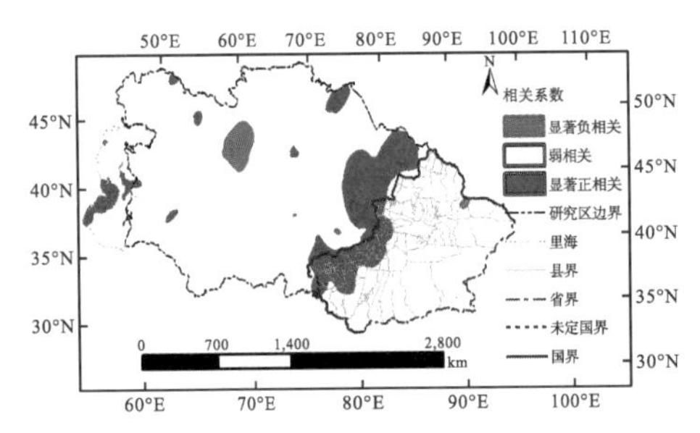

(a) 陆地水储量变化与气温的相关系数显著性

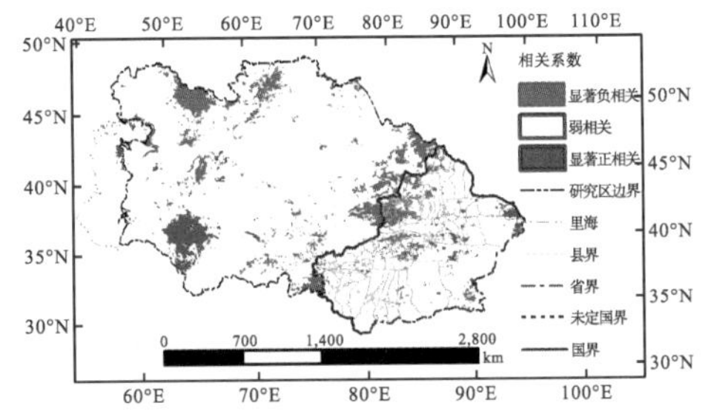

(b) 陆地水储量变化与降水的相关系数显著性

图 3-18　2003～2014 年水储量变化与气象因子显著相关的空间分布

从图 3-17 和图 3-18 可以看出，2003～2014 年，研究区陆地水储量变化与降水呈现显著负相关、负相关、正相关和显著正相关的地区分别占研究区总面积的 11.29%、61.73%、24.85%和 2.13%，研究区绝大部分陆地水储量的变化对降水变化呈负向响应，特别是哈萨克斯坦北部边界处，这些地区的陆地水储量变化与降水呈现显著的负相关性。研究区的陆地水储量变化与气温呈显著负相关、负相关、正相关和显著正相关的地区分别占研究区总面积的 0.70%、28.57%、57.94%和 12.79%，研究区绝大部分陆地水储量的变化对气温变化呈正向响应，特别是在巴尔喀什湖流域、塔里木河内流区西北部和里海东岸的陆地水储量变化与气温呈显著的正相关性。

不同地区的水储量变化对气候变化有不同的响应，例如在研究区域北部边界(70° E～80° E)地区，水储量变化与降水呈显著相关，与气温的相关性并不显著，说明该地区水储量变化对降水变化更为敏感。在里海以北地区和巴尔喀什湖流域，水储量变化与气温显著正相关，与降水的相关性并不显著，说明这些地区水储量变化对气温变化更为敏感。在里海沿岸平原和巴尔喀什湖以北哈萨克丘陵东部地区，水储量变化与降水、气温均显著相关，说明这些区域水储量的变化受降水和气温的综合影响。此外，在咸海周边以北哈萨克丘陵南部地区，水储量变化与降水、气温的相关性均不显著，这表明降水和气温的变化可能不是导致该地区水储量减少的主导因子。咸海的来水主要依靠阿姆河和锡尔河，但是近年来入海的水量锐减，再加上海洋升温影响了周边陆地的水循环，可能导致降水减少，造成干旱，直接对海洋周边地区的陆地水储量产生影响(叶叔华等，2011)。

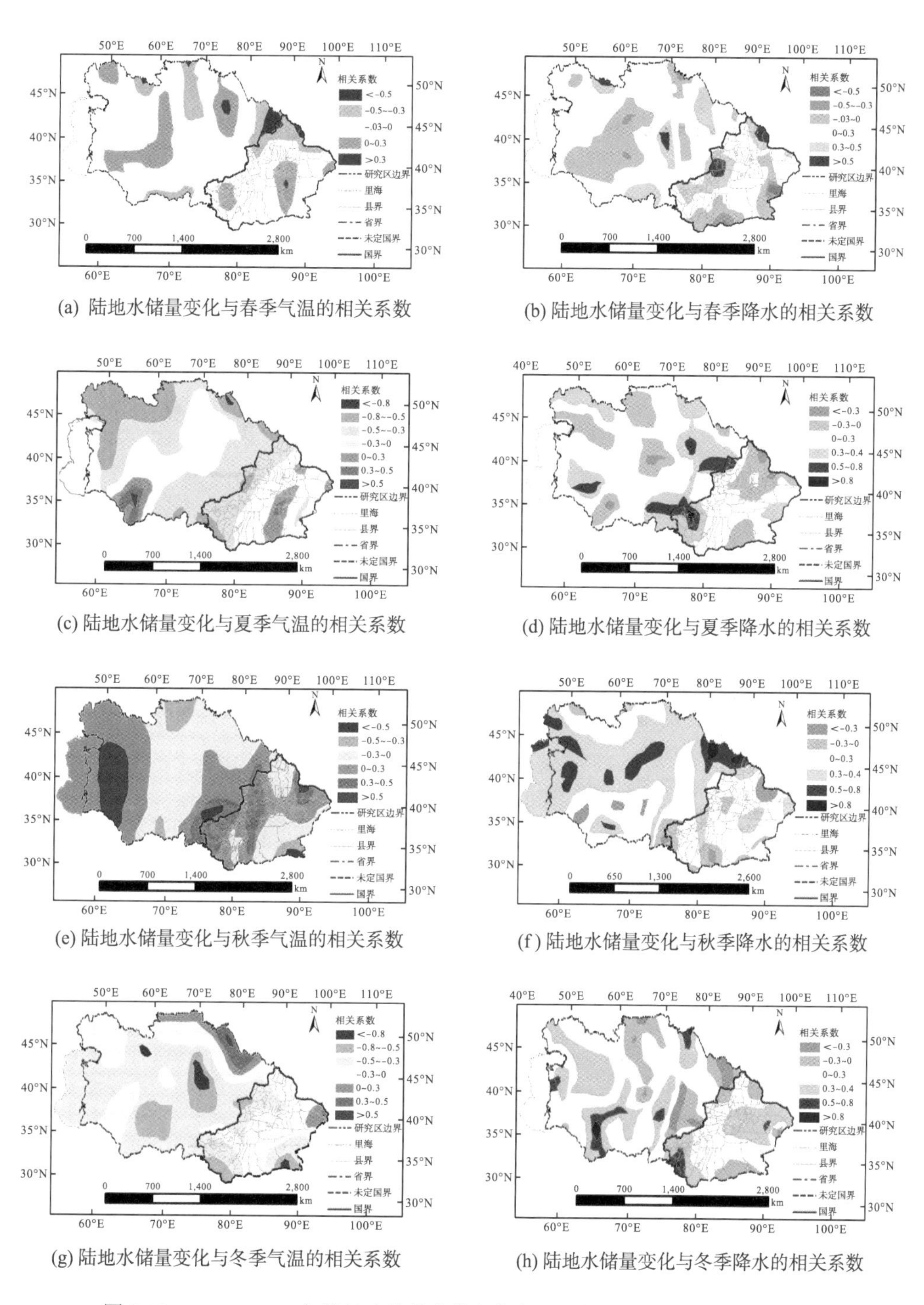

(a) 陆地水储量变化与春季气温的相关系数

(b) 陆地水储量变化与春季降水的相关系数

(c) 陆地水储量变化与夏季气温的相关系数

(d) 陆地水储量变化与夏季降水的相关系数

(e) 陆地水储量变化与秋季气温的相关系数

(f) 陆地水储量变化与秋季降水的相关系数

(g) 陆地水储量变化与冬季气温的相关系数

(h) 陆地水储量变化与冬季降水的相关系数

图 3-19　2003～2014 年陆地水储量变化与气候因子的相关系数四季空间分布

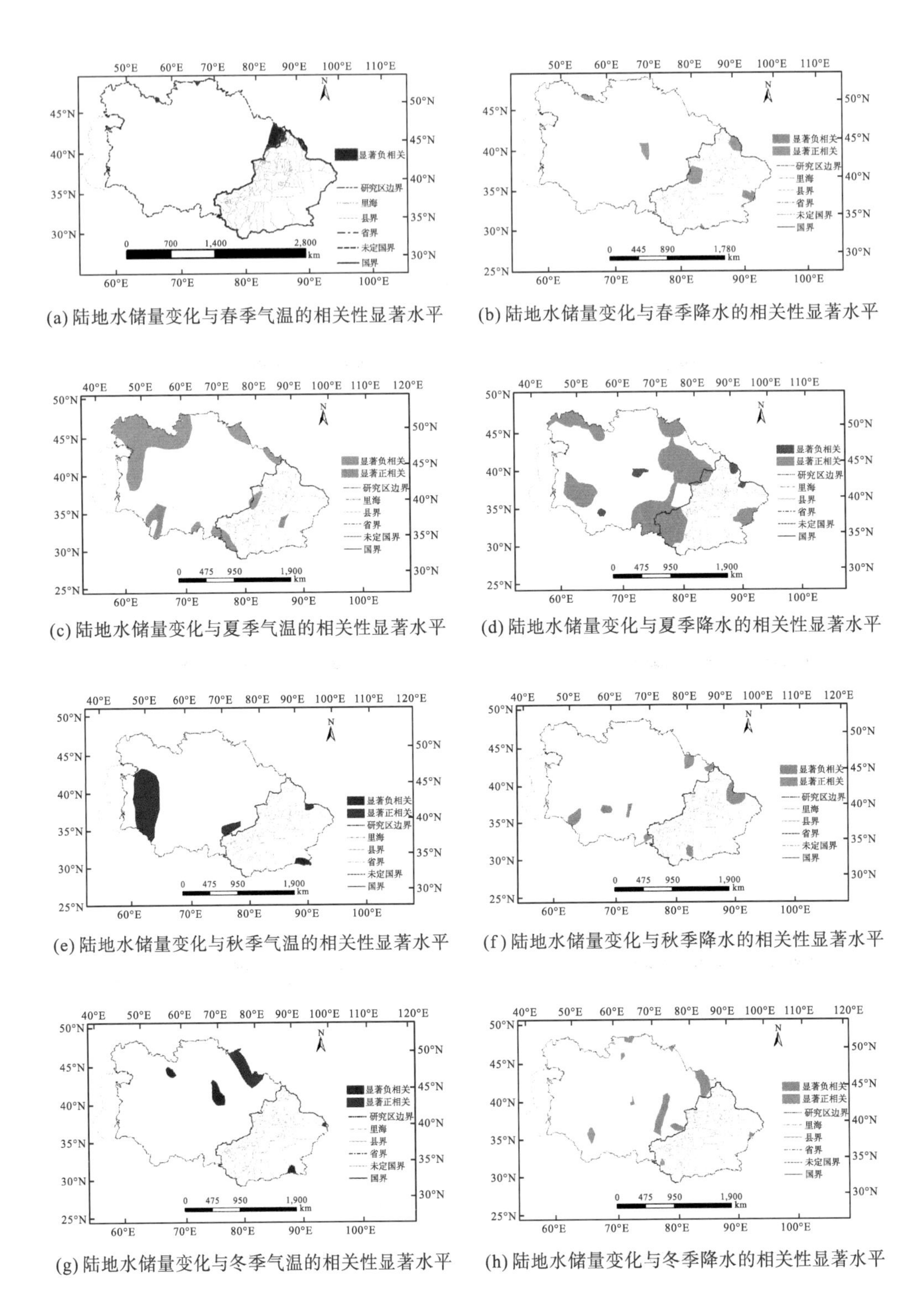

(a) 陆地水储量变化与春季气温的相关性显著水平　(b) 陆地水储量变化与春季降水的相关性显著水平

(c) 陆地水储量变化与夏季气温的相关性显著水平　(d) 陆地水储量变化与夏季降水的相关性显著水平

(e) 陆地水储量变化与秋季气温的相关性显著水平　(f) 陆地水储量变化与秋季降水的相关性显著水平

(g) 陆地水储量变化与冬季气温的相关性显著水平　(h) 陆地水储量变化与冬季降水的相关性显著水平

图 3-20　2003～2014 年四季陆地水储量变化与气象因子显著相关分布

表 3-3　中亚干旱区四季陆地水储量变化与降水、气温显著相关面积比例

	陆地水储量变化与降水				陆地水储量变化与气温			
	春季	夏季	秋季	冬季	春季	夏季	秋季	冬季
正相关	68.03%	72.05%	53.54%	34.29%	43.68%	13.88%	63.12%	43.68%
负相关	31.97%	27.95%	46.46%	65.71%	56.32%	86.12%	36.88%	56.32%
显著正相关	6.80%	13.53%	1.43%	0.85%	0	1.04%	12.37%	4.68%
显著负相关	1.12%	0.23%	2.63%	4.56%	0.73%	22.30%	0.73%	2.63%

由图 3-19 及图 3-20 可知，研究区域春季陆地水储量与降水显著正相关的区域主要分布在图尔盖平原、锡尔河中游、额尔齐斯河上游、南天山和阿姆河下游区域等地，与气温显著负相关的区域主要分布在天山中段地区。研究区域夏季陆地水储量变化与降水显著正相关的区域主要分布在帕米尔高原东部、萨雷耶西克阿特劳沙漠、哈萨克丘陵中部及额尔齐斯河下游等地，与气温显著负相关的区域主要分布在图尔盖高原、里海沿岸低地周边、额尔齐斯河中游区域及塔里木盆地等地区。研究区域秋季陆地水储量变化与降水显著正相关的区域主要分布在额尔齐斯河中游地区，与气温显著负相关的区域主要分布在咸海流域及其周边、卡拉库姆沙漠、锡尔河上游等地区。这些现象表明，不同时间序列的陆地水储量变化对降水和气温的变化存在空间响应异同。

结合表 3-3 可知，夏季陆地水储量与降水显著正相关的面积比例大于春季、秋季和冬季，夏季陆地水储量变化与气温显著负相关的面积比例大于春季、秋季和冬季。是夏季气温显著负相关的面积比例要大于降水显著正相关的面积，这表明夏季气温上升对陆地水储量的变化起着主导作用。

3.3.4　典型区域陆地水储量变化的驱动因素分析

如图 3-7 所示，根据 GRACE 数据的变化趋势，选取五个典型区域，从自然和人为两个角度分析特定区域内陆地水储量变化的驱动因素。

1. A 区域驱动因素分析

A 区域陆地水储量有显著上升趋势的自然原因：①大范围内降水量有较为明显的上升趋势；②该区域河流分布密集，河网发育良好，巴尔喀什湖流域外流区径流丰富，加之地势较低，众多支流等河网均随之进入浅滩区，使得水资源再次聚集，水资源下渗同时也会增多。

人为因素：该区域人口稀少，人们逐步从落后地区向城市聚拢，人口密度降低，用水量减少。

2. B 区域驱动因素分析

B 区域陆地水储量有降低趋势的自然因素主要有：①该区域属于典型的干旱半干旱地区，其土地类型多为戈壁、盐渍地等。由降水的时空变化特征可以看出，该区域降水量有微弱的增加趋势，甚至部分区域降水量显著增加，但是多年来，该区域气温有明显的上升趋势，蒸发量远远大于降水量，所以陆地水储量呈逐步减少趋势（刘兆飞和徐宗学，2007）。②该区域涵盖了天山山脉，常年被冰雪覆盖，随着气温上升，加剧了 1 号冰川等分支的消融，导致这些冰川发生了退缩现象（董志文等，2013）。③南部包括少许的塔里木盆地，与塔克拉玛干沙漠相邻，该区域沙漠蒸腾作用强烈，促使水储量减少。

人为因素：①该区域产业以高耗水的农牧业为主，用水需求量大，常用的灌溉方式有滴灌和漫灌，对水资源的利用效率不高，导致大量水资源的浪费。②该区域生活用水除了来自冰川融水外，大量来自地下水，地下水的开采程度较高。

3. C 区域驱动因素分析

C 区域陆地水储量呈剧烈的增加趋势，其自然因素主要是因为塔里木内流区分布有塔里木河、叶尔羌河、和田河、克里雅河等，秋季容易引发洪水，冬季水的冻结量小于夏季融化量，也是导致洪水的原因之一（王永前等，2009），而塔里木盆地海拔较低，容易拉长洪水聚集事件，洪水向地下渗透也会随之增加。该区域人口密度小，由人为因素而导致陆地水储量变化的驱动作用也很小。

4. D 区域驱动因素分析

D 区域陆地水储量有明显上升趋势的自然因素主要是由于该区域位于阿姆河下游，阿姆河属于积雪-冰川补给型河流，近年来随着气温的显著升高，雪、冰川融水量增加，使得该地区水储量不断增加。

5. E 区域驱动因素分析

驱动 E 区域周边陆地水储量急剧降低的自然因素有：①该区域大范围的降水量存在微弱的降低趋势，同时在里海东岸地区气温呈现出较为显著的上升趋势。里海中的水资源有 80%来源于伏尔加河，降水量减少，并且气温上升，促使蒸发量增加。②海洋的升温会影响陆地水循环，可能导致降水减少，造成干旱，直接对海洋周边地区的陆地水储量产生影响（Funk et al.，2008）。

人为因素有：①为适应农牧业基地建设，先后在锡尔河和阿姆河流域修建了许多引水灌溉工程，同时人工湖的建设导致蒸发渗漏，损失了大量水资源；②为保障粮食作物的产量，不断扩大灌溉面积，增加了农业用水量，同时灌溉引水工程设施落后，大水漫灌依然是主流灌溉方式，水资源浪费严重；③土库曼斯坦每年从阿姆河引入卡拉库姆大运河的水量约为 150 亿 m^3，由于沿途蒸发渗漏损失严重，导致真正用于生产生活的水量约只占引水量的 1/3（张渝，2005）。流入咸海的盐量虽然有下降的趋势，但依然无法遏制中亚地区盐漠的形成（Severskiy，2004）。

参考文献

董志文, 秦大河, 任贾文, 等, 2013. 近50年来天山乌鲁木齐河源1号冰川平衡线高度对气候变化的响应[J]. 科学通报, 58(9): 825-832.

胡小工, 陈剑利, 周永宏, 等, 2006. 利用GRACE空间重力测量监测长江流域水储量的季节性变化[J]. 中国科学(D辑), 36(3): 225-232.

刘兆飞, 徐宗学, 2007. 塔里木河流域水文气象要素时空变化特征及其影响因素分析[J]. 水文, 27(5): 69-73.

宁津生, 2002. 卫星重力探测技术与地球重力场研究[J]. 大地测量与地球动力学, 22(1): 1-5.

王永前, 施建成, 胡小工, 等, 2009. 关于利用重力卫星对青藏高原水储量年际变化和季节性变化进行监测并用微波数据产品进行验证的研究[J]. 地球物理学进展, (4): 1235-1242.

叶叔华, 苏晓莉, 平劲松, 等, 2011. 基于 GRACE 卫星测量得到的中国及其周边地区陆地水量变化[J]. 吉林大学学报(地球科学版), 41(5): 1580-1586.

张渝, 2005. 中亚地区水资源问题[J]. 中亚信息, (10): 9-13.

Ahmed, M, Sultan M, Wahr J, et al., 2011. Integration of GRACE (Gravity recovery and climate Experiment) data with traditional data sets for a better understanding of the time-dependent water partitioning in African watersheds[J]. Geology, 2011, 39(5): 479-482.

Chao B F, Gross R S, 1987. Changes in the Earth’s rotation and low-degree gravitational field induced by earthquakes[J]. Geophysical Journal International, 91(3): 569-596.

Fan Y, Van H, Mitchell K, et al., 2003. A 51-year reanalysis of the US land-surface hydrology[J]. GEWEX News, 13(2): 6-10.

Funk C, Dettinger M D, Michaelsen J C, et al., 2008. Warming of the Indian Ocean threatens eastern and southern African food security but could be mitigated by agricultural development[J]. Proceedings of the National Academy of Sciences, 105(32): 11081-11086.

IPCC, 2014. Climate Change 2013: the Physical Science Basis: Working Group I Contribution to the Fifth assessment Report of the Intergovernmental Panel on Climate Change[M]. Cambridge: Cambridge University Press.

Rodell M, Houser P R, Jambor U, et al., 2004. The global land data assimilation system[J]. Bulletin of the American Meteorological Society, 85(3): 381-394.

Severskiy I V, 2004. Water-related problems of central Asia: some results of the (GIWA) International Water Assessment Program[J]. AMBIO: A Journal of the Human Environment, 33(1): 52-62.

Syed T H, Famiglietti J S, Rodell M, et al., 2008. Analysis of terrestrial water storage changes from GRACE and GLDAS[J]. Water Resources Research, 44(2):54-60.

Wahr J, Molenaar M, Bryan F, 1998. Time variability of the Earth’s gravity field: hydrological and oceanic effects and their possible detection using GRACE[J]. Journal of Geophysical Research: Solid Earth, 103(B12): 30205-30229.

第4章　干旱区典型内陆河流域水盐分布与生态环境的关系

4.1　玛纳斯河流域景观格局分析

依据景观生态学理论，对玛纳斯河流域进行景观格局演变研究，了解不同景观类型的变化趋势，分析并获取能够反映流域景观格局变化且有价值的景观指数。

4.1.1　景观类型划分

玛纳斯河流域景观类型划分采用二级分类系统(Harris and Ventura，1995；Kuplich et al.，2000)，一级分类包括：耕地、林地、草地、水域、建设用地和未利用土地，在一级分类的基础上进一步细分，划分了30种二级分类，根据玛纳斯河流域景观格局研究需要，对流域的耕地、草地、林地、水域、湿地、建设用地、未利用土地、盐碱地和永久冰川雪地进行分析，生态需水变化与这几类景观类型演变有着密切的关系(表4-1)。

表4-1　玛纳斯河流域景观类型划分及特征

类型	含义
耕地	指种植农作物的土地，包括熟耕地、新开荒地、休闲地、轮歇地、草田轮作地；以种植农作物为主的农果、农桑、农林用地；耕种三年以上的滩地和滩涂
草地	指以生长草本植物为主，覆盖度在5%以上的各类草地，包括以牧为主的灌丛草地和郁闭度在10%以下的疏林草地
林地	指生长乔木、灌木、竹类以及沿海红树林地等林业用地
水域	指天然陆地水域和水利设施用地
湿地	指地势平坦低洼，排水畅，长期潮湿，季节性积水或常积水，表层生长湿生植物的土地
建设用地	指城镇居民点及县镇以外的工矿、交通等用地
未利用土地	目前还未利用的土地，包括难利用的土地，不包括盐碱地和永久冰川雪地
盐碱地	指地表盐碱聚集，植被稀少，只能生长耐盐碱植物的土地
永久冰川雪地	指常年被冰川和积雪所覆盖的土地

4.1.2　景观指数选择

在进行景观格局变化分析前，首先构建合理的景观指标体系，从而全面分析流域的景观格局，更好地解释景观演变过程。在景观格局研究中，由于新理论的不断出现且描述景观格局变化的景观指数过多，目前还没有形成一个统一的标准来对景观指数进行分类。本书根据陈文波等(2002)总结的分类标准，依据景观生态学的基本原理，从斑块、廊道、基质这 3 个基本单元出发，对所研究的景观指数进行归类，将景观指数分为景观类型水平和景观水平两个层次，分别描述各景观类型变化和景观总体特征的变化。

1. 景观类型水平指数选择

从类型水平上分析景观格局指数，可以从不同类型的角度分析每个类别斑块格局变化，能够更深入地认识和理解玛纳斯河流域景观格局的变化规律。为此，选用景观类型水平上的斑块密度(PD)、连通度指数(COHESION)、最大斑块指数(LPI)和聚集度(AI)。

1) 斑块密度(PD)

$$PD = N/A \tag{4-1}$$

式中，A 为研究区的总面积；N 为各景观类型斑块数目。

斑块密度大小反映各类或整个景观的破碎化程度，也反映各类或整个景观的空间异质性程度，其值越高，说明破碎化程度越高，空间异质性程度越大。

2) 连通度指数(COHESION)

$$\text{COHESION} = \left(1 - \frac{\sum_{i=1}^{n}\sum_{j=1}^{m} p_{ij}}{\sum_{i=1}^{n}\sum_{j=1}^{m} p_{ij} \cdot \sqrt{a_{ij}}}\right) \cdot \left(1 - \frac{1}{\sqrt{A}}\right)^{-1} \cdot 100 \tag{4-2}$$

式中，p_{ij} 为 ij 类型斑块所占的面积百分比；a_{ij} 为 ij 类型斑块的面积。

COHESION 反映景观中各类景观类型的聚集程度，同时也包括空间分布特征，是描述景观格局变化的重要的指标之一，整体景观中占主导的景观类型一般有良好的连通性；反之，则连通度指数较小。

3) 最大斑块指数(LPI)

$$\text{LPI} = \frac{\max(a_{ij})}{A} \times 100 \tag{4-3}$$

LPI 表征某一类型的最大斑块在整个景观中所占比例。

4) 聚集度(AI)

$$\text{AI} = \left(\frac{g_{ij}}{\max g_{ij}}\right) \times 100 \tag{4-4}$$

式中，g_{ij} 为相应景观类型的相似邻接斑块数量。

AI 反映各类景观类型的空间分布情况，当某一类景观类型中所有的像元不存在公共的边时，聚集度最小；当某一类景观类型中所有像元的公共边达到最大值时，则聚集度指数最大。AI 等于某种景观类型的像元相邻的数量除以所有斑块融为一个斑块时最大的像元相邻的数量。

2. 景观水平指数选择

为了从整个流域的角度了解人类活动的方向和强弱，景观水平上选取香农多样性指数(SHDI)、优势度指数(DI)、斑块数目(NP)、分离度指数(SPLIT)、最大斑块指数(LPI)、形状指数(LSI)和蔓延度指数(CONTAG)。

1）香农多样性指数（SHDI）

$$\mathrm{SHDI}=-\sum_{i=1}^{m}P_i l_n(P_i) \tag{4-5}$$

式中，P_i为景观斑块类型i所占的比率。

2）分离度指数（SPLIT）

$$\mathrm{SPLIT}=\frac{D_{ij}}{A_{ij}} \tag{4-6}$$

式中，D_{ij}为景观类型i的距离指数；A_{ij}为景观类型i的面积指数。

3）斑块数目（NP）

$$\mathrm{NP}=n \tag{4-7}$$

斑块数目NP表示整个景观格局的总的斑块个数，其值反映整个景观的异质性和破碎化程度，斑块数目与斑块碎裂化程度正相关。

4）形状指数（LSI）

$$\mathrm{LSI}=\frac{0.25E}{\sqrt{A}} \tag{4-8}$$

式中，A为研究区的总面积；E为所有斑块边界的总长度。斑块形状复杂程度是通过与正方形之间的偏离程度来衡量的。

5）蔓延度指数（CONTAG）

为了更直观分析景观格局时空变化，用移动窗口法形成香农多样性指数（SHDI）和蔓延度指数（CONTAG）栅格图，分析玛纳斯河流域1990～2010年景观格局时空演变特征。

$$\mathrm{CONTAG}=\left\{1+\sum_{i=1}^{m}\sum_{k=1}^{m}\left[P_i\left(g_{ik}\Big/\sum_{k=1}^{m}g_{ik}\right)\right]\cdot\left[\ln(P_i)g_{ik}\Big/\sum_{k=1}^{m}g_{ik}\right]\Big/2\ln m\right\}\cdot 100 \tag{4-9}$$

CONTAG反映整体景观中不同景观类型的延展趋势，等于景观中各类景观类型占整个景观面积的比例乘以各某种景观类型的像元相邻的数量除以所有斑块融为一个斑块时最大的像元相邻的数量之商，再乘以其值的自然对数之后的所有斑块类型之和，接着除以2倍的景观类型的数目的自然对数，加1后乘以100转化为百分数。蔓延度指数和连通度指数一样，都描述景观类型的空间信息，蔓延度高的区域，说明景观中某种类型占主导地位，有很好的连通性，蔓延度偏高；反之，则表示景观是由多种景观类型控制，景观趋于破碎化，蔓延度和连通度都偏低。

4.1.3 景观格局分析

景观指数的计算主要在Fragstats3.4软件中完成，从景观类型和景观两个水平上分析玛纳斯河流域景观格局的变化，所以在Fragstats3.4中所有的景观指数被分成了两组，一组为类型水平，反映各个景观类型水平的景观特征；另一组为景观水平，反映景观的整体变化特征（Luque et al.，2012）。由于Fragstats3.4软件输入数据需要Grid格式，所以首先把解译的研究区土地利用分布图在ArcGIS 10.1软件中转化为空间分辨率为30m的Grid格式，然后在Fragstats3.4中导入转化后的栅格数据，选定要计算的所有景观指数。

1. 景观类型面积变化特征

从 1990 年、2000 年和 2010 年的土地利用分类结果图(图 4-1)和各景观类型面积统计结果表(表 4-2)中可以看出，总体上耕地和建设用地增加，草地和未利用土地减少，分类结果图中变化显著的为下游的玛纳斯湖，湖水面积逐渐缩小，最后干涸转变成盐碱地，接下来对各类型变化进行简述。

1990～2010 年耕地的面积增加了 3515.47km^2，建设用地(城乡、工矿、居民用地)增加了一倍多，水域略有增加，而湿地、未利用土地和永久冰川雪地都有明显减少。20 年间，从空间上看，土地利用变化区域在玛纳斯、石河子和沙湾沿线继续扩大并向北部沙漠伸展，区域需水量不断增加，导致湿地和水域等大量萎缩，流域农业用水挤占生态用水比较严重(刘和鸣，2010)。

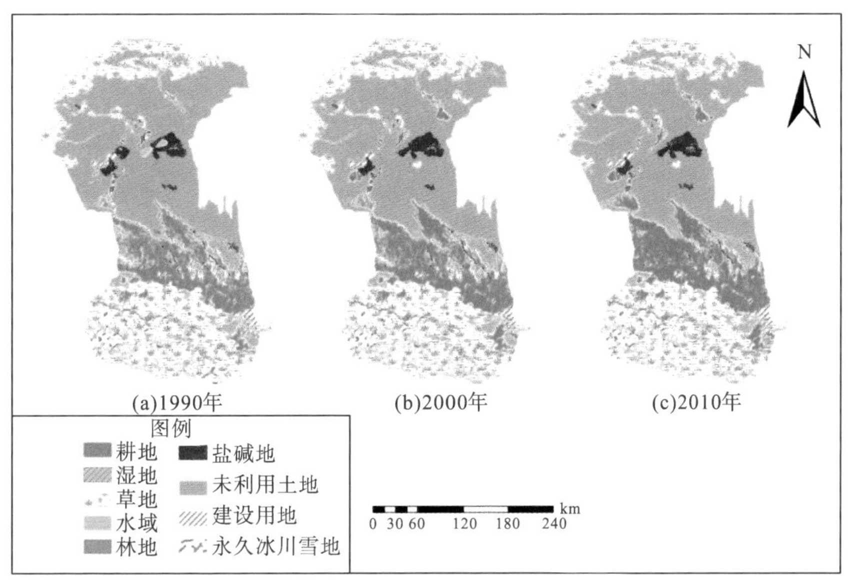

图 4-1　研究区土地利用空间格局

表 4-2　玛纳斯流域景观类型面积和百分比

景观类型	1990 年		2000 年		2010 年	
	面积/km^2	百分比/%	面积/km^2	百分比/%	面积/km^2	百分比/%
耕地	7908.65	9.38	8988.63	10.66	11424.12	13.55
草地	26570.92	31.51	26045.23	30.89	24970.85	29.62
建设用地	807.72	0.96	1357.13	1.61	1694.46	2.01
林地	3199.84	3.79	2106.58	2.50	2215.40	2.63
湿地	295.08	0.35	235.41	0.28	193.53	0.23
水域	481.77	0.57	693.40	0.82	559.95	0.66
盐碱地	924.23	1.10	1095.74	1.30	1137.91	1.35
未利用土地	42329.62	50.20	42120.77	49.95	40785.42	48.37
永久冰川雪地	1810.21	2.15	1674.66	1.99	1335.90	1.58

为了更好地描述各景观类型变化及其相互转化关系，本书生成多期的转移矩阵(表 4-3 和表 4-4)。从表 4-3 中可以看出，1990～2000 年各景观都发生了巨大的变化，各类型之间转入和转出很频繁，而且量比较大。其中耕地和建设用地增加比较明显，有 1559.81km^2 草地和 1121.24km^2 的未利用土地转为耕地；建设用地面积增加的主要来源于草地和耕地。水域面积减少了 21.26%，主要转为草地和盐碱地，玛纳斯湖周围的盐碱地斑块逐渐变大。湿地萎缩比较严重，湿地农田化的面积为 43.23km^2，和草地的相互转化几乎平衡。这 10 年气候变化导致永久冰川雪地面积退缩较多。

2000～2010 年(表 4-4)，各类型之间的转化有减缓的趋势，耕地延续其稳定增长态势，建设用地的增速有所放缓，草地的减少最为显著，888.45km^2 草地和 582.83km^2 未利用土地转变为耕地。玛纳斯湖几乎干涸，变成盐碱地。总之，类型的转化逐渐从双向转化趋向单向转化，前 10 年的景观格局变化幅度大于后 10 年，其主要原因是 20 世纪 90 年代新疆生产建设兵团占用了大量的草地和未利用土地进行大规模的土地开发和房屋建设。

表 4-3 1990～2000 年土地利用转移矩阵 单位：km^2

景观类型	草地	建设用地	耕地	林地	湿地	水域	未利用土地	盐碱地	永久冰川雪地
草地	23985.91	110.10	1559.81	9.11	22.70	66.54	288.03	2.86	0.18
建设用地	4.72	1290.49	54.24	1.93	0.04	0.35	2.22	3.15	0
耕地	177.47	183.70	8549.70	22.62	3.75	15.00	36.28	0.10	0
林地	0.53	6.87	72.42	2016.65	0.00	8.63	0.34	1.13	0
湿地	21.59	1.23	43.23	0.88	147.34	16.69	4.45	0.00	0
水域	40.32	1.19	18.02	1.25	17.62	390.53	5.49	218.98	0
未利用土地	738.29	89.90	1121.24	161.96	2.07	34.83	39965.59	5.65	1.23
盐碱地	0.85	10.98	5.47	1.00	0	27.39	144.03	906.03	0
永久冰川雪地	1.17	0	0	0	0	0	339.00	0	1334.50

表 4-4 2000～2010 年土地利用转移矩阵 单位：km^2

景观类型	草地	建设用地	耕地	林地	湿地	水域	未利用土地	盐碱地	永久冰川雪地
草地	24705.83	54.46	888.45	4.42	12.80	37.21	392.26	1.61	0.01
建设用地	3.02	1495.09	28.46	0.76	0.03	0.35	0.13	0.01	0
耕地	87.24	105.20	9869.17	9.34	5.23	11.91	25.68	0.32	0
林地	0.81	2.46	31.35	2099.96	0	0.86	0.05	1.10	0
湿地	19.56	0.43	10.28	0.44	167.48	10.2	1.06	0.00	0
水域	22.70	0.99	9.57	0.24	6.11	459.97	2.67	3.07	0
未利用土地	129.75	34.24	582.83	100.22	1.87	13.71	40347.10	13.53	1.10
盐碱地	0.91	1.59	4.01	0.02	0.01	25.03	0.39	1118.27	0
永久冰川雪地	1.02	0	0	0	0	0	16.08	0	1334.79

2. 景观类型水平格局分析

斑块密度的大小可以很好地反映景观斑块的破碎化程度，其值越高，单位面积的斑块数目越多，破碎度和异质性越高。从各类型的斑块密度统计结果(图 4-2)来看，整体上斑块密度最大的是草地，其次是建设用地和林地，1990～2000 年，各斑块密度均变化显著。耕地在 2000 年以后斑块密度呈减少的趋势，但面积在增加，连通性从 1990 年的 99.73 逐渐增加到 2010 年的 99.91，耕地面积后期成片的影响力大于面积的增长，从而导致斑块密度的减小。可见近 20 年来，在人类活动的影响下，玛纳斯河流域景观格局发生了较大变化，景观破碎化程度逐渐变大，近十年有所减缓。

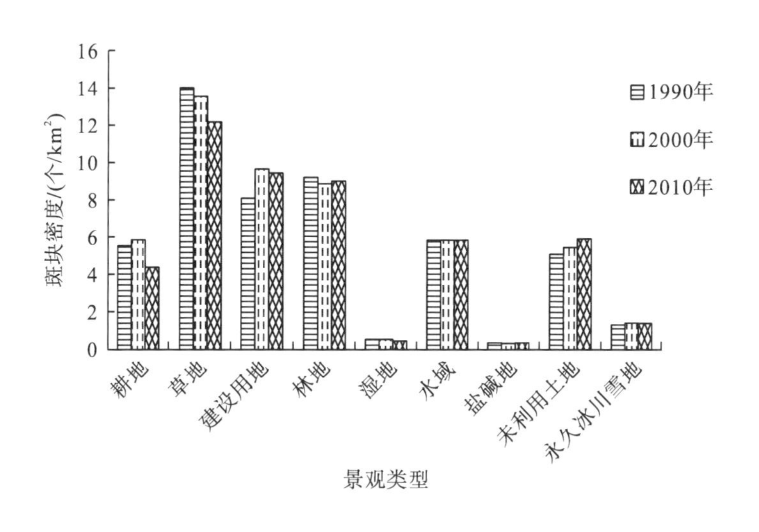

图 4-2　景观类型斑块密度

进一步分析斑块空间格局变化过程，从聚集度(表 4-5)上看，变化较大的是水域和建设用地，水域从 1990 年的 84.77 减少到 2010 年的 75.62，说明水域的分离程度变大，由于耕地面积较大(为 3522.86km^2)，为了满足灌溉的需要，其间新建了许多渠道，导致水域的分离度变大。建设用地聚集度减少了 6.06，主要是石河子市、沙湾县和玛纳斯县的人口不断增加和经济快速发展，导致人们对房屋居住和粮食作物的需求扩大，从而引起新的城乡工矿居民地的出现。由表 4-3 和表 4-4 可知，草地和未利用土地是耕地和建设用地的主要来源，草地和未利用土地所占的面积大，所以聚集度有少量的减少。从最大斑块指数中可以看出，2010 年耕地相比 1990 年增加 2.91 倍，空间上呈连片的趋势，耕地的面积以每 5 年 880.72m^2 的速度增加，图 4-2 中斑块数目增加得很缓慢，后 10 年几乎没有增加，也验证了这一趋势。水域、湿地、未利用土地和永久冰川雪地都有缩小，空间上有分割的趋势，水域最大斑块缩小和盐碱地的增加，正是玛纳斯湖萎缩逐渐变成盐碱地的原因。

表 4-5 类型水平上景观指数

景观类型	1990 年		2000 年		2010 年	
	最大斑块指数	聚集度	最大斑块指数	聚集度	最大斑块指数	聚集度
草地	16.83	96.53	17.00	96.20	17.04	95.30
耕地	2.87	95.28	7.90	92.67	11.21	94.40
建设用地	0.16	89.35	0.28	82.20	0.35	83.29
水域	0.24	84.77	0.16	82.43	0.06	75.62
湿地	0.05	90.69	0.04	86.50	0.04	86.91
林地	0.18	88.13	0.11	80.22	0.11	81.15
未利用土地	44.66	98.92	42.67	98.47	41.25	98.24
盐碱地	0.39	95.34	0.80	96.10	1.03	96.91
永久冰川雪地	1.13	94.06	0.69	92.09	0.68	91.45

3. 景观水平格局分析

1990～2010 年，玛纳斯河流域香农多样性指数逐渐递增，优势度指数逐渐递减(图 4-3)，从图中看出折线接近对称，二者的变化趋势说明整个流域的景观异质性在逐渐增大，区域整体景观格局越来越受多数斑块所控制，区域内土地利用类型数量没有变化，表明各类型所占总面积的比例差异逐渐缩小。研究区优势度指数减小，说明未利用土地和草地的优势程度减弱，与类型水平上草地和未利用土地聚集度的减少结论相一致。

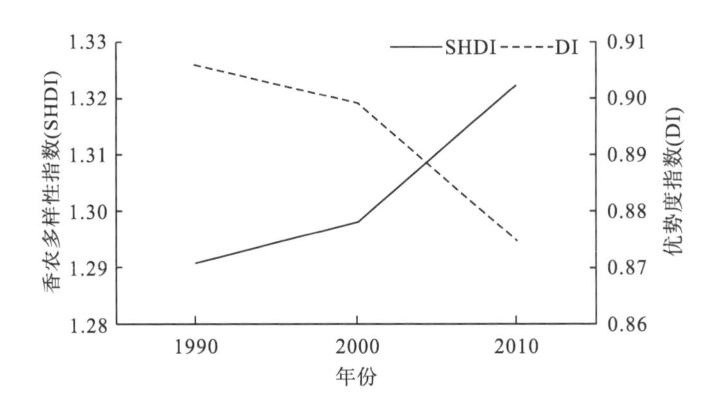

图 4-3 流域香农多样性指数和优势度指数

1990～2000 年，斑块数目持续增长，但在 2000～2010 年出现了减少。前 10 年是景观格局变化最大的，从空间变化的 3 个关键指数：最大斑块指数、形状指数和分离度指数中能体现(表 4-6)。在前 10 年变化幅度最大，较大斑块的土地利用类型由于建设和开垦的需要，被分割为许多较小斑块，形状变化复杂多样，分离度变大，但在 2000～2010 年，这样的趋势有所减缓，主要表现在形状指数和分离度指数增长幅度减少，后期流域的生产建设趋于集中化，人类活动对景观影响程度有所减小。

表 4-6　景观水平上景观指数

年份	斑块数目	最大斑块指数	形状指数	分离度指数
1990 年	41768	44.66	57.56	4.29
2000 年	42967	42.67	78.97	4.49
2010 年	40863	41.25	79.43	4.60

4. 景观格局时空演变特征

以香农多样性指数(SHDI)和蔓延度指数(CONTAG)为例，分析玛纳斯河流域 1990～2010 年景观格局时空演变特征。流域地势南低北高，自北向南景观格局呈现出明显的梯度差异(图 4-4)。

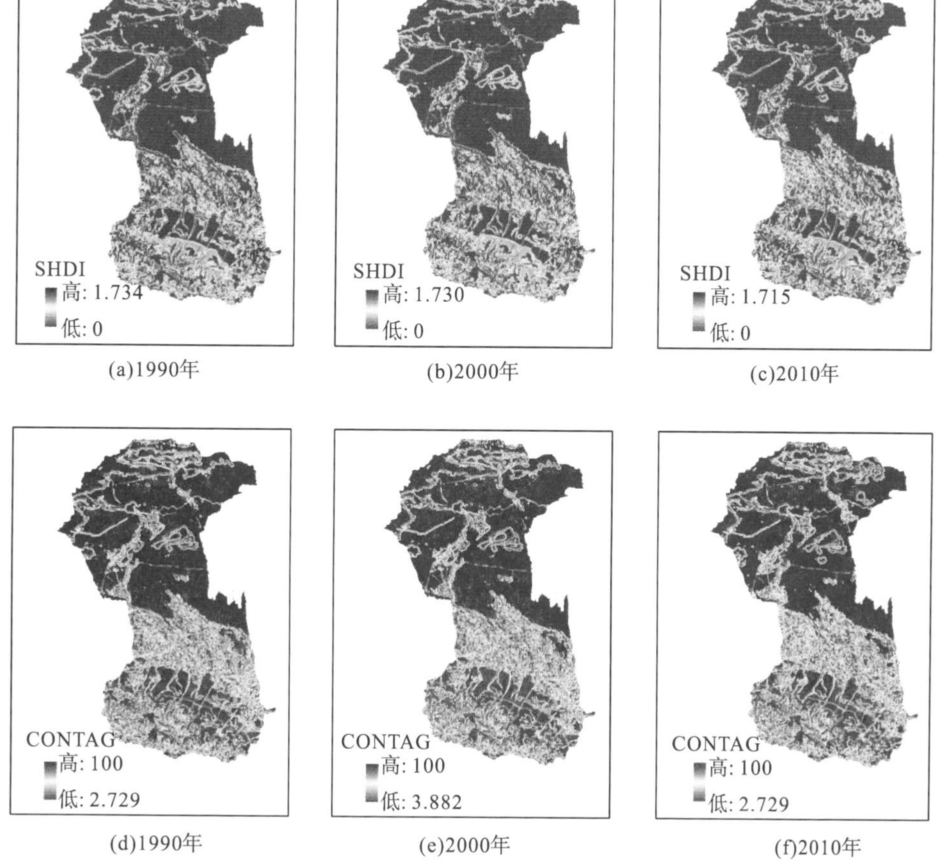

图 4-4　景观格局指数空间分布特征

北部荒漠区景观以未利用土地、草地和零星的盐碱地为主，受水资源影响很大，由于流域下游的水减少，地下水位降低，景观由复杂、异质和不连续的斑块镶嵌体逐渐趋向于单一、均质和连续的整体，生物多样性丧失，使得 SHDI 值降低，而 CONTAG 值升高。北部城镇化水平低，人口数量少，景观格局主要由上游用水以及受自然条件控制。中部平原区的景观以耕地为主，景观逐渐趋于复杂，不连续，上部的150团、149团及148团变化明显，但在2010年，西面和北面成片地出现连通现象，主要是由于以家庭农场为主的耕地开垦热潮和集中化生产。南部为天山中段一部分，山区景观类型以草地、林地、未利用土地和永久冰川雪地为主，该区域多由离散和形状较不规则的小斑块构成，破碎化程度较高，导致SHDI值较高，CONTAG值较低，随之气候逐渐由暖干向暖湿转变，永久冰川雪地的面积逐年减少，整体上山区景观变化差异很小。此外，连续的廊道(河流)和离散的大斑块(水库、湖泊)镶嵌在整个流域景观类型中，使得景观格局指数不同程度地呈现出圈层和带状(廊道)结构特征。

4.2 玛纳斯河流域生态需水研究

4.2.1 流域天然植被蒸腾量变化规律分析

1. 原理及方法

1) 参考作物蒸腾量(ET)

本章采用FAO推荐的彭曼-蒙特斯(Penman-Monteith)公式计算参考作物蒸腾量，式中参数较多，相关计算公式如下(Peters-Lidard et al.，1998)：

$$\mathrm{ET_0}=\frac{0.408\Delta(R_{\mathrm{n}}-G)-\gamma\dfrac{900u_2(e_{\mathrm{s}}-e_{\mathrm{a}})}{T+273}}{\Delta+\gamma(1+0.34u_2)} \tag{4-10}$$

式中，Δ为饱和水汽压-温度关系曲线斜率(kPa/℃)；γ为干湿表常数(kPa/℃)；G为土壤热通量［MJ/(m^2·d)］；R_{n}为植被表面净辐射量［MJ/(m^2·d)］；e_{a}和e_{s}为实际水气压和饱和水气压(kPa)；u_2为2m高处的平均风速(m/s)；T为平均温度(℃)。

$$\Delta=\frac{4089\left[0.6108\left(\dfrac{17.27T}{T+237.3}\right)\right]}{(T+237.3)^2} \tag{4-11}$$

$$R_{\mathrm{n}}=R_{\mathrm{ns}}-R_{\mathrm{nl}} \tag{4-12}$$

式中，R_{ns}与R_{nl}分别为净短波辐射［MJ/(m^2·d)］和净长波辐射［MJ/(m^2·d)］。

$$R_{\mathrm{ns}}=0.77\left(0.25+0.5\frac{n}{N}\right)R_{\mathrm{a}} \tag{4-13}$$

式中，n和N分别代表实际日照时数(h)和理论日照时数(h)；R_{a}为太阳辐射［MJ/(m^2·d)］。

$$R_{\mathrm{a}}=\frac{24\times60}{\pi}\times0.0820\times d_{\mathrm{r}}(\omega_{\mathrm{s}}\sin\varphi\sin\delta+\cos\varphi\cos\delta\sin\omega_s) \tag{4-14}$$

式中，d_{r}为日和地相对距离；ω_{s}为太阳时角(rad)；φ为纬度(rad)；δ为太阳赤纬(rad)。

$$\omega_{\mathrm{s}}=\arccos(-\tan\varphi\tan\delta) \tag{4-15}$$

$$d_{\mathrm{r}}=1+0.033\cos\left(\frac{2\pi}{365}J\right) \tag{4-16}$$

$$\delta = 0.409\sin\left(\frac{2\pi}{365}J - 1.39\right) \tag{4-17}$$

$$N = \frac{24}{\pi}\omega_s \tag{4-18}$$

$$R_{nl} = 4.903\times10^{-9}\left[1.35\frac{\left(0.25+0.5\frac{n}{N}\right)}{0.75+2\times Z/100000} - 0.35\right](0.34-0.14\sqrt{ea})\left(\frac{{T_{\max k}}^4 + {T_{\min k}}^4}{2}\right) \tag{4-19}$$

式(4-16)和式(4-17)中，J为日序。式(4-19)中，$T_{\max k}$与$T_{\min k}$分别为日最高绝对温度和日最低绝对温度(K)。本书按逐日计算，由于土壤热能量值较小，故将其略，即G=0，则

$$\gamma = 0.00165P_a \tag{4-20}$$

$$p_a = 101.3\left(\frac{293-0.0065Z}{293}\right)^{5.26} \tag{4-21}$$

$$e_s = \frac{e^0(T_{\max}) + e^0(T_{\min})}{2} \tag{4-22}$$

$$e^0(T) = 0.6108\exp\left(\frac{17.27T}{T+237.3}\right) \tag{4-23}$$

$$e_a = e_s\frac{RH_{mean}}{100} \tag{4-24}$$

$$u_2 = u_z\left[\frac{4.87}{\ln(67.8Z-5.42)}\right] \tag{4-25}$$

式中，RH(relative humidity)为平均相对湿度(%)；P_a为大气压(kP_a)；$T_{\max}$和$T_{\min}$分别为极端最高温度和极端最低温度(℃)；u_z为距离地面Z米处的风速，一般取Z=10m。

根据上述算法，利用MATLAB编写M文件，计算1990年、2000年和2010年3期逐日的ET_0，然后统计分析。

2)土壤水分限制系数

土壤水分限制系数采用下列公式计算：

$$K_s = \begin{cases} 1 & \theta \geqslant \theta_c \\ \dfrac{\theta-\theta_s}{\theta_c-\theta_s} & \theta_s \leqslant \theta \leqslant \theta_c \\ 0 & \theta \leqslant \theta_s \end{cases} \tag{4-26}$$

式中，θ_c为土壤临界含水量；θ_s为土壤凋萎系数；θ为不同站点的土壤含水量，一般干旱区田间持水量在70%～80%(Seneviratne et al.，2010)。

2. 植被生长期ET_0年内及年际变化规律分析

根据前文所述计算流程，得出植被生长期内流域内各气象站逐日尺度的参考作物蒸发蒸腾量ET_0，4～10月植被蒸腾量较大，而11月到次年3月期间植被的蒸腾量很小，可以忽略不计(Tabari and Talaee，2011)，因此本次研究统计4～10月多年月平均ET_0(表4-7)。

表 4-7 玛纳斯河流域站点各月 ET_0 分布 单位：mm

站点	月份							合计
	4月	5月	6月	7月	8月	9月	10月	
石河子	75.308	116.453	140.681	136.180	118.447	71.973	31.641	690.413
克拉玛依	150.228	248.453	320.126	339.042	297.627	194.344	90.292	1640.112
乌鲁木齐	97.283	158.609	187.655	205.910	197.726	134.459	59.074	1040.716
蔡家湖	87.099	144.151	174.818	184.705	163.750	97.875	41.702	894.100
和布克赛尔	67.885	109.913	133.281	133.141	123.904	84.672	40.365	693.161

由表 4-7 可知，各气象站点植被生长期内 ET_0 分布不均匀，ET_0 最高一般发生在 6、7 月份，最小值在 10 月，其中 5～8 月份 ET_0 总和占整体的 75.05%～74.64%，各站点中，空间上存在差异，克拉玛依站明显大于其他站点，其次是乌鲁木齐，石河子最小。

分析 1980～2012 年玛纳斯河流域各站植被生长期变化趋势，1992 年是个转折点，1992 之前呈下降态势，1992 年之后呈上升趋势发展。除克拉玛依站和和布克赛尔站外，其他站点后 20 年上升幅度均大于前 10 年的下降幅度，克拉玛依站和和布克赛尔站分别减少了 535.924mm 和 45.350mm，石河子站增加得最多，为 149.253mm。从空间上看，南部增加，北部减小。

3. 逐日尺度流域 ET_0 空间分布

为了解整个流域 ET_0 空间分布状况，利用 ArcGIS10.1 里空间分析工具，对已有流域内及周边站点 ET_0 值采用克里金插值法进行插值，得到整个流域 ET_0 空间分布，本次研究的时间序列为 1990～2010 年，根据研究需要计算出 1990 年、2000 年以及 2010 年 3 期 ET_0 空间分布图(图 4-5)。

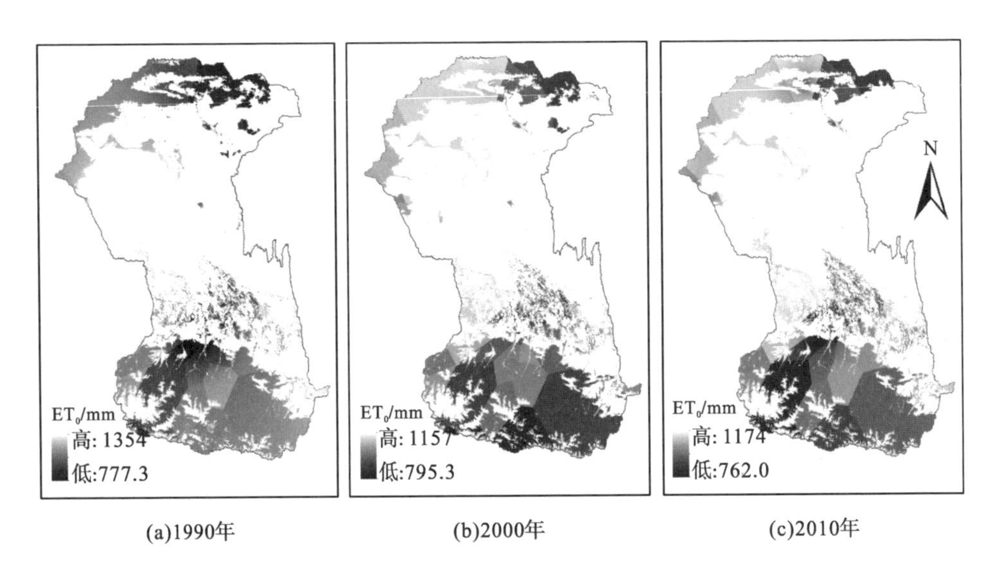

图 4-5 玛纳斯河流域天然植被 ET_0 空间分布图

从 ET_0 空间分布可以看出，中部平原的西北部的 ET_0 要高于其他地方，山区植被参考作物蒸腾量在不同区域存在差异，西南的山区偏低。山区是草地和林地的聚集地，蒸腾量主要集中在山区，也将是流域生态需水的重要组成部分。从时间上看，无论在山区还是平原区，2000～2010 年期间，ET_0 变化幅度要小于 1990～2000 年，在中部平原西北部 ET_0 较高的区域，玛纳斯河周围的植被斑块急剧减少，这是由于上游截流灌溉，河流断流所致，使得下游植被的生长受到影响。

4.2.2　植被与土壤相关参数的确定与分析

1. 土壤水分限制系数 K_S 的确定

计算土壤水分限制系数 K_S 需要土壤含水量的实测数据，由于缺乏该数据，所以利用土壤含水量与蒸发和降水的关系来确定，利用周景春等(2007)提出的经验公式(表 4-8)，并结合玛纳斯河流域及周边气象站点实测数据中的降水量和蒸发量，计算土壤含水量。首先根据经验公式估算 0～10cm、10～20cm、20～30cm、30～40cm 和 40～50cm 共 5 个土层的土壤含水量，然后求得该地区的平均值。

表 4-8　不同深度土层土壤含水量计算经验公式

土层深度/cm	经验公式
0～10	Y=14.218+0.404y_0+0.076P−0.147T
10～20	Y=11.955+0.476y_0+0.046P−0.086T
20～30	Y=8.329+0.623y_0+0.029P−0.052T
30～40	Y=7.563+0.679y_0+0.031P−0.041T
40～50	Y=10.843+0.592y_0+0.042P−0.049T

表中，y_0 为基期土壤含水量；P 为期间降雨量；T 为期间蒸发量。

将土壤凋萎系数(θ_s)取为 7.7%，土壤临界含水量(θ_c)取为 14.5%，结合表 4-8 经验公式计算土壤含水量 θ，利用式(4-26)计算得出各站点的土壤水分限制系数 K_s，将各个站点处 K_s 取多年平均值作为该地区的土壤水分限制系数，如表 4-9 所示。再利用 ArcGIS 10.1 软件的空间分析功能对其进行插值，得到玛纳斯河流域的土壤水分限制系数多年平均值的空间分布情况，作为了解该地区土壤水分限制系数的依据。

表 4-9　流域及周边气象站点土壤水分限制系数值

站点名	土壤水分限制系数	站点名	土壤水分限制系数
哈巴河	0.372	精河	0.386
吉木乃	0.379	乌苏	0.374
福海	0.384	石河子	0.389
阿勒泰	0.384	奇台	0.375

续表

站点名	土壤水分限制系数	站点名	土壤水分限制系数
富蕴	0.383	伊宁	0.389
塔城	0.387	乌鲁木齐	0.371
和布克赛尔	0.379	焉耆	0.374
青河	0.392	吐鲁番	0.366
托里	0.395	轮台	0.372
克拉玛依	0.393	库车	0.358
温泉	0.392	库尔勒	0.358

从表 4-9 中可以看出，土壤水分限制系数值变化幅度较小，各站点的多年平均值在 0.358～0.395 变化。流域西北部的托里的土壤水分限制系数最大，而南部的库车和库尔勒最小。将各站的土壤水分限制系数进行插值、裁剪，得到流域的土壤水分限制系数空间分布图如图 4-6 所示。

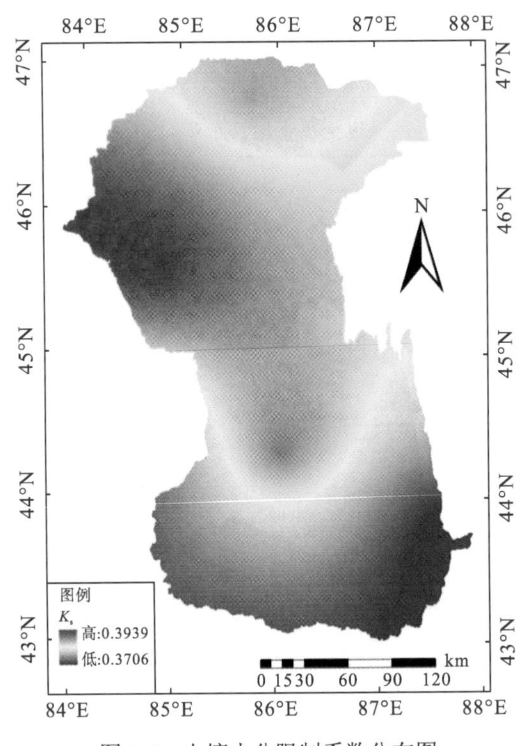

图 4-6 土壤水分限制系数分布图

玛纳斯河流域土壤水分限制系数的多年平均值呈现出由南向北逐渐增大的趋势，南部为山区，北部大多区域为沙漠，降雨少，蒸发大，土壤水分限制系数要高，因此变化趋势与实际相符。但在北端的和布克赛尔地区，出现与整体趋势不符的较小值，该地区位于阿勒泰山脚，雨水充沛，因此出现异常。南部山脉位于天山中段，是流域重要的水资源来源，北部大部分是裸地，所以水资源空间分布差异也导致了南低北高的现象。

2. 植物系数 K_c 的确定

植物系数 K_c 是指生长期内植被的生态需水量与潜在的蒸散量的比值，它综合反映了很多因素对植被需水量的影响(Fisher et al.，2011)。在没有水分压制的情况下，FAO 提出了计算植物系数的两种方法：双植物系数法和单植物系数法。刘钰和 Pereira(2000)针对植物系数的计算研究表明，在没有实测资料的区域，也可以利用上述方法计算干旱区的植物系数。本书植物系数的计算选用 FAO 推荐的单植物系数法，将流域的天然植被分为草地、灌木和乔木，根据干旱区植被生长习性将三类植被高度分别设为 0.2m、1.5m 和 10m，利用 4.1 节解译出的土地利用分类，提取出草地、灌木和乔木。

单植物系数法把植被整个生长期分为初始期、发育期、中期和成熟期，前 2 个生长期的植物系数为 K_{cini}，中期和成熟期的植物系数分别是 K_{cmid} 和 K_{cend}，结合各个站点的气象资料，计算出流域及周边区域的三类天然植被的不同生长期的植物系数，根据植物系数与日平均 ET_0 以及土壤湿润频率三者的关系图(图 4-7)计算 K_{cini} 值。

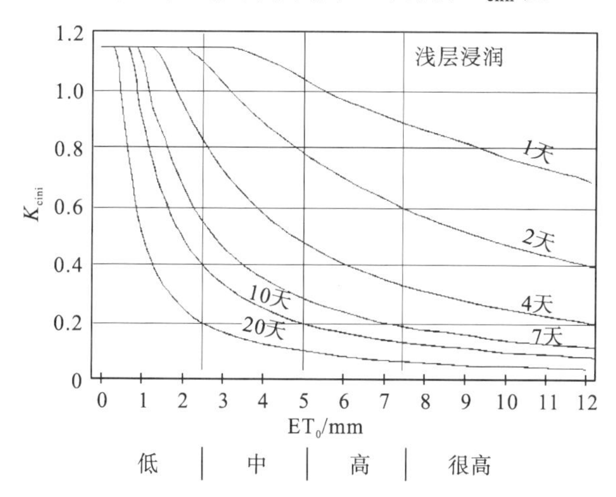

图 4-7　生长初期植物系数图(Allen，1998)

植物生长中期的 K_{cmid} 可以利用式(4-27)计算：

$$K_{cmid} = K_{cmid(Tab)} + [0.04(u_2 - 2) - 0.004(RH_{min} - 45)]\left(\frac{h}{3}\right)^{0.3} \tag{4-27}$$

式中，$K_{cmid(Tab)}$ 是 FAO 推荐的标准值；RH_{min} 为最小相对湿度；h 为植物高度；u_2 为两米高处风速；其取值范围分别为：$20\% \leqslant RH_{min} \leqslant 80\%$，$0.1m \leqslant h \leqslant 10m$，$1m/s \leqslant u_2 \leqslant 6m/s$。式(4-27)也可计算成熟阶段的植物系数，只需将 $K_{cmid(Tab)}$ 替换成相应的 $K_{cend(Tab)}$，式中 RH_{min} 用式(4-28)计算。

$$RH_{min} = \frac{e^0(T_{min})}{e^0(T_{max})} \times 100 \tag{4-28}$$

结合当地的气象资料进行相关计算，得到玛纳斯河流域及周边站点三类植物生长期 4～10 月植物系数如表 4-10～表 4-12 所示。

表 4-10 流域及周边气象站点草地植物系数

站点名	4月	5月	6月	7月	8月	9月	10月
哈巴河	0.59	0.69	0.88	0.97	0.97	0.76	0.49
吉木乃	0.84	0.89	0.94	0.99	0.99	0.78	0.74
福海	0.69	0.78	0.87	0.97	0.97	0.76	0.59
阿勒泰	0.69	0.78	0.86	0.96	0.96	0.75	0.59
富蕴	0.63	0.74	0.88	0.98	0.98	0.78	0.53
塔城	0.78	0.86	0.90	0.96	0.96	0.75	0.68
和布克赛尔	0.65	0.74	0.85	0.96	0.96	0.76	0.55
青河	0.70	0.78	0.85	0.96	0.96	0.75	0.6
托里	0.72	0.79	0.86	0.96	0.96	0.76	0.62
克拉玛依	0.52	0.63	0.79	0.97	0.97	0.76	0.42
温泉	0.68	0.74	0.85	0.95	0.95	0.75	0.58
精河	0.60	0.72	0.86	0.95	0.95	0.75	0.5
乌苏	0.68	0.78	0.84	0.95	0.95	0.75	0.58
石河子	0.68	0.78	0.84	0.95	0.95	0.74	0.58
奇台	0.52	0.63	0.8	0.98	0.98	0.77	0.42
伊宁	0.81	0.86	0.9	0.95	0.95	0.75	0.71
乌鲁木齐	0.58	0.68	0.84	0.95	0.95	0.75	0.48
焉耆	0.35	0.54	0.73	0.96	0.96	0.75	0.25
吐鲁番	0.23	0.46	0.62	0.94	0.94	0.74	0.13
轮台	0.21	0.46	0.63	0.95	0.95	0.74	0.11
库车	0.30	0.51	0.72	0.95	0.95	0.75	0.20
库尔勒	0.20	0.43	0.66	0.96	0.96	0.75	0.10

表 4-11 流域及周边气象站点灌木植物系数

站点名	4月	5月	6月	7月	8月	9月	10月
哈巴河	0.59	0.74	1.05	1.20	1.20	1.00	0.61
吉木乃	0.90	0.94	1.01	1.05	1.05	0.85	0.63
福海	0.69	0.77	0.93	1.01	1.01	0.81	0.61
阿勒泰	0.67	0.76	0.93	1.01	1.01	0.81	0.60
富蕴	0.65	0.75	0.94	1.03	1.03	0.83	0.63
塔城	0.83	0.87	0.96	1.00	1.00	0.80	0.62
和布克赛尔	0.65	0.74	0.92	1.01	1.01	0.81	0.61
青河	0.71	0.79	0.94	1.01	1.01	0.81	0.60
托里	0.74	0.81	0.94	1.01	1.01	0.81	0.62
克拉玛依	0.52	0.65	0.90	1.03	1.03	0.83	0.61
温泉	0.78	0.84	0.95	1.01	1.01	0.81	0.61
精河	0.62	0.71	0.90	0.99	0.99	0.79	0.59
乌苏	0.73	0.82	1.00	1.09	1.09	0.89	0.59
石河子	0.77	0.83	0.94	0.99	0.99	0.79	0.60

续表

站点名	4 月	5 月	6 月	7 月	8 月	9 月	10 月
奇台	0.56	0.68	0.92	1.04	1.04	0.84	0.63
伊宁	0.86	0.90	0.97	1.00	1.00	0.80	0.61
乌鲁木齐	0.69	0.77	0.92	1.00	1.00	0.80	0.59
焉耆	0.40	0.55	0.85	1.00	1.00	0.80	0.60
吐鲁番	0.25	0.43	0.80	0.98	0.98	0.78	0.59
轮台	0.22	0.41	0.79	0.98	0.98	0.78	0.58
库车	0.30	0.47	0.82	0.99	0.99	0.79	0.59
库尔勒	0.20	0.40	0.80	1.00	1.00	0.80	0.60

表 4-12　流域及周边气象站点乔木植物系数

站点名	4 月	5 月	6 月	7 月	8 月	9 月	10 月
哈巴河	0.59	0.77	1.04	1.13	1.13	1.06	0.99
吉木乃	0.90	0.99	1.13	1.18	1.18	1.08	0.97
福海	0.69	0.83	1.05	1.12	1.12	1.05	0.98
阿勒泰	0.67	0.82	1.04	1.11	1.11	1.03	0.95
富蕴	0.65	0.82	1.08	1.16	1.16	1.06	0.95
塔城	0.83	0.92	1.06	1.11	1.11	1.04	0.96
和布克赛尔	0.65	0.81	1.04	1.12	1.12	1.03	0.94
青河	0.71	0.84	1.04	1.11	1.11	1.03	0.94
托里	0.74	0.87	1.07	1.13	1.13	1.05	0.96
克拉玛依	0.52	0.73	1.04	1.14	1.14	1.04	0.94
温泉	0.78	0.89	1.06	1.11	1.11	1.02	0.92
精河	0.62	0.77	1.00	1.08	1.08	1.00	0.91
乌苏	0.73	0.85	1.03	1.09	1.09	1.02	0.94
石河子	0.77	0.88	1.04	1.09	1.09	1.01	0.93
奇台	0.56	0.76	1.06	1.16	1.16	1.09	1.01
伊宁	0.86	0.94	1.07	1.11	1.11	1.04	0.96
乌鲁木齐	0.69	0.82	1.02	1.09	1.09	1.01	0.92
焉耆	0.40	0.63	0.98	1.09	1.09	1.03	0.97
吐鲁番	0.25	0.52	0.93	1.07	1.07	0.99	0.91
轮台	0.22	0.50	0.93	1.07	1.07	1.00	0.92
库车	0.30	0.56	0.96	1.09	1.09	1.01	0.93
库尔勒	0.20	0.50	0.95	1.10	1.10	1.03	0.96

从表 4-10～表 4-12 中可看出，在植被生长初期(4～5 月)，草地植物系数的变化范围为 0.20～0.89，灌木和乔木的植物系数变化情况相同，范围为 0.20～0.99；在植被生长中期(6～8 月)，三类作物的植物生长系数变化都比较小，7、8 月份达到全年生长期的最大值，在植被生长末期(9～10 月)，植物系数都减小，草地的减小幅度最大，乔木和灌木减小得较少。

在同一个生长阶段，不同类别的植被的植物系数也有明显差异。在植被生长初期和中期，草地的植物系数比乔木和灌木的要小；在植被生长中期，乔木的植物系数与灌木的差不多；在植被生长末期，灌木和草地的植物系数差异不大，都明显小于乔木的植物系数。

对已有的站点进行空间插值，用玛纳斯河流域边界裁剪，得到三类植被不同月份的植物系数空间分布，从而为其他流域的植物系数估算提供参考，也为后文天然植被的生态需水做了数据准备。现将各类植被逐月插值后的空间分布图相加，得到逐年的植物生长系数空间分布图(图 4-8)。

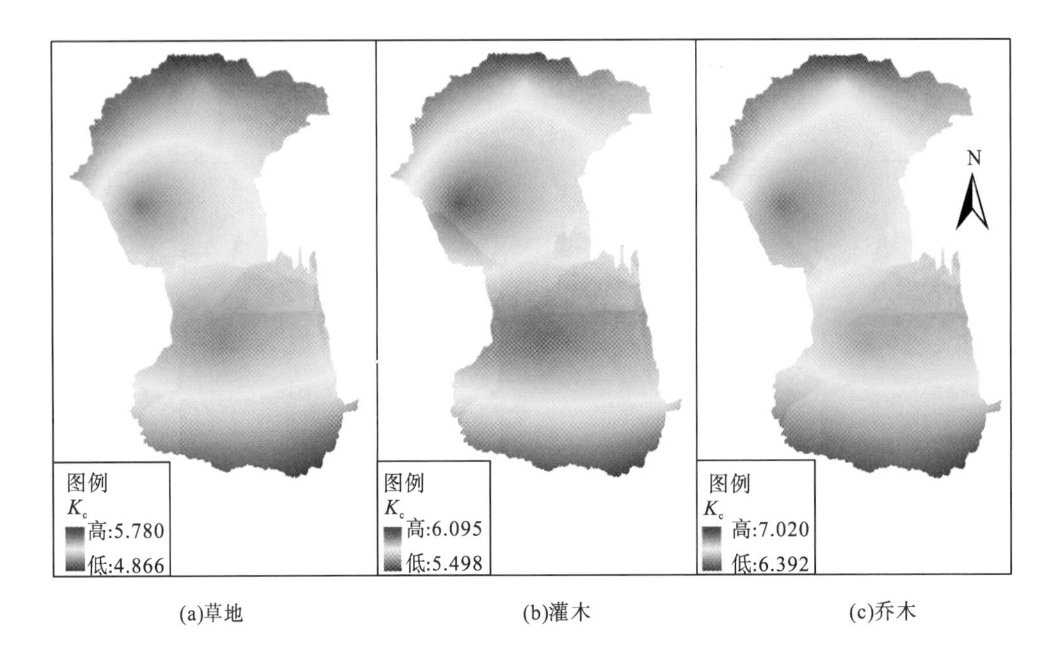

(a)草地　(b)灌木　(c)乔木

图 4-8　不同植被年植物系数图

可以看出，三类植被的植物系数在空间上变化大体一致，靠北部的裸地植被稀疏，抗旱性强，需水少，可以看出明显小于其他地方，与土壤水分限制系数 K_s 变化趋势相反。由式(4-27)和式(4-28)可知植物系数与风速和最小相对湿度有关，与风速成正比，与最小相对湿度成反比，也验证了山区的植物系数偏低，中部平原区偏高，因此，图 4-8 中各类植被植物系数分布是合理的。

4.2.3　天然植被生态需水量的计算

1. 计算原理及方法

本书选择植被生态需水量定义：在特定的环境下，为了维持生态环境的健康发展或天然植被的正常生长所要的生态需水量(Jenerette et al.，2011)。生态需水定额：单位时间单位面积的植被正常生长所需的水量。由各类植被面积分别乘以不同植被在单位面积上的需水量，最后相加得到整个流域的生态需水定额的空间分布，对于缺乏实际测量数据的情况，研究大区域的生态需水可提供很好的借鉴。

本书植被生态需水量的计算根据以下计算流程(图 4-9)，在 ArcGIS 10.1 里建好模型，输入可变量，理顺逻辑关系，最终得到所需要的结果。

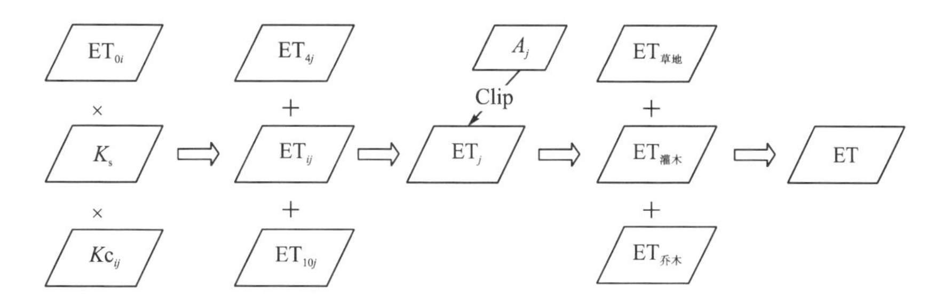

图 4-9　生态需水量计算流程

i=4、5、6、7、8、9、10，代表生长期内各月；j 为草地、灌木和乔木等各种植被类型

关于生态需水量的计算，许多学者对植被的生态需水有着自己的理解，从而给出的定义也有差异(夏军等，2002；胡广录和赵文智，2008)，胡广录和赵文智(2008)综合了多数学者的研究，对植被的生态需水建立了统一的概念体系，推动了植被生态需水量的进一步研究。植被生态需水量的计算，由植被生长期内的生态需水定额乘以相应植被的面积获得，计算公式如下：

$$\mathrm{VEWR}_j = 10^{-3} \times \mathrm{ET}_j \times A_{pj} \tag{4-29}$$

式中，VEWR_j 和 ET_j 分别为第 j 类植被的生态需水量(m^3)和生长期内的生态需水定额(mm)；A_{pj} 为第 j 类植被的面积(km^2)，可以将矢量图层转栅格，乘以 ET_j 栅格图层，空间上每个像元代表该地区的生态需水量。

2. 植被生态需水计算

计算玛纳斯河流域 1990 年、2000 年和 2010 年 3 期天然植被的生态需水的空间分布。从计算的逐月生态需水看出，各种类型的生态需水均集中在 6～8 月份，占植被生长期全部需水量的 65%左右，其中 4 月和 10 月的生态需水量较低。在同一个地区，不同类型植被的生态需水也存在差异，以 2010 年为例，乔木生态需水最高，为 294.485～451.416mm，草地生态需水最低，为 245.299～355.727mm，而灌木处于二者之间。

图 4-10 表明，流域植被生态需水主要集中在天山中段山区，山区的生态需水定额明显低于中部的平原区，山区中的乔木高于周围的草地。北部连续的廊道(河流周围植被)镶嵌在整个流域景观类型中，使得生态需水不同程度地呈现带状(廊道)结构特征。裸地中出现零星的植被，主要原因是地下水溢出，有利于植被的生长。从时间序列上看，明显变化的是中部平原区，尤其在 2010 年，植被的斑块数减少明显，1990～2010 年生态需水在逐年减少，而北部山区和荒漠区生态需水变化较小，统计结果见表 4-13。

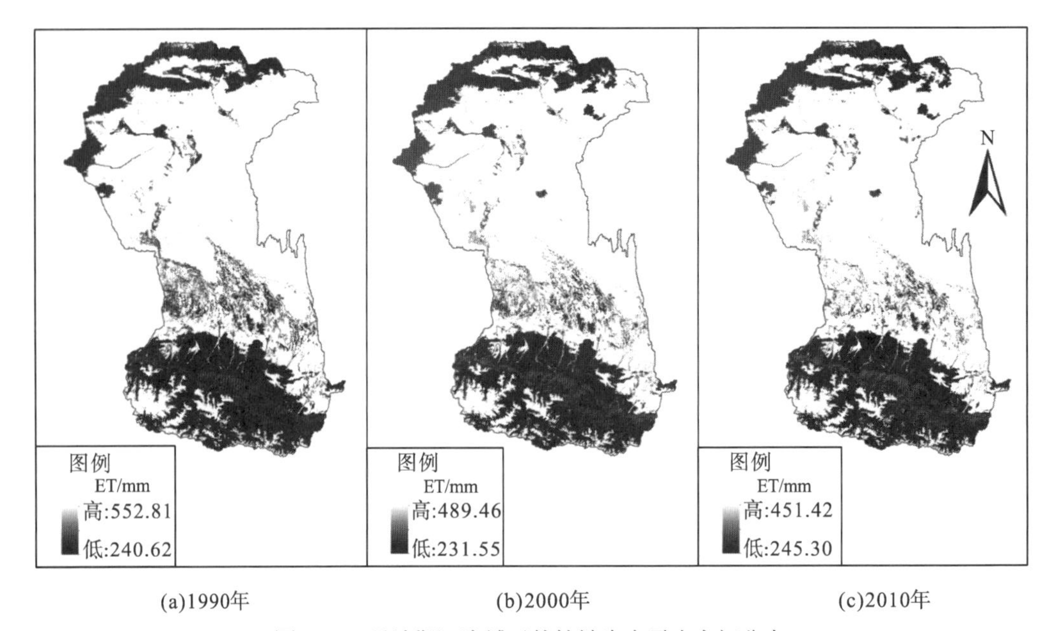

(a)1990年 (b)2000年 (c)2010年

图 4-10 玛纳斯河流域天然植被生态需水空间分布

表 4-13 生态需水量统计

类型	1990 年		2000 年		2010 年	
	面积/km^2	需水量/万 m^3	面积/km^2	需水量/万 m^3	面积/km^2	需水量/万 m^3
草地	27105.23	775942.44	27095.54	762261.22	25117.69	716964.89
乔木	2186.70	74393.97	2250.84	67076.01	1975.16	68438.88
灌木	374.06	12061.72	327.02	9697.90	317.70	10162.34
合计	29665.99	862398.14	29673.41	839035.13	27410.55	795566.10

从表 4-13 中反映，面积的变化对生态需水有一定的影响，但不是主要因素，1990～2000 年期间，草地的面积变化不大，但生态需水量减少了 $13681.22\times10^4m^3$。生态需水量呈现出草地＞乔木＞灌木的形势，而且相差幅度比较大。1990～2010 年，草地生态需水量逐渐减少，乔木和灌木波动变化，总体上呈减小趋势。

利用图 4-10，借助 ArcGIS10.1 软件中空间分析工具用三期空间分布图的后一期数据减去前一期数据便可得到生态需水动态变化图(图 4-11)。

图 4-11 能够直观反映天然植被生态需水的空间变化，从空间上看，南部山区生态需水主要以增加为主，而中部平原区呈相反的趋势，北部荒漠区大部分是戈壁和沙漠，变化值为 0。出现较大或较小值表示植被的增加和减小。从时间上看，1990～2000 年的变化幅度显然要大于 2000～2010 年，南部山区整体的变化趋势存在差异，1990～2000 年是前后期生态需水量增加幅度大于中段。平原区中部也有所增加。2000～2010 年，生态需水量由南向北逐渐由增加变为减少，平原区西边区域减少得尤为明显。1990～2010 年的变化更能体现出山区和平原区变化趋势相反的特点。

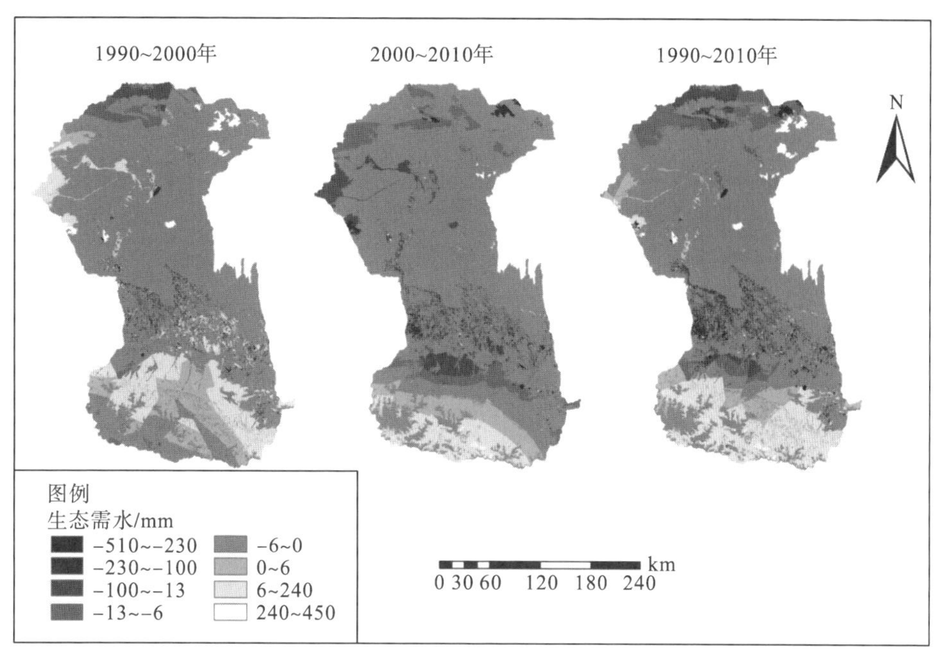

图 4-11　玛纳斯流域天然植被生态需水动态变化图

4.2.4 生态需水量的验证

本书在计算天然植被生态需水的过程中，有的系数缺少实测而采用经验公式获得，在尺度转化过程中也存在误差，为了对前文植被的生态需水的计算结果进行验证，本书采用 MODIS 数据反演的 ET 进行对比分析。MODIS 数据反演生态需水已在很多国家得到应用（Cammalleri et al.，2013），反演的精度也得到了验证，估算误差在 4%左右。以 MODIS 数据反演的 ET 为标准值，采用 FAO56 Penman-Monteith 法计算植被的生态需水结果如下（图 4-12）。

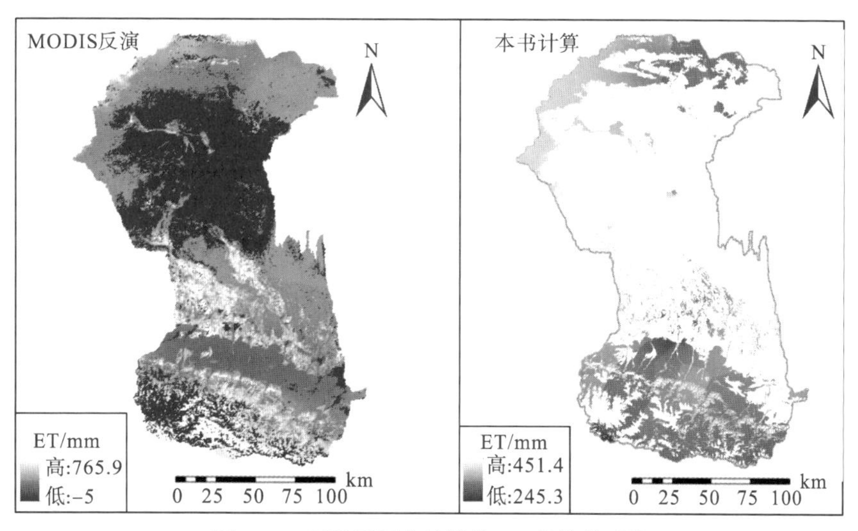

图 4-12　两种不同方法计算 ET 的结果对比

对于图 4-12，需要说明的是，用 MODIS 反演植被的生态需水量，由于没有区分天然植被与非天然植被区域，所以在裸地会出现负值，本书只针对天然植被，不考虑其他地方的生态需水量。从整体上看，两种不同方法计算的 ET 在空间上的大小分布比较相近。以 2010 年数据为例，按照不同的植被类型区域分别随机采样，然后再反演和计算出栅格数据，计算出草地、乔木和灌木区域的误差百分比，可以比较不同类型的植被生态需水精度的差异。

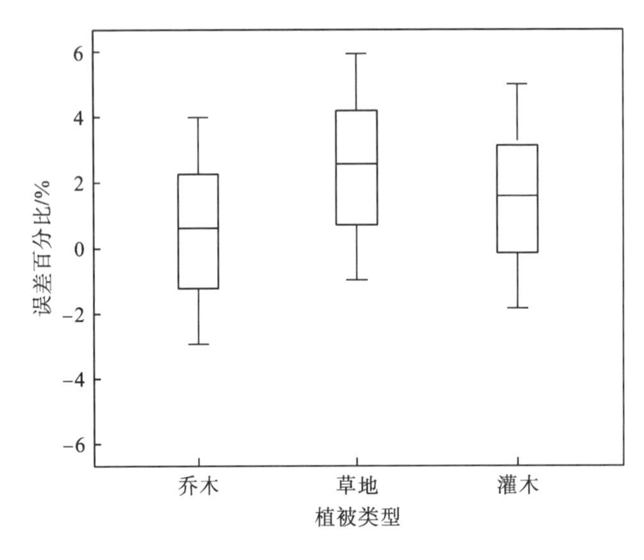

图 4-13 各种植被生态需水误差百分比箱型图

由图 4-13 可知，计算出的植被生态需水的验证误差在–3%～6%，从中位数的角度上看，误差在 0～3%，说明本书计算的生态需水较为合理，与 MODIS 反演的值相差不大。从不同类型植被上看，草地的误差要大于乔木和灌木，乔木的误差最小。这可能与干旱区草地的覆盖度不同有关，本书解译出来的草地在空间覆盖度上存在差异，尤其是山区与平原地区，会影响到生态需水定额，而 MODIS 反演考虑了这一点。乔木主要集中在山区，平原很少，空间上差异小，解译的精度也较高，所以误差最小。MODIS 数据反演的 ET 空间分辨率为 1km，也存在一定的误差，通过这两种方法的对比看出，本书计算的误差在允许的范围内，对开展大尺度的研究影响很小。

4.3 玛纳斯河流域生态需水变化与景观格局的响应关系

4.3.1 流域生态缺水评价

大气降水和山区冰川融水是玛纳斯流域水资源的主要来源，水资源是影响流域景观格局变化的关键因素，然而对于天然植被而言，其所需的用水主要来源于降雨和地下水，如果生态耗水小于生态需水，将影响到植被的景观格局，如果降雨过多，生态耗水等于生态需水，将有利于天然植被的生长，同样影响到植被的景观格局。因此，在研究生态需水与景观格局响应关系前，先分析自然条件下不同区域生态需水的满足情况。

为了明确流域不同区域生态需水的满足情况，本章以 2010 年数据为例，首先了解植被生态缺水的空间分布。对于生态缺水的计算，史海滨等(2006)提出可以修正降雨资料计算出有效降雨量 P_e，计算公式为

$$P_e = \alpha P \tag{4-30}$$

式中，P 为站点实测降雨量；α 为降雨入渗系数(当一次降雨小于 5mm 时，α=0；当一次降雨在 5～50mm 时，α=1；当一次降雨大于 50mm 时，α=0.7～0.8)。本书研究区在干旱区，降雨不会很大，α 取 1。

根据 4.2 节算出单位面积植被生态需水量 ET，结合 4～10 月的有效降雨量 P_e，可得出各类植被生育期内单位面积上的生态缺水量，计算公式如下：

$$Q = \mathrm{ET} - P_e \tag{4-31}$$

图 4-14 为研究区 2010 年天然植被生态缺水分布图。由图 4-14 可知，南部和中北部呈现出两种完全不同的分布，降雨能够满足山区的植被生态需水，其他区域都出现不同程度的生态缺水，北部缺水最严重。那么在生态需水的满足或不满足区域，生态需水变化与不同区域景观格局有什么关系，是本章讨论重点。依据 2010 年生态缺水分布图(图 4-14)，本书在研究区选 2 个典型区，一个是上游的山区，另一个是以新湖总厂、芳草湖总厂和 106 团为整体组成的中游绿洲区。

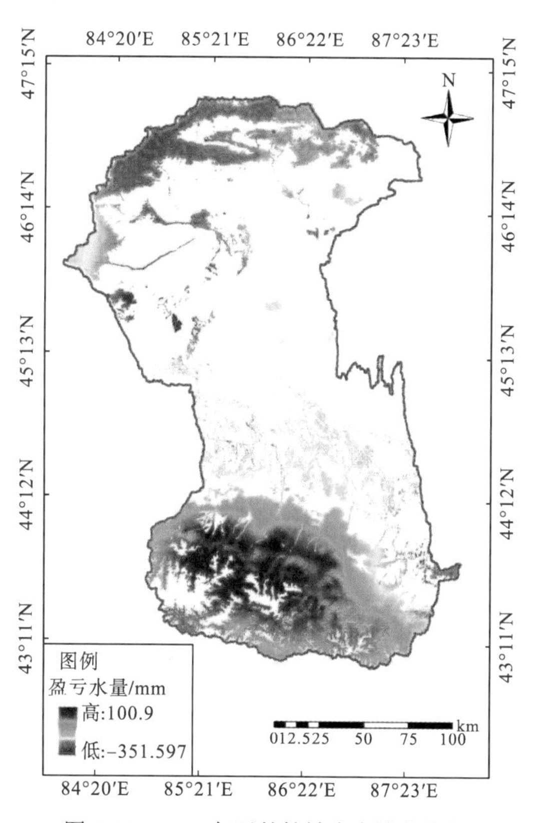

图 4-14　2010 年天然植被生态缺水分布

4.3.2 上游山区生态需水变化与景观格局关系

山区植被主要包括草地和林地，气候湿润，降雨充沛，人类活动少，自然性显著，大部分区域不存在生态缺水情况，只有少量的乔木存在生态缺水，所以，山区天然植被的生态需水量近似等于生态耗水量，耗水量影响到天然植被的生长状况，而植被的覆盖类型也直接影响到草地和林地的生态需水，二者存在密切的关系，本小节中植被生态耗水即生态需水。

1. 生态需水与面积变化关系

根据图 4-14 生态缺水分布图，确定上游山区降雨满足天然植被生态需水的边界，因此本书探讨满足生态需水且人类活动影响较小情况下，生态需水与景观格局的关系。

对图 4-1 和图 4-10 裁剪出所研究的区域进行统计(图 4-15)，可以看出，山区的草地和林地都是先减少后增加，生态需水也相应地先减少后增加。山区中，植被中草地面积占到 90%左右，草地的生态需水占植被的 85%左右，草地是生态系统的主要类型，在 1990～2010 年的 20 年里，草地的面积和生态需水变化虽然不是很大，但在前十年和后十年变化幅度大，尤其是 2000～2010 年，面积增加了 86.71km^2，生态需水量增加了 2924.62 万 m^3，从图 4-15 中面积变化和生态需水变化趋势上看，生态需水量的变化影响到草地的面积变化，而面积的变化也影响到生态需水量的多少，由此可见二者关系显著。与其相反，林地前十年与后十年面积和生态需水量变化虽然都同时减少和增加，但前后幅度不一致，所以出现 20 年里林地面积增加了 2.02km^2，但生态需水量减少了 6884.48 万 m^3 的情况，生态需水量主要受山区气候影响比较大。由图 4-15 中看出，林地面积增加的多少对生态需水量影响不大，生态需水量减少多少对面积影响不大，其影响显著小于草地。

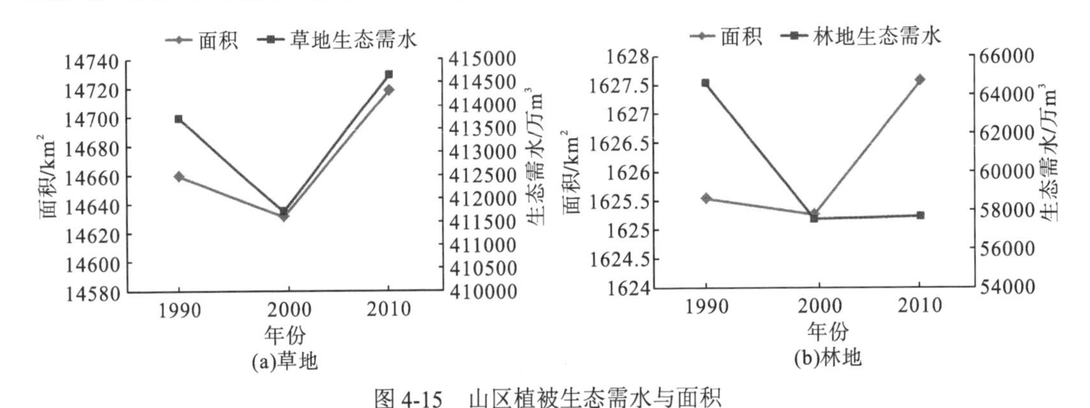

图 4-15 山区植被生态需水与面积

2. 生态需水与景观指数关系

1) 生态需水与植被类型指数关系

前文分析玛纳斯流域景观由于草地被任意开垦造成优势度下降，多样性升高，趋于分离、破碎化方向发展。然而在山区生态需水变化的情况下，景观格局有什么变化，有待进一步探讨。计算方法和选用的指数与 4.1 节一样，本章景观指数同样也在 Fragstats 3.4 软件中完成。

聚集度指数能够反映斑块的空间格局变化，从草地和林地的聚集度指数与生态需水关系(图 4-16)可以看出，生态需水与聚集度指数都成正相关，相关性都较高。随生态需水的变化，天然植被的聚集度程度都先减小、后增加。从 20 年的变化上看，草地的聚集度增加了 0.067，林地的聚集度减少了 0.01，说明生态需水的变化对草地的聚集度影响要大于林地，这与在同一个区域，草地的生态需水定额小于林地有关。

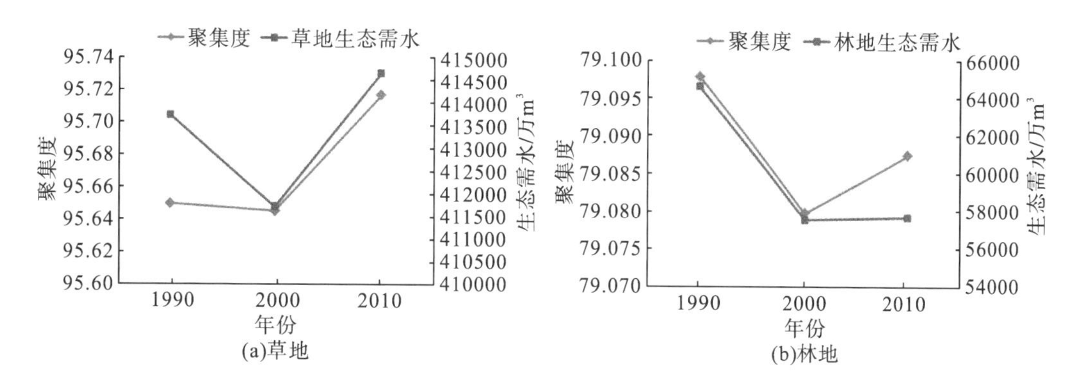

图 4-16　山区植被生态需水与聚集度指数

其他的景观指数见表 4-14，从最大斑块指数看出，草地的变化趋势和生态需水保持一致，草地生态耗水量的增加有利于斑块在空间呈连片的趋势，连通度指数升高也同样说明这一趋势；而林地的最大斑块指数与生态需水量变化趋势相反，生态耗水量的变化对斑块面积的变化驱动力小，这与上文林地生态需水与面积关系的结论相互验证。

表 4-14　山区植被类型水平上景观指数

年份	草地			林地		
	斑块数(NP)	最大斑块指数(LPI)	形状指数(LSI)	斑块数(NP)	最大斑块指数(LPI)	形状指数(LSI)
1990	1484	68.2867	59.4641	2259	0.4491	94.3917
2000	1479	68.2703	59.5229	2240	0.5383	94.4359
2010	1445	68.5509	58.6895	2258	0.4491	94.4470

2) 生态需水与整体景观格局指数关系

从整个景观水平格局上看(表 4-15)，香农多样性指数、聚集度指数等在 1990～2000 年变化很小，而在 2000～2010 年变化更为明显。从植被生态需水量上看(图 4-16)，草地在前十年生态需水的减少量要小于后十年。与林地变化相反，对整个景观格局的变化，草地的生态耗水的变化与景观格局有着密切的关系。后十年草地的生态耗水量增加了 2924.62 万 m^3，面积增加了 86.71km^2，导致整体景观优势度下降，聚集度升高。

表 4-15 山区景观水平上景观指数

年份	斑块数(NP)	最大斑块指数(LPI)	边缘密度(ED)	分离度指数(SPLIT)	香农多样性指数(SHDI)	聚集度(AI)
1990	7514	68.2867	15.843	2.1357	1.031	92.8662
2000	7453	68.2703	15.8525	2.1372	1.0311	92.8621
2010	7573	68.5509	15.8259	2.1195	1.0219	92.8738

为了进一步分析上游山区生态需水与景观格局的时空演变的关系，明确生态需水量在空间上与景观指数的关系，以 2010 年数据为例，利用 4.1 节中计算的景观格局香农多样性指数(SHDI)与蔓延度指数(CONTAG)空间分布的栅格数据(图 4-4)和生态需水空间分布图(图 4-10)，在 ArcGIS 里随机取点，用空间分析工具在图 4-17 中的数据中取值统计分析，研究二者的关系。

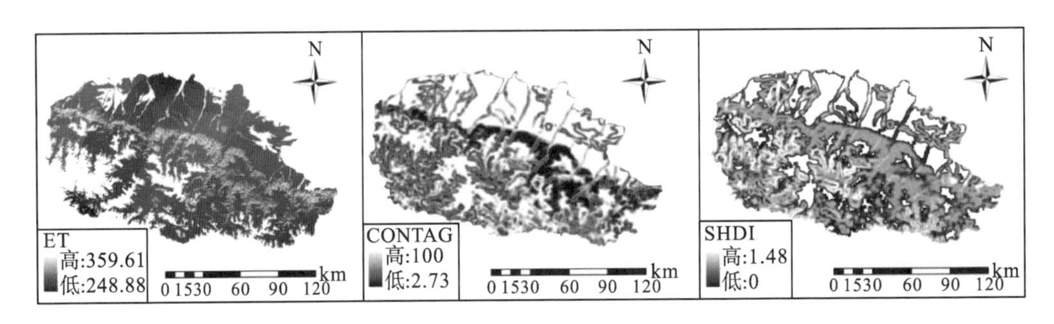

图 4-17 山区植被生态需水与景观格局指数空间分布图

根据取出的值作散点图(图 4-18)，从图中分析可以得出：①生态需水在 260～300mm 聚集的点最多，其次是 330～360mm，由于草地的面积占到整个山区面积的 90%，且草地的生态需水定额要小于乔木和灌木，显然聚集点最多的区间是草地，山区中的林地大部分是乔木和少量的灌木，所以在 330～360mm 区间的是乔木，介于二者之间的是灌木；②山区中不同区域的景观格局差异也很大，不同类型的植被也不同，山区大部分草地是单一、均质和连续的整体，使该区域的香农多样性指数较低，蔓延度指数偏高，其中草地区域的离散点上下接近一条直线，这与山区存在大面积的连通草地有关，从而出现香农多样性指数等于 0，蔓延度指数等于 100 的现象。而乔木的景观格局与草地相反，景观复杂，存在异质和不连续的斑块镶嵌体，乔木周围的香农多样性指数偏高，蔓延度指数偏低，灌木介于二者之间；③本书的取点是随机的，空间上随着生态耗水量增加，植被香农多样性指数上升，蔓延度指数下降的趋势，这是因为生态需水定额增加，植被对地形、地质等生长要素要求高，就会出现很多不连续的植物，从而导致蔓延度下降，香农多样性指数上升。

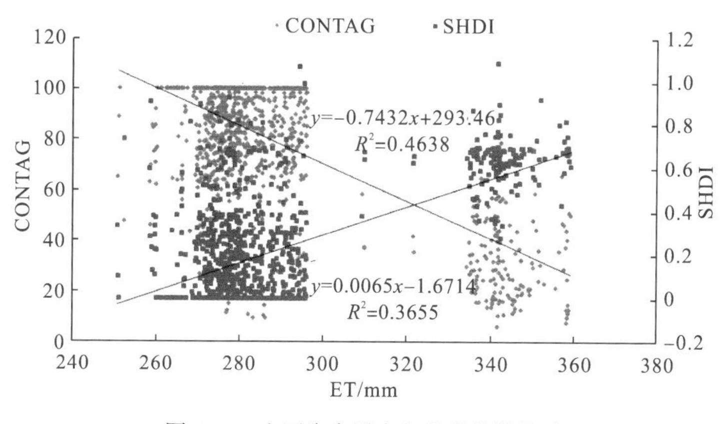

图 4-18　山区生态需水与景观指数关系

以上从空间上研究生态需水与景观格局的关系，在1990～2010年的20年里，同一区域的生态耗水定额变化对周围的景观格局将产生什么影响，为此，利用1990年和2010年两期山区数据，对两期的生态需水和景观指数的栅格数据分别作差，分析两者的变化。

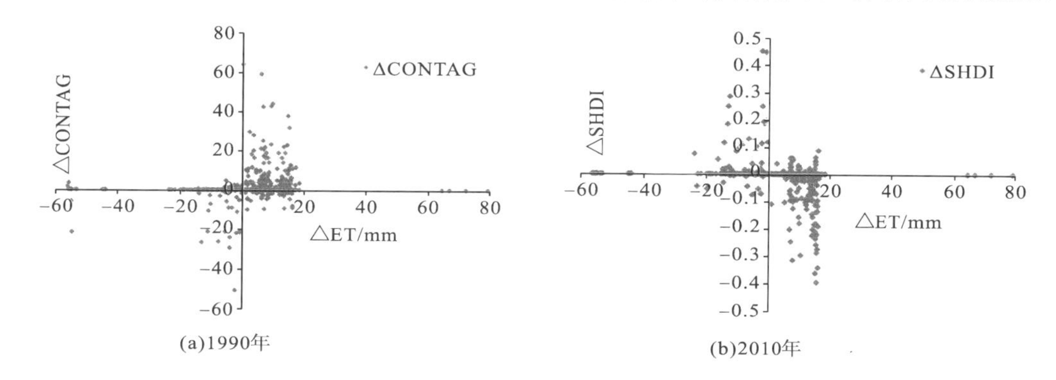

图 4-19　山区生态需水变化与景观格局变化

由图4-19可以看出，很多点集中在横坐标上，说明随着生态需水的变化，山区很多区域的景观没发生很大改变，自然性的改变还是很小。生态需水的变化区间主要集中在-20～20mm，横坐标轴两端出现生态耗水变化幅度大的点，可以判断出前者是草地的生态耗水变化区间，后者是林地的，可以得出草地生态需水的变化对景观格局的影响要大于林地的结论。生态需水增加与减少对景观格局有着不同的影响，导致点在图上的分布区域不同。从变化趋势上得出，生态需水增加，周边的景观连通性上升，多样性下降，反之，生态需水增加的区域要多于减少的区域，这将有利于山区植被朝健康的方向发展，上文中统计的植被面积的增加也说明这一点。

4.3.3　中游绿洲生态需水与景观格局关系研究

绿洲天然植被生态需水与景观格局关系，受人类活动影响大，大部分植被存在生态缺水情况(图4-20)，需要人工灌溉才能正常生长，但不一定满足所有植被的生态需水，所以植被的生态需水量不一定等于生态耗水量。4.1 节分析得到 1990～2010 年绿洲的土地利用变化以草地转为耕地和建设用地为特点，在景观格局发生巨大变化的绿洲，生态需水是否与天然植被的生态需水存在关系，是研究的重点。

1. 生态需水与面积变化关系

选用农业集中区域的新湖总厂、芳草湖总厂和 106 团为研究区，探讨人类活动大且自然条件下满足不了生态需水情况下，生态需水与景观格局的关系。

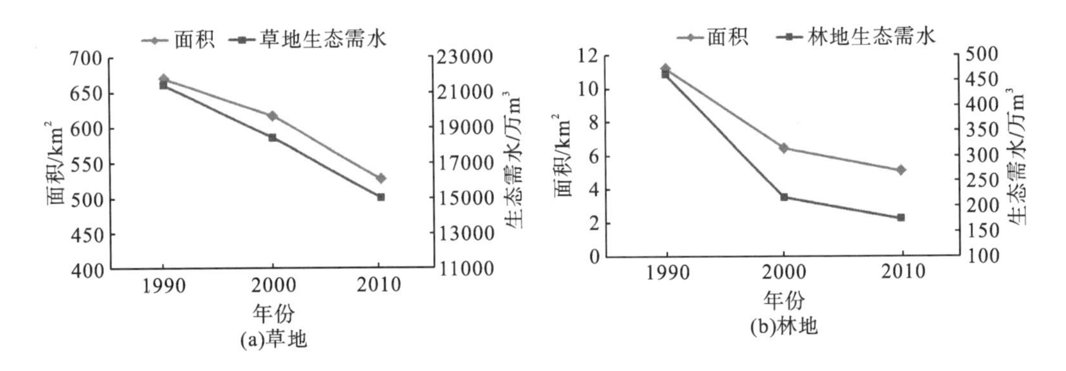

图 4-20 平原区植被生态需水与面积变化关系

从图 4-20 中可以看出，研究区植被的生态需水和面积都在逐年减少，草地和林地生态需水的变化和面积的变化幅度基本一致，植被面积的变化是生态需水减少的主要因素，但草地和林地 2000～2010 年期间生态需水和面积变化斜率比较接近，所以，后十年植被面积的变化对生态需水的影响程度要大于前十年。气候因素对植被生态需水影响直接从图 4-20 中 1990～2000 年数据能反映出来，气象因素对不同植被的影响程度不同，前十年草地面积减少的幅度小，但生态需水减少得和后十年差不多，由此可以看出，绿洲中，气候因素对草地生态需水的影响要大于林地。

2. 生态需水与景观指数关系

1) 生态需水与植被类型指数关系

绿洲生态耗水的多少受人为控制，但生态需水与植被类型指数的关系受景观格局的变化的影响。

从图 4-21 中可以看出，平原区聚集度的变化不同于山区，一直保持下降，林地和草地聚集度与生态需水的相关性都高达 0.9 左右，也都呈正相关，但植被聚集度指数的变化幅度远大于山区，这主要受人类活动的影响，植被空间变化比较大所致。在研究区天然植被中，林地面积所占比例不到 5%，景观格局可变性比较大，而草地面积减少得虽然比较多，但聚集度减小的幅度比林地的要小，从生态需水变化上看，林地减小了原来的 62.2%，草地减小了原来的 21.2%，林地生态需水变化要比草地的剧烈，所以从 1990～2010 年以来，聚集度的变化对林地生态需水的影响要大于草地。

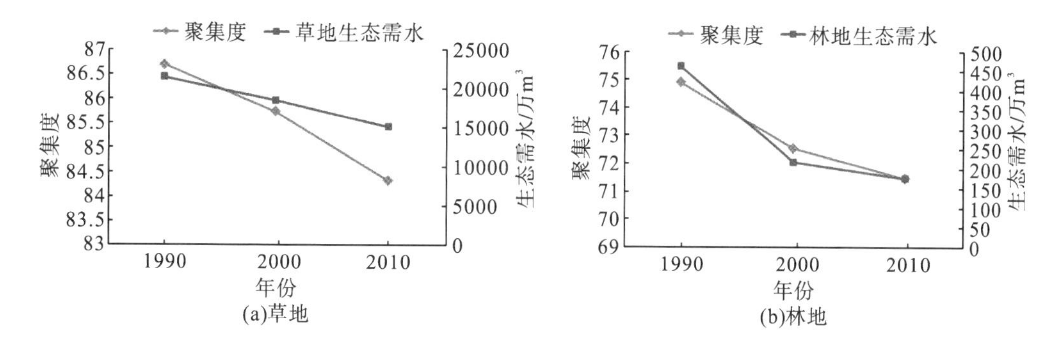

图 4-21　绿洲植被生态需水与聚集度指数

研究区的其他的景观指数见表 4-16，从最大斑块指数上看出，草地和林地总的变化趋势和生态需水保持一致，说明大斑块被逐渐分割变小，空间连片的趋势减弱，蔓延度指数减小，对生态需水产生一定的影响。从草地和林地的斑块数目和形状指数的变化趋势可以看出，草地逐渐被细分，大斑块变小斑块，而林地主要是逐个斑块地消失，无论哪一种变化趋势都将导致生态需水量的减少。

表 4-16　绿洲植被类型水平上景观指数

年份	草地			林地		
	斑块数(NP)	最大斑块指数(LPI)	形状指数(LSI)	斑块数(NP)	最大斑块指数(LPI)	形状指数(LSI)
1990	406	5.7219	39.1059	61	0.1256	10.16
2000	414	5.7582	38.9965	58	0.1275	9.7867
2010	532	2.4899	40.8708	35	0.0254	7.82

2) 生态需水与整体景观格局指数关系

山区草地生态需水变化与景观格局有着密切的关系，生态需水的增加会导致景观优势度下降和聚集度升高，由于山区的土地分类类型中主要以草地为主，但在农业集中区的绿洲，耕地对景观控制作用要大于植被，耕地面积增加了 148.789km²，所以出现表 4-17 的研究区整体景观指数最大斑块指数上升，香农多样性指数下降的趋势，景观指数的变化与生态需水量的关系不显著。

表 4-17　绿洲景观水平上景观指数

年份	斑块数(NP)	最大斑块指数(LPI)	边缘密度(ED)	分离度指数(SPLIT)	香农多样性指数(SHDI)	聚集度(AI)
1990	1382	25.092	24.3812	12.0756	1.2589	88.9588
2000	1359	22.7782	24.3227	13.8747	1.2584	88.9847
2010	1600	34.5181	25.1038	7.0066	1.2022	88.623

同样以 2010 年数据为例，从空间上研究绿洲生态需水与景观格局的空间演变特征关系，研究区景观格局香农多样性指数(SHDI)与蔓延度指数(CONTAG)空间分布的栅格数据见图 4-4，生态需水空间分布图如图 4-22 所示。

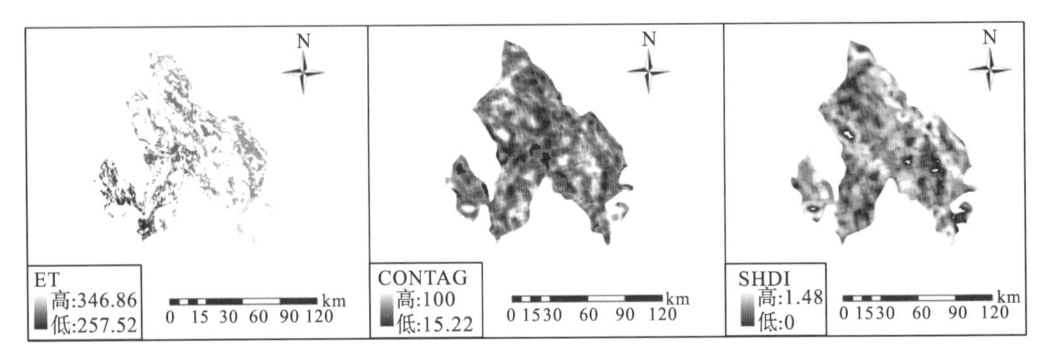

图 4-22 绿洲植被生态需水与景观格局指数空间分布图

在天然植被区域随机取点，然后在香农多样性指数(SHDI)与蔓延度指数(CONTAG)空间分布的栅格数据取值，进行统计分析。根据取出的值作散点图(图 4-23)，从图中分析可以得出：①生态需水在 290mm 左右是明显的分界线，生态需水在 260～285mm 聚集的点最多，其次是 295～306mm，由于草地的面积占到整个中游山区面积的 95%以上，且草地的生态需水定额要小于林地，显然聚集点多的区间(260～285mm)是草地，生态需水在 295～306mm 是林地；②平原区不同的植被类型在空间上并不存在很大差异，草地和林地的蔓延度指数都在 50 左右，香农多样性指数都在 0.8 左右，这点有别于山区景观格局；③在空间上，景观格局指数变化与生态需水定额的变化并不存在关系，大小相同的生态需水，景观指数的大小与周围人类活动有密切的关系，开发程度高，香农多样性指数偏高，蔓延度指数偏低，反之亦然。

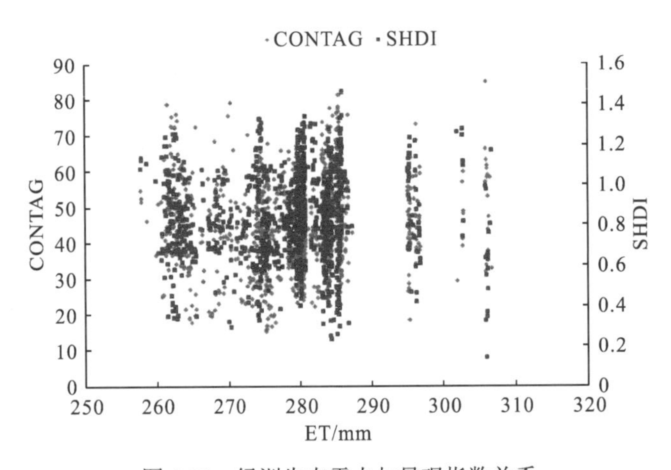

图 4-23 绿洲生态需水与景观指数关系

从空间上研究生态需水与景观格局的关系，在 1990～2010 年，同一区域的生态需水定额会发生变化，景观格局也有改变，那么这两者也可能存在关系，因此，利用 1990 年和 2010 年两期数据，对两期的生态需水和景观指数的栅格数据分别作差取值，分析两者的变化(图 4-24)。

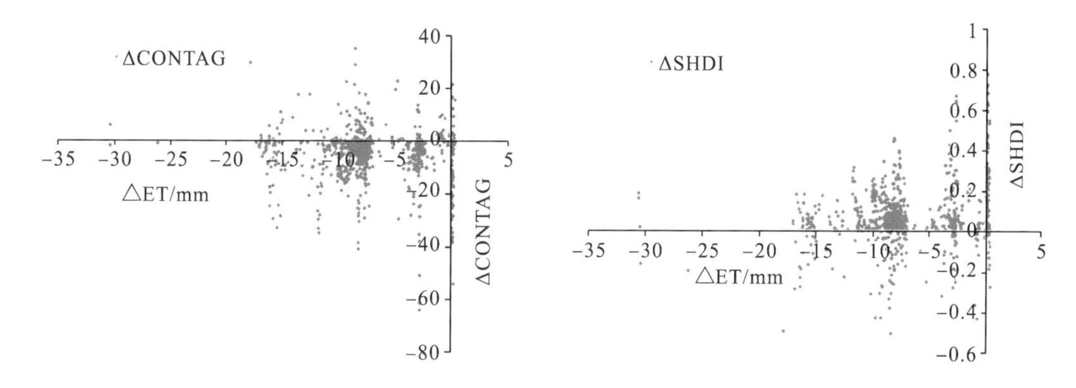

图 4-24　绿洲生态需水变化与景观格局变化

由图 4-24 可以看出，相比山区景观格局，绿洲变化剧烈得多，人类活动改变的景观格局要远大于山区自然的变化。1990～2010 年，大部分区域生态需水都在减小，草地的变化范围为–17～0mm，而林地减少量在 30mm 左右。从纵坐标聚集的点看出，即使在植被生态需水量没有变化的区域，景观格局也发生了很大的改变。根据点的分布特征看出，生态需水定额减少，周边的景观连通性下降，多样性上升，但绿洲中天然植被存在生态缺水，生态需水不能视为生态耗水，加上人类对土地的开发利用，所以与山区的结论相反，因此，绿洲的景观格局变化主要受人类活动的影响，生态需水定额减少。如果没有人类的干扰并且可供的生态用水不变，那么植被的生长状况会越来越好，但实际的景观格局变化反映出，植被面积减少，连通度下降，多样性上升，大量的草地被占用，朝着不平衡的方向发展。

4.4　阿拉尔绿洲水盐运移特征分析

4.4.1　地下水埋深时空变化特征

地下水埋深是农田水盐平衡的重要影响因素(冯宾春和赵卫全，2009)。绿洲灌区地下水主要受山区侧向流及灌溉补给影响，灌溉和排水显著影响地下水动态。保持合适的地下水位，对干旱区绿洲的可持续发展至关重要。地下水埋深太浅，将导致强烈的潜水蒸发，引发土壤次生盐碱化问题(Li et al.，2011)；地下水埋深过深，依赖地下水生长的自然植被将受到威胁，干旱区脆弱的生态环境将面临退化风险(Bastawesy et al.，2013)。

1. 典型荒漠区地下水埋深时间变化特征

本次研究选取阿拉尔地区三河交会口的胡杨林的六个监测井(A1～A6)作为研究对象，提供监测井 2012～2018 年数据，如图 4-25 所示。

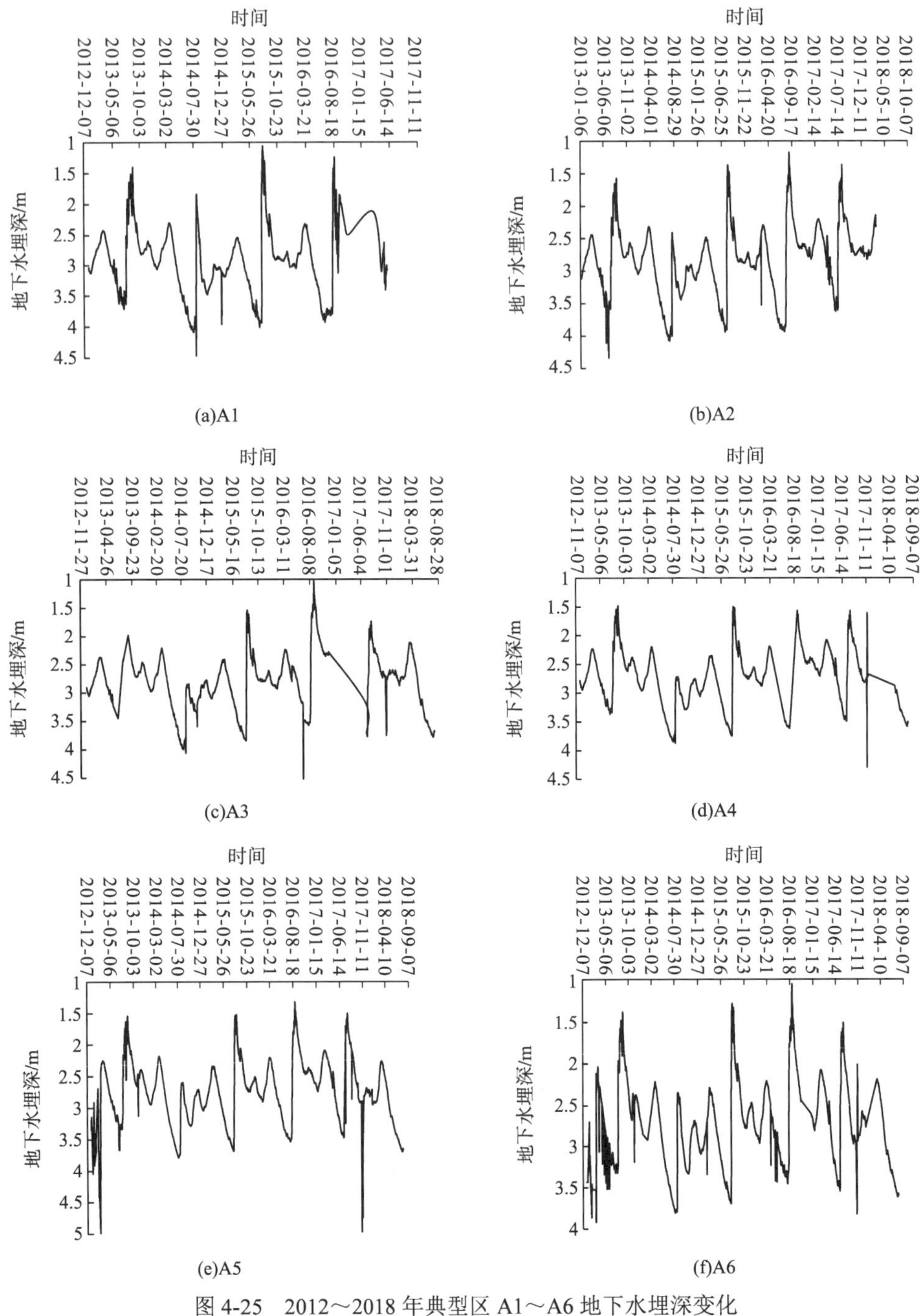

图 4-25　2012～2018 年典型区 A1～A6 地下水埋深变化

由 2012～2018 年地下水埋深可以看出，地下水埋深随季节变化而变化，6 个断面的地下水埋深范围在 1～5m。地下水埋深最大值一般出现在一年中的 6～8 月，经查阅相关文献以及常年实测数据、径流数据、实际勘察与常年考察结果发现，6～8 月地下水埋深上升的原因是此地是三河(和田河、阿克苏河和叶尔羌河)汇合口，不在河道汛期时，和田河不会汇合入此汇合口，只有在汛期(即夏季，温度升高，冰川融化导致河水水位暴涨)才会导致地下水埋深上升；与其对应，2012～2018 年地下水埋深最小值一般出现在 11 月至次年 3 月，地下水埋深在冬季下降，由于温度的降低而降低。

通过对区域地下水的分析可以发现，随着年份的增加，某些点的地下水埋深逐渐增加，A1 与 A2 最为明显，A1 与 A2 最靠近三河汇合口，三河汇合口流量、地下水水量及地下水水位对其影响较大。由于 A1～A6 逐渐远离三河汇合口，而且这 6 个点的位置在荒漠区，所以距离三河汇河口远的地下水水位点没有明显增减趋势。

由图 4-25 可知，地下水埋深数据在冬天的部分时间 6 个断面数据均会出现急剧下降，基本集中在 11 月和 12 月，在这期间，下降到-5m 左右。查看同一地区其他年份的数据以及相关文献可知，11 月径流量降低，导致地下水埋深下降(图 4-26)。

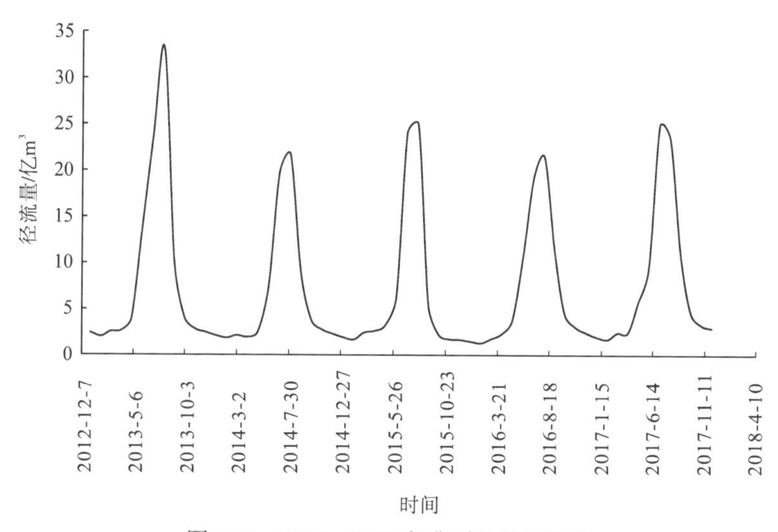

图 4-26　2012～2018 年典型区月径流量

2. 地下水埋深的空间分布特征

由于地下水水位数据较少，所以选择 2017 年 9 月数据作为主要数据进行分析，通过对地下水水位的插值分析，得到地下水埋深分布图如图 4-27 所示。

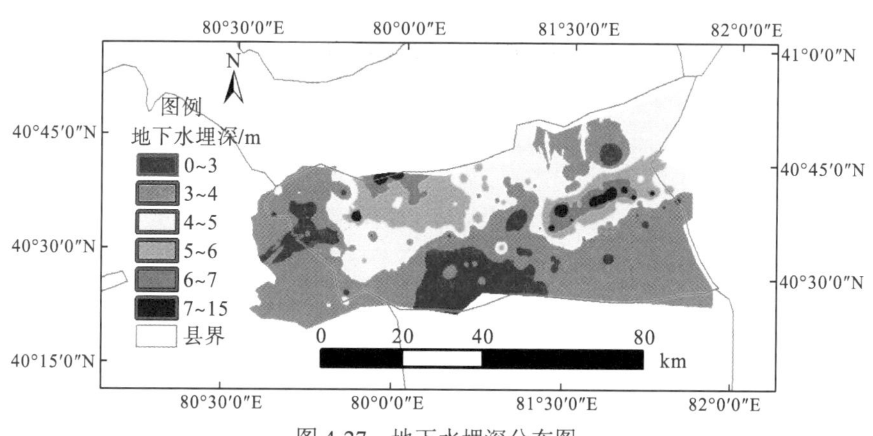

图 4-27　地下水埋深分布图

由图 4-27 可以看出，图中大部分区域地下水埋深为 3～5m，其中蓝色区域大部分为阿拉尔地区的农业灌溉区，地下水埋深 6～8m 的区域一部分分布在阿拉尔研究区的东面，此区域分布在塔里木河干流东面，经过查阅对应的土地利用图，此区域处于非耕地区域即自然植被区，经过地下水实测数据验证及相关文献(牛建龙等，2017)可知，地下水在此地区埋深正常，可以证明此区域地下水埋深较深，一般此区域植被属于荒漠区植被，在从库车到阿拉尔的实际调查沿途中，经过国道 217，沿途看到大片的荒漠植被，所以测试地下水埋深可与此地区对应。

与图 4-25 对应，此区域在塔里木河流域三河(阿克苏河、叶尔羌河以及和田河)交汇口，由于塔里木河在此区域内，所以此区域虽然位于沙漠边缘，属于干旱区，全年降雨少，蒸发大，但此区域的地下水埋深大部分为 3～5m。我们在实际调查测量地下水埋深的时候，发现有些距离河比较近的地方，地下水埋深为 0.5～1.5m。

4.4.2 地下水埋深与盐分分布的关系

1. 地下水埋深与盐分的空间响应关系

由于地下水盐分测试比较困难，本次水样采集测试采用与盐分密切相关的矿化度来指示盐分分布。

根据地下水采样数据，可以得出地下水盐分分布变化(图 4-28)，进而得到各盐分分类面积(表 4-18)。

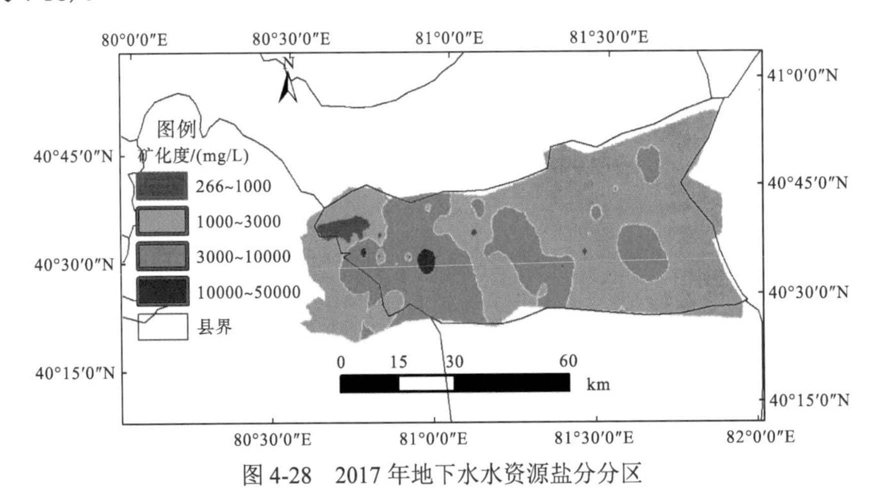

图 4-28 2017 年地下水水资源盐分分区

表 4-18 地下水水资源盐分分布

矿化度/(g/L)	水资源类型	百分比/%	面积/km^2
0～1	淡水	18.7	778
1～3	微咸水	52.7	2192.89
3～10	咸水	25.3	1052.75
10～50	盐水	3.3	137.32
总计		100	4161.075

对苦咸水的分布进行了统计(表 4-19)，标准按大于 2g/L 定义为苦咸水(张小岳，2012)。

表 4-19　2017 年地下水苦咸水面积

矿化度	水资源类型	百分比/%	面积/km^2
小于 2g/L	非苦咸水	52.7	2192.89
大于 2g/L	苦咸水	47.3	1968.19
总计		100	4161.08

由图 4-28、表 4-18 和表 4-19 可知，地下水按照水资源类型分为淡水、微咸水、咸水和盐水 4 类，此区域微咸水所占面积最大，占 52.7%；其次为咸水，所占面积为 25.3%。

将地下水埋深分为 0～2m、2～4m、4～6m、6～8m、8～10m、10～12m、12～14m 七类，通过对比水资源分布图可以发现，地下水埋深在 0～4m 的水资源一般为微咸水，地下水埋深在 4～6m 的水资源主要为微咸水、咸水，地下水埋深在 6～8m 的水资源一般为微咸水，地下水埋深在 8～14m 的水资源一般为咸水。总的来看，盐分随着地下水埋深的增加而增加，地下水埋深越深，含盐量越高。

2. 荒漠区地下水埋深与盐分的时间响应关系

为了更准确地了解研究区荒漠区的状况，采用胡杨荒漠区阿拉尔 A3 站的地下水埋深数据和矿化度做对比。

选取 2012～2017 年小时数据(每隔 6 小时测一组)，如图 4-29 所示。从图 4-29 发现，地下水埋深随时间发生稳定变化，在 1～7m。从连续 6 年数据可以看出，夏季地下水埋深上升，其位置位于三河汇合口附近，距离塔里木河非常近，塔里木河干流由阿克苏河、和田河和叶尔羌河三河汇合而成。和田河在冬春和秋季都是干涸的，只有在夏季，其南部的昆仑山冰雪融化，形成地表径流，来水量增大，穿过塔克拉玛干沙漠，与其他两条河流交汇在一起，所以在夏季，阿拉尔 A3 站测得的地下水埋深会上升，造成每年夏季地下水埋

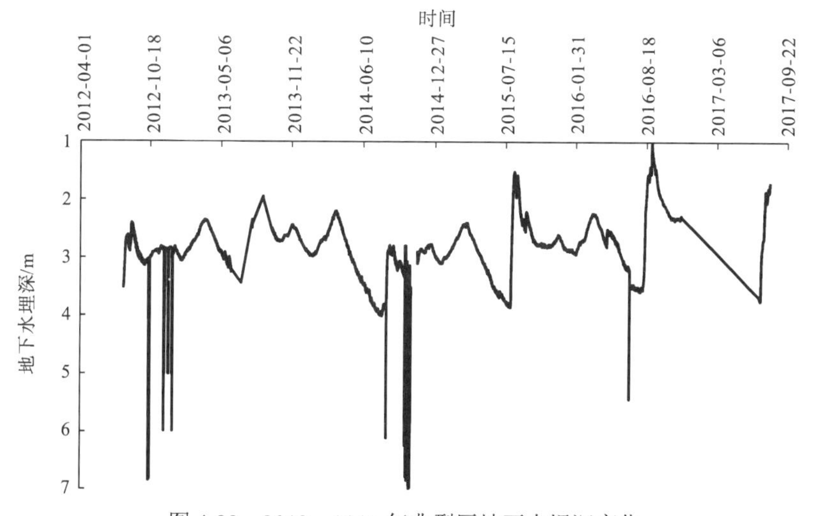

图 4-29　2012～2017 年典型区地下水埋深变化

深上升(图 4-29)。对于地下水埋深出现突然下降，可能是误差引起的(张静和雍会，2018)。但为保证数据真实可靠，并没有做进一步处理，除了某些时段地下水埋深突降引起了变化外，其他时段均在区域地下水埋深范围之内。

2012～2017 年 9 月阿拉尔地区 A3 胡杨林荒漠区矿化度如图 4-30 所示。由图 4-30 可知，矿化度最大值接近 6g/L，通过持续性验证发现，夏季的矿化度普遍高于其他季节，冬季的矿化度相对最小。通过对比地下水埋深可知，夏季此区域地下水增多，地表河水汇入量增多，地下水的补给也增多。由于“盐随水来，盐随水去”，矿化度与盐分成正相关，伴随着盐分增高，矿化度也随之增高，所以出现了夏季矿化度增高的现象；冬季河水汇入量减少，地表径流补给地下水减少，所以矿化度也随之减少。

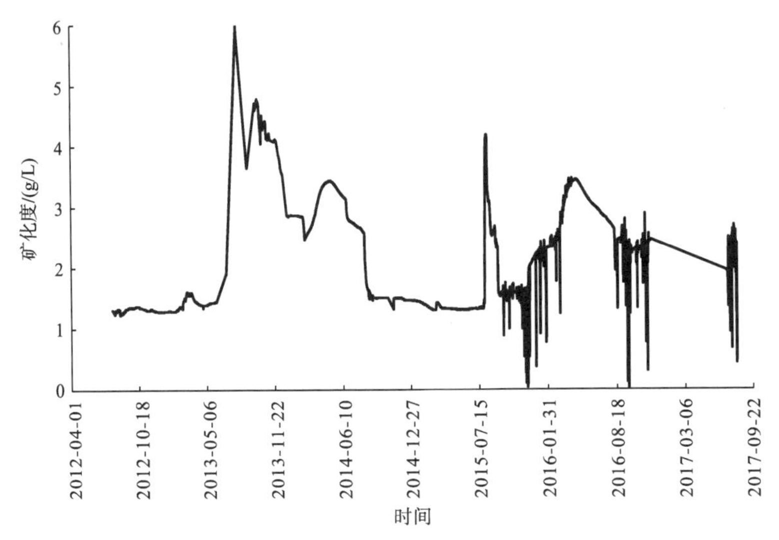

图 4-30 2012～2017 年典型区矿化度变化

如图 4-31 所示，通过对地下水位与矿化度的相关分析可知，矿化度与地下水埋深成非线性相关，R^2=0.559，所以矿化度与地下水埋深有相关性，能够为后续分析提供相关参考数据，也真实地反映了阿拉尔地区矿化度与地下水埋深的关系。

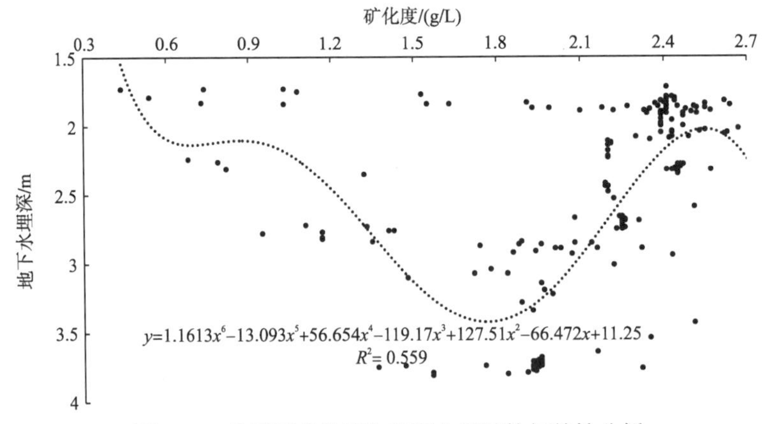

图 4-31 典型区矿化度与地下水埋深的相关性分析

4.4.3　绿洲盐分的空间运移特征

1. 土壤盐分水平分布特征

盐分数据采样点分布于水库、河渠周边，采样时间为 2017 年 9～10 月和 2018 年 4～5 月。因地表水体不具有空间连续性，所以用圆圈大小来代表盐分及离子含量的多少，以便更直观地表现阿拉尔地区不同季节盐分分布特征和规律，如图 4-32 所示。

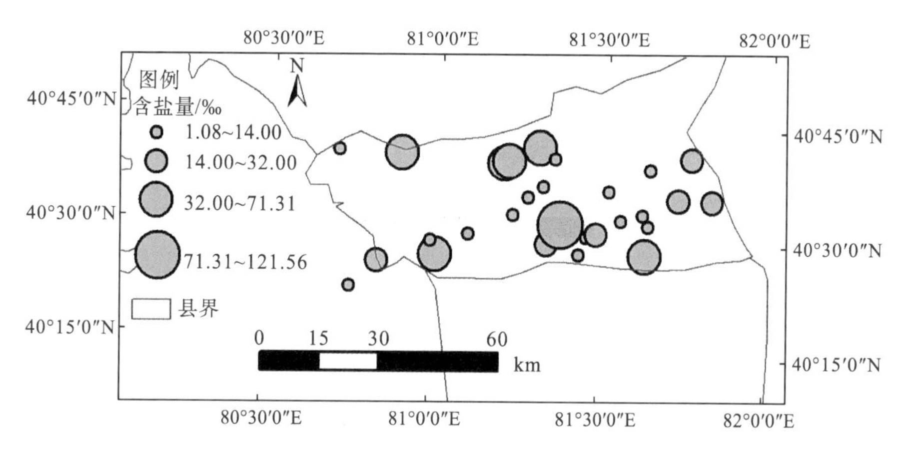

图 4-32　2017 年 10 月地表盐分特征

图 4-32 表明，2017 年 10 月地表盐分由于不连续，散落地分布在研究区的干渠、排渠附近，含盐量最大值为 121.56‰，出现在塔南排水渠附近；最小值为 1.08‰，主要分布在居民区附近。从上图圆圈的大小可以看出，河渠所在的位置其盐分含量较高，居民区的含盐量较低，阿拉尔地区北边的含盐量最大值明显小于南边的含盐量最大值。盐分聚集在阿拉尔地区南面，但阿拉尔地区北边的平均含盐量大于南边的含盐量，从河渠分布来看，阿拉尔地区南边盐分集聚点为塔南排碱渠的起始点，所以盐分在此处集聚。与阿拉尔地区南面相比，北面的点较少，主要分布在塔北排碱渠的位置附近。

由 2017 年数据盐分结果(图 4-32)发现，阿拉尔地区北面盐分采集点较少，因此第二次采集中，在阿拉尔地区北面补充了点(图 4-33)。数据经过三次重复实验，含盐量最大值为 123.2‰，在塔南排水渠附近；最小值为 2.0‰，主要分布在阿拉尔地区西南位置。从图 4-33 中圆圈的大小可以看出河渠所在的位置盐分含量较高，居民区的含盐量较低，阿拉尔地区北面含盐量的最大值明显小于南面的含盐量最大值。盐分聚集仍然在阿拉尔地区南面，经过计算发现，阿拉尔地区南面的平均含盐量大于北边的含盐量，从河渠分布来看，阿拉尔地区南边盐分集聚点为塔南排碱渠的末尾接近沙漠的地方。

由图 4-32 和图 4-33 可以看出，阿拉尔地区春季和秋季具有完全不同的盐分分布特征，因为阿拉尔地区北面点不太完整，我们将重点放在南面，阿拉尔地区南面两次采样点完全重合。通过仔细对比，研究发现春季盐分值普遍大于秋季的盐分值，参考阿拉尔地区当地供水年鉴，发现春季农田大量灌水，排碱渠的盐分也随之增多。春秋两季的盐分集聚点有所不同，秋季盐分集聚点分布在排碱渠的起始点，而春季盐分集聚点分布在接近排碱渠末尾的地方，究其原因，发现农田供水仍然是其主要原因，从侧面也反映了“盐随水来，盐随水去”的基本特征。

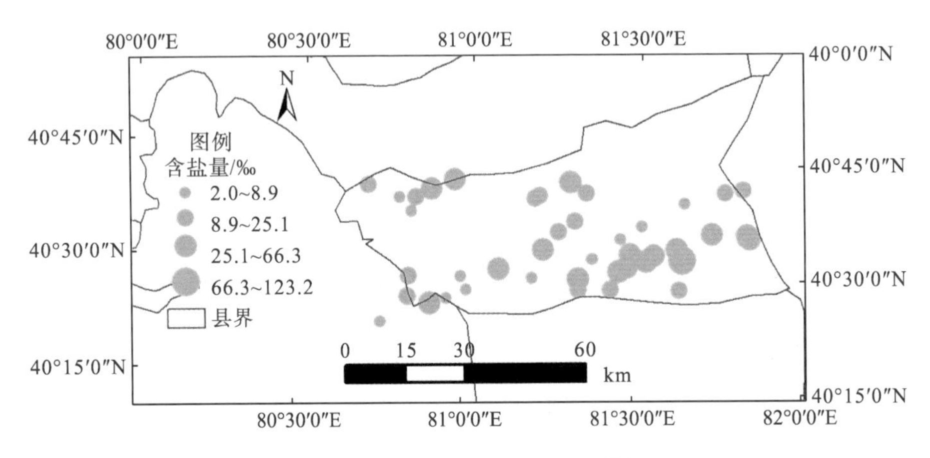

图 4-33　2018 年 4 月地表盐分特征

2. 土壤盐分的垂直运移特征模拟

阿拉尔地区春季和秋季具有完全不同的盐分分布特征，因为阿拉尔地区北面取样点较少，所以将重点放在南面，两次采样点完全一致。通过仔细对比，本书发现春季盐分值普遍大于秋季的盐分值。

由于研究区采集的数据不足以分析土壤盐分运移特征的情况，但是区内 12 团的数据较为充分，所以采用 12 团的数据来验证模型的可靠性，并得到此研究区的可靠性参数，然后再用 2017 年的数据进行盐分模拟与特征分析。

1) 盐分运移模型介绍

HYDRUS-3D 是一个适合于模拟土壤水流及溶质三维运移的有限元模型。该模型水流控制方程采用修正的理查兹(Richards)方程，即嵌入汇源项以考虑植物根系吸水(Pal et al., 2014)。整个模型包含水分运动模型、溶质运移模型、热运移模型和根系吸附四组模型。

(1) 土壤水分-范德朗奇(Van Genuchten)模型：土壤水分特征曲线的测定在室内采取张力计称重法，用张力计(负压计)测定土壤负压 h，用称重法测定相应的含水率 θ。通过试验获得主脱湿的实验数据，采用 Van-Genuchten(沈荣开，1987)模型来描述主脱湿曲线(main drying curve，MDC)，模型如下：

$$S = \frac{\theta - \theta_r}{\theta_s - \theta_r}\left[\frac{1}{1 + (\alpha h)^n}\right]^m \tag{4-32}$$

式中，θ 为土壤体积含水量(cm^3/cm^3)；θ_r 为滞留含水量(cm^3/cm^3)；θ_s 为饱和含水量(cm^3/cm^3)；h 为土壤吸力(cm)；α、m 和 n 为拟合参数，其中 $m=1-1/n$。

(2) 土壤溶质运动基本方程：根据多孔介质溶质运移的理论，若不考虑土壤盐分的溶

解和被吸附的浓度 S，可以建立饱和-非饱和土壤溶质运移对流和水动力弥散(分子扩散与机械弥散)数学模型。

$$\theta \frac{\partial c}{\partial t} = \frac{\partial}{\partial t}\left[\theta D \frac{\partial c}{\partial z} - qc\right] \tag{4-33}$$

式中，c 为土壤溶液浓度(ms/cm)；θ 为体积含水量(cm^3/cm^3)；D 为水动力弥散系数(cm^2/d)；q 为渗透流速(cm/d)。

2)边界条件设置

将范德朗奇-穆阿利姆(Van Genuchten-Mualem)单孔隙模型作为土壤水力模型，不考虑水力滞后效应，水盐运动参数的求解采用逆向计算法。模型中水分流动及盐分运移的上边界条件均为大气边界条件，考虑降雨、灌溉及蒸散发的影响，因此，针对水流模拟，HYDRUS-3D 中赋予实测蒸发量、灌溉量及降水量；针对盐分模拟，HYDRUS-3D 中赋予灌溉水实测矿化度。

模拟时间为 2015 年 1 月 1 日至 12 月 31 日，共计 365d。剖分方式利用变时间步长法(时间步长依据迭代次数重复调整)，在给定的时间步长情况下，若迭代次数自动终止时，表明迭代次数超过给定的最大值，此时，以 1/3 时间步长重新迭代；当迭代次数大于 7 时收敛，时间步长乘以 0.7；当迭代次数小于 3 时收敛，时间步长乘以 1.3。设置初始时间步长 0.0001d，最小时间步长 0.00001d，最大时间步长 5d，含水量允许公差 0.001，压力水头允许公差 1cm。

3)参数率定

通过分析研究区土壤质地等性质，根据实测土壤粒径并结合罗塞达(Rosetta)模型(周洪华等，2009)确定参数初值，输入实测降雨、蒸发与蒸发蒸腾量数据，费德(Feddes)模型参数采用软件数据库中推荐数据，并对研究区实测数据进行参数率定，确定土壤水分运动的特征参数和溶质迁移参数，率定后的特征参数如表 4-20 和表 4-21 所示。

表 4-20　土壤水力参数

土壤性质	θ_r/(cm^3/cm^3)	θ_s/(cm^3/cm^3)	α/(m^{-1})	N	K_s/(cm^3/d)
沙壤土	0.065	0.410	0.075	1.89	106.1

表 4-21　溶质运移参数

土壤性质	横向弥散(Disp.T)	纵向弥散度(Disp.L)
沙壤土	1	10

4)精度检验

分别比较各土层水平方向上和垂直方向上 3～10 月盐分含量的模拟值和实际值，得到盐分含量的精度如表 4-22 和表 4-23 所示。

表 4-22　水平各土层盐分含量平均值模拟值和实际值的年内比较

土层/cm	0	20	40	60	80	100
R^2	0.315	0.769	0.57	0.5	0.4	0.65

表 4-23　垂直方向上 3～10 月各土层盐分含量平均值模拟值和实际值比较

月份	3 月	4 月	5 月	6 月	7 月	8 月	9 月	10 月
R^2	0.85	0.83	0.96	0.93	0.75	0.9	0.9	0.88

由表 4-22 和表 4-23 可知，各土层水平和垂直方向盐分含量模拟值和实际值中，垂直方向上土壤含盐量的相关度更高，水平方向上含盐量相关度不高，水平方向含盐量相关度基本满足要求(王巧英，2006)。

3. 土壤盐分的时空变化特征

通过上节可以知道，HYDRUS 在此区域参数调整下能够很好地模拟盐分分布特征，根据参数重新按照研究区大小，土壤盐分为 2017 年 10 月表土层，模拟 2017 年 10 月至 2018 年 8 月的数据。由于 2018 年 4 月采集了一次样，所以将 2018 年 4 月的模拟值与实测值做比较，观察阿拉尔地区盐分模拟是否满足精度要求。

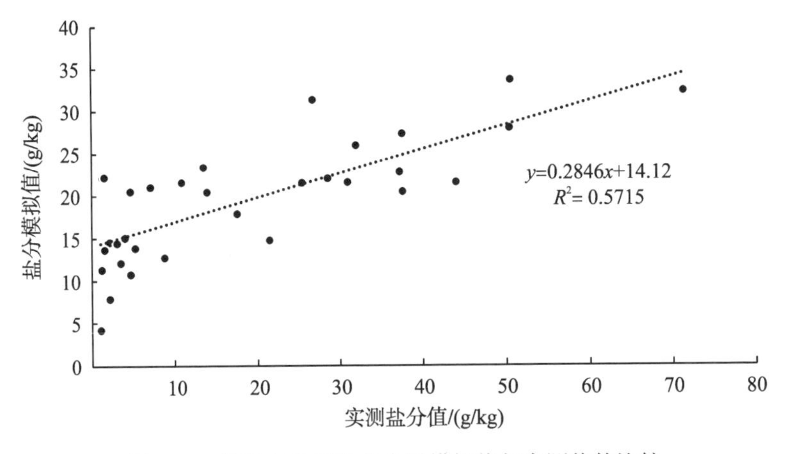

图 4-34　阿拉尔地区盐分含量模拟值与实测值的比较

由图 4-34 可知，2018 年 4 月实测值与模拟值精度基本符合要求。R^2=0.5715，模拟值整体小于实测值，但是盐分转移的大致趋势是一致的。在之前的小区域模拟时也遇到了水平方向上盐分模拟值与实测值模拟效果不是很好，但是垂直方向上很好的情况，调整参数后效果仍然不佳。

本书将模拟的 2017 年 12 月、2018 年 2 月、2018 年 4 月、2018 年 6 月、和 2018 年 8 月的模拟值分别提取出来，并用 ArcGIS 得到图 4-35，分析阿拉尔地区土壤盐分分布特征。

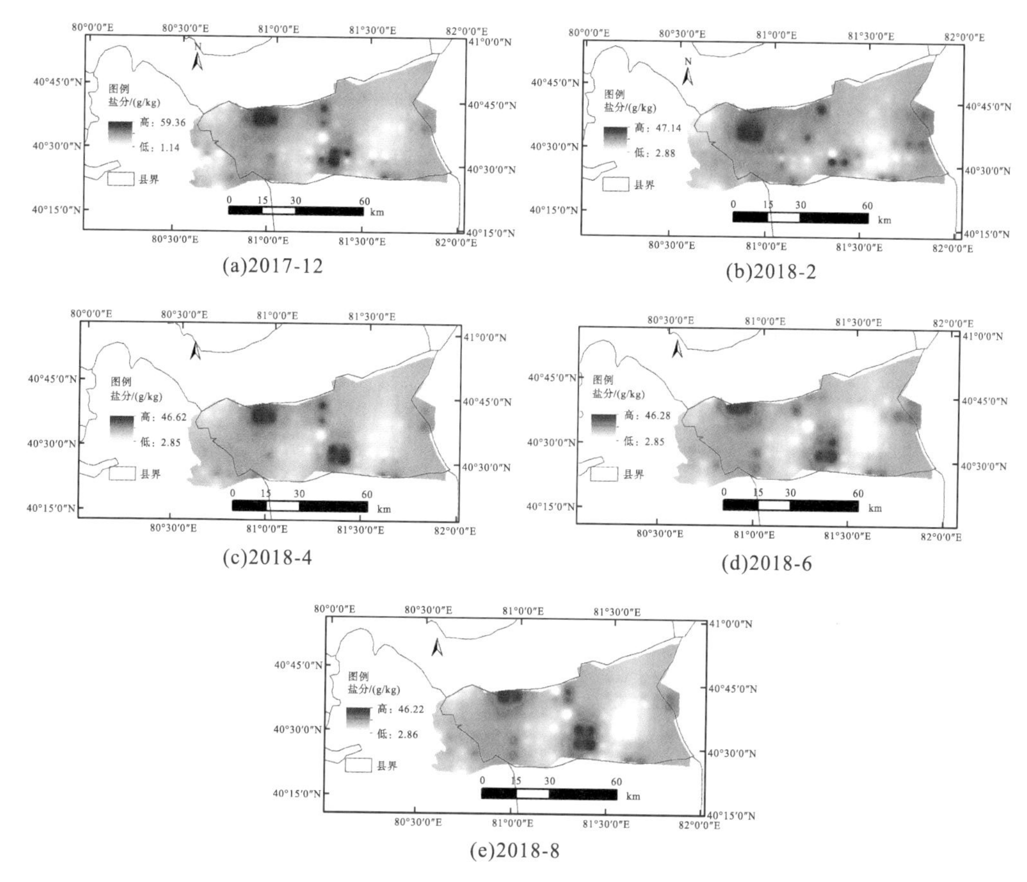

图 4-35　2017～2018 年部分月份盐分模拟分布图

由图 4-35 可知，2017～2018 年部分月份盐分模拟呈现大体相似的分布特征，这表明研究区一年四季存在着相似的气候条件。尽管土壤盐分空间分布大致相同，但存在明显的盐分集聚，通过比较发现盐分集聚在不同季节存在着差异。由图 4-35 可以看出，2017 年 12 月盐分聚集面积最大，随着时间的推移，冬季—春季—夏季盐分由排碱渠源头逐渐沿着排碱渠缓慢增加。从冬季—春季—夏季，盐分逐渐递减，反映了人工供水对植被的影响，随着人工植被的种植，盐分变少，主要是人工供水时水对盐分的作用所致。

4.5　阿拉尔绿洲植被分布特征

4.5.1　绿洲天然-人工植被演变分析

1. 人工植被提取

1) 人工植被识别

选取 Landsat8 数据，根据研究发现，植被生长季时期在影像上表现更突出，所以耕地植被提取选取 2013 年至 2018 年 6 月～8 月云量小于 20%的影像，并进行预处理(大气校正和辐射定标等)，采用随机森林的提取方法提取，结果如图 4-36 所示。

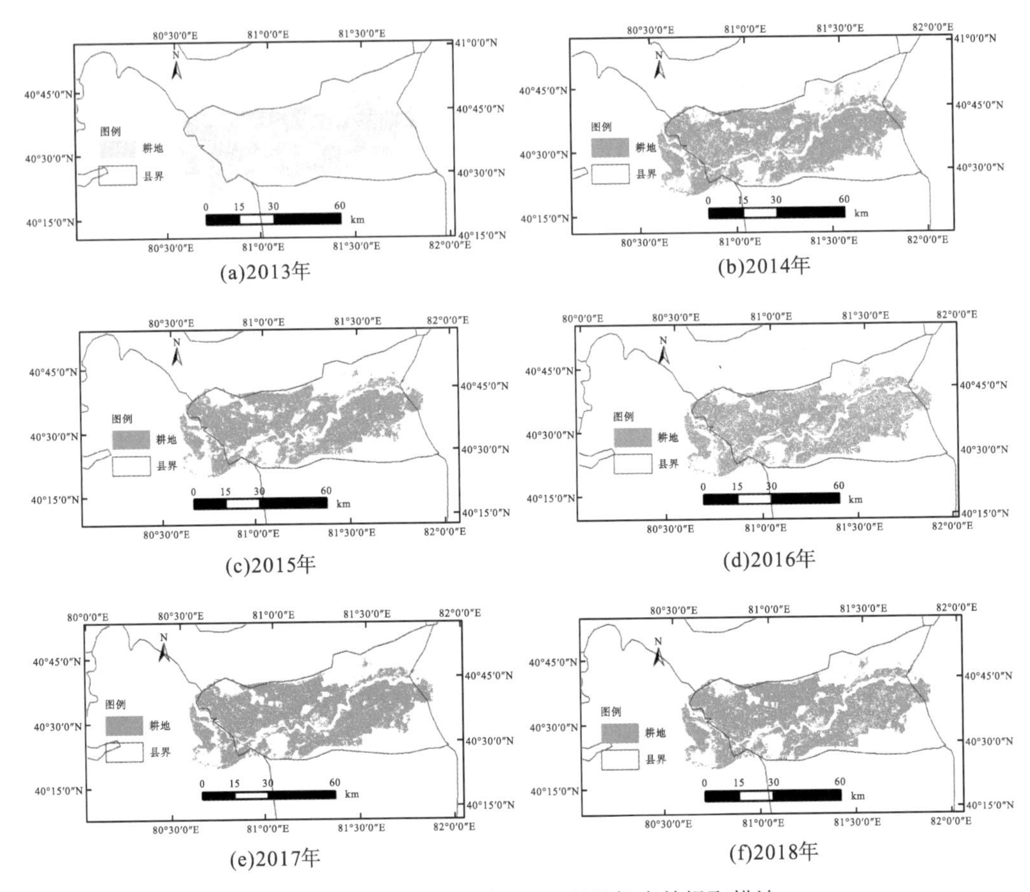

图 4-36 2013～2018 年 6～8 月随机森林提取耕地

从图 4-36 来看，2013 年至 2018 年 6～8 月，阿拉尔耕地面积大体上变化不大，位于阿拉尔区域西北部的耕地面积变化较为明显，由于阿拉尔地区多为新疆生产建设兵团地区，种植结构按照计划种植，近几年的统计年鉴显示人工植被的面积并没有显著性变化。

2) 分类精度检验

研究区植被生长季为 3～10 月(牛建龙等，2017)，昼夜温差大，所以所有实测点选在 8 月采集，并通过谷歌地球(Google Earth)对研究区 2013～2018 年的高分辨率图像进行目视解译，结合实测采样数据对解译结果进行精度比较，结果如表 4-24 所示。

表 4-24 随机森林提取植被精度

年份	实际采集样点	分类误差点	精度/%
2013	100	10	90
2014	100	12	88
2015	100	8	92
2016	100	11	89

续表

年份	实际采集样点	分类误差点	精度/%
2017	100	8	92
2018	100	7	93

由表 4-24 可知，在实际采样和谷歌地球的目视解译的 100 个点中，2013～2018 年森林提取精度在 88%～93%，基本满足分类精度要求。在后期实际调查中发现，分类误差点多分布在河、湖、水渠旁边，在采集样本时可能涉及经纬度定位不准等问题，这是造成分类不准的原因。

通过查阅新疆生产建设兵团农一师(7～16 团)阿拉尔市年鉴可以得到各团耕地面积，将各团面积相加得到整体面积和面积精度。根据已有《新疆兵团第一师阿拉尔市年鉴》(2013～2015)，将 2013～2015 年植被面积统计出来，与随机森林方法所得结果进行对比，得到精度验证(表 4-25)(阿格尔市统计局，2013)。

表 4-25 随机森林植被提取面积精度

年份	统计数据/个	提取数据/个	精度
2013	1650	1846	89.38%
2014	1940	2018	96.13%
2015	1895	1911	99.16%

从面积可以看出提取数据面积略高于统计数据面积，但相差不大，所提面积值得参考，统计数据的面积变化趋势与提取数据的面积变化趋势一致。

3) 人工植被时空变化分析

根据随机森林算法分类结果，将新疆生产建设兵团农一师各团(7～16 团)分别提出来比较面积变化。

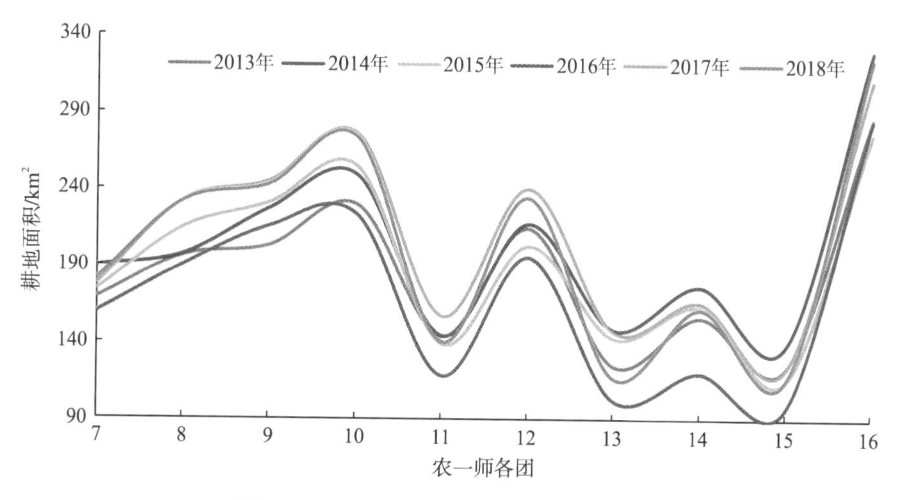

图 4-37 2013～2018 年 7～16 团耕地面积

由图 4-37 可知，2013～2018 年各团的人工植被面积较稳定，主要原因是此区域为新疆生产建设兵团区域，各团有计划地进行植被面积分配。

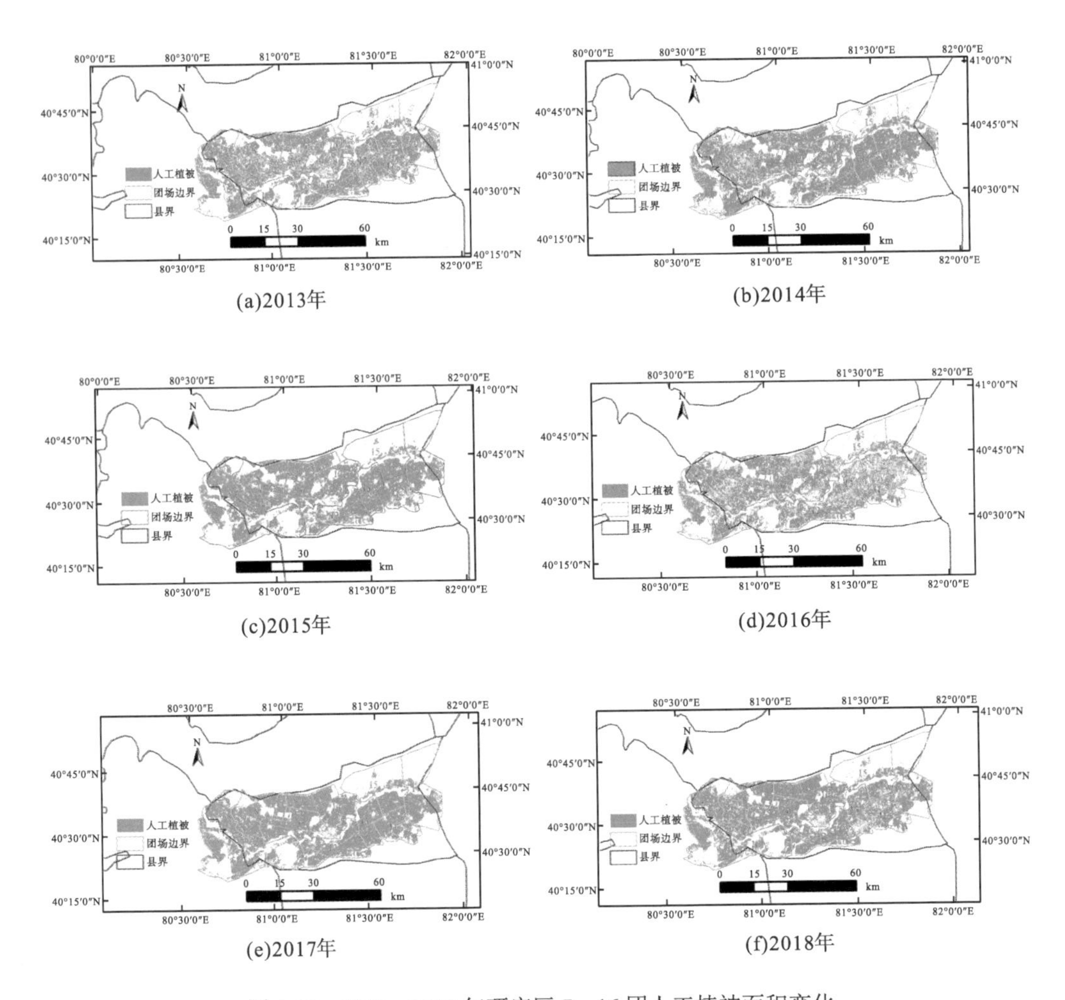

图 4-38　2013～2018 年研究区 7～16 团人工植被面积变化

由图 4-38 可知，部分团随着时间的变化绿洲面积一直持续上升。其中 7、8、9、10、16 团主要位于研究区的东面，东面位于三河汇合口处，阿拉尔地区有 3 个水库在 7、8、16 团团界中，因为水源充足，所以此区域的人工植被面积一直在持续增长。而 11、12、13、14、15 团的绿洲面积则随着时间变化不明显。

2. 天然植被提取

1) 天然植被识别

结合人工植被的分类结果，采用修正的三波段梯度法识别天然植被，如图 4-39 所示。

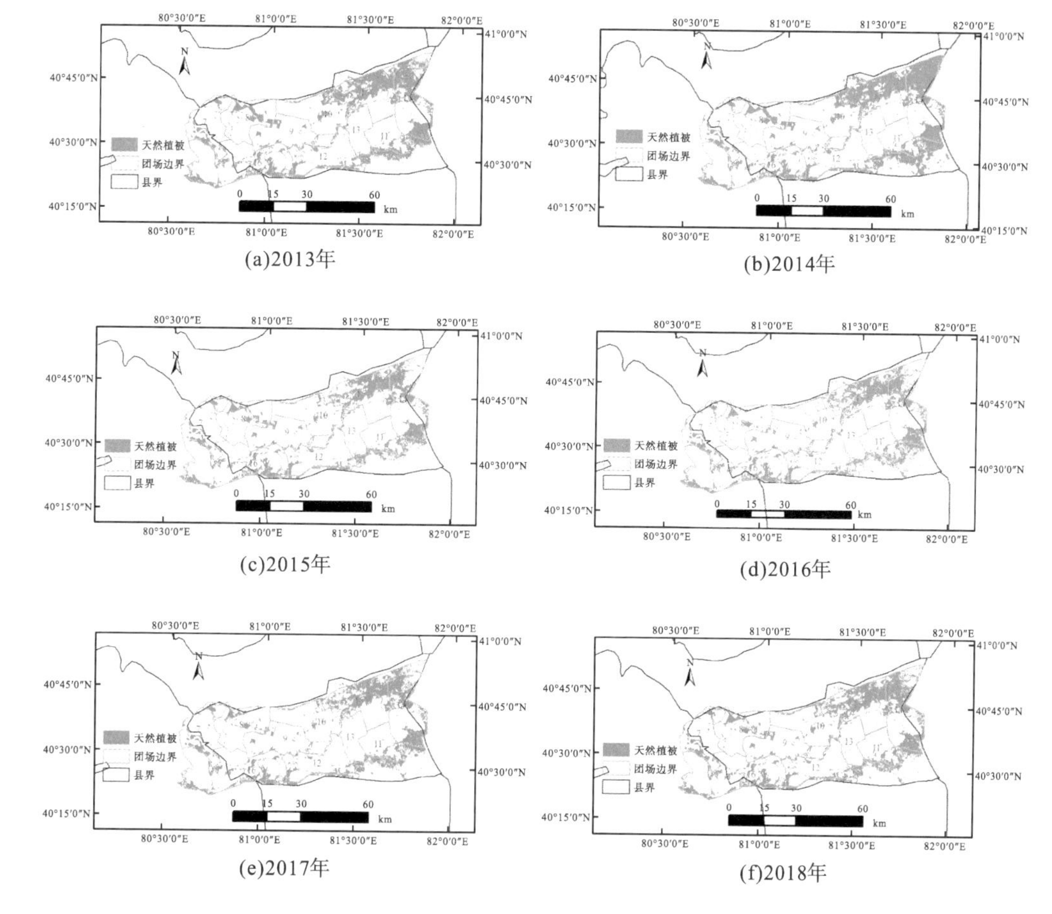

图 4-39　2013～2018 年天然植被分布

由图 4-39 可知，阿拉尔地区 2013～2018 年非人工灌溉的区域面积相对于人工灌溉区面积较小。

2) 分类精度检验

所有实测点选在 8 月采集，并通过谷歌地球对研究区 2013～2018 年的高分辨率图像进行目视解译，结合野外样点的实际考察对解译结果进行校正，与实测值相比较，结果如表 4-26 所示。

表 4-26　修正的三波段梯度差法识别植被精度

年份	实际采集样点	分类误差点	精度/%
2013	100	15	85
2014	100	20	80
2015	100	10	90
2016	100	13	87
2017	100	10	90
2018	100	12	88

由表 4-26 可知，在实际采样和谷歌地球的目视解译的 100 个点中，2013～2018 年精度在 80%～90%，基本满足分类精度要求。

4.5.2 绿洲植被时空分布特征

1. 人工植被变化分析

1) NDVI 的时间变化特征

为了解 2013～2018 年整个阿拉尔地区人工植被的总体生长趋势，提取每年研究区各月的最大值以及四个季节归一化植被指数(NDVI)的最大值，如图 4-40 和图 4-41 所示。

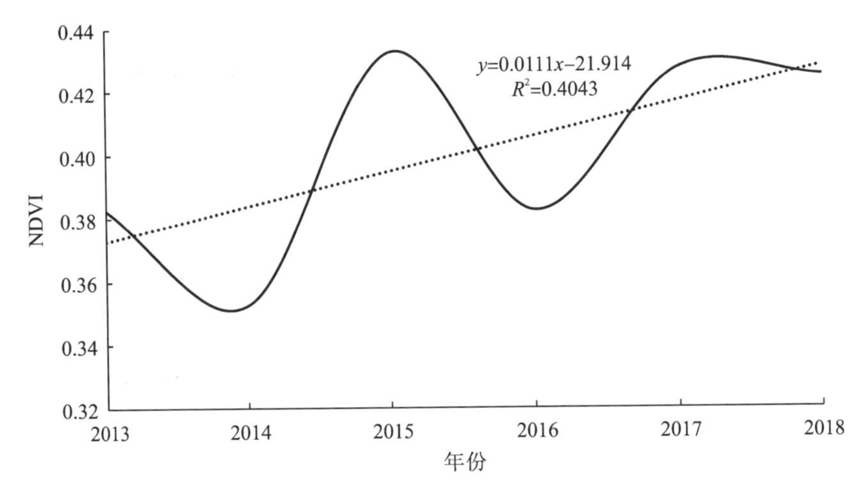

图 4-40 2013～2018 年归一化植被指数月最大值

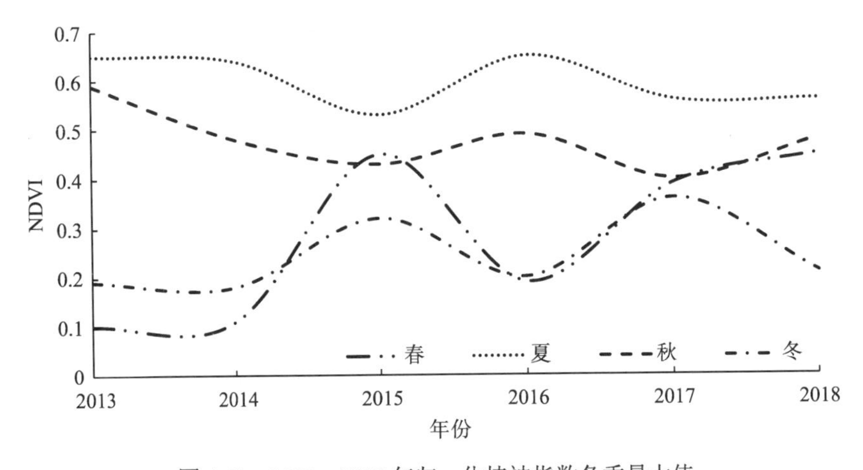

图 4-41 2013～2018 年归一化植被指数各季最大值

由图 4-40 可以看出，人工植被 NDVI 随时间总体呈波动增加趋势，呈正相关关系。由图 4-41 可知，NDVI 在不同季节差异较大，其中春冬两季 NDVI 小于夏秋两季 NDVI，春冬两季 NDVI 变化趋势相似，夏秋两季 NDVI 变化趋势相似。

2) NDVI 的空间变化特征

通过随机森林的方法提取得到 2013 年至 2018 年 6～8 月的人工植被(耕地)的边界，通过波段计算得到人工植被(耕地)归一化植被指数，结果如图 4-42 所示。

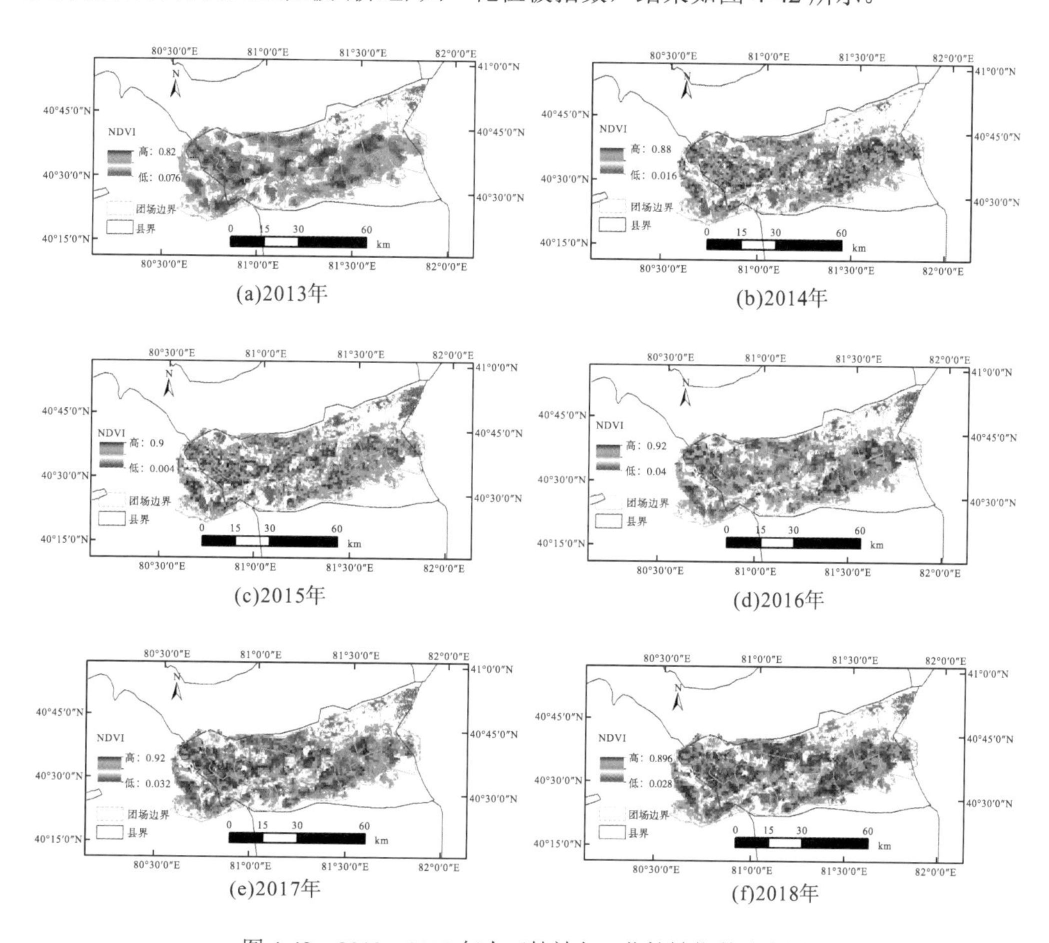

(a)2013年　(b)2014年

(c)2015年　(d)2016年

(e)2017年　(f)2018年

图 4-42　2013～2018 年人工植被归一化植被指数分布图

由图 4-42 可知，2013～2018 年人工植被 NDVI 的空间高值区和低值区差异不大，其中 2013～2015 年 NDVI 高值区主要分布在 9 团、12 团、16 团附近；2016 年高值区主要分布在 12 团和 13 团；2017 年高值区主要分布在 7 团、8 团和 10 团；而 2018 年高值区主要分布在 9 团和 10 团。

2. 天然植被变化分析

1) NDVI 的时间变化特征

为了解 2013～2018 年整个阿拉尔地区天然植被的总体生长趋势，分别提取 2013～2018 年研究区各月 NDVI 最大值以及 2013～2018 年四个季节 NDVI 最大值，如图 4-43 和图 4-44 所示。

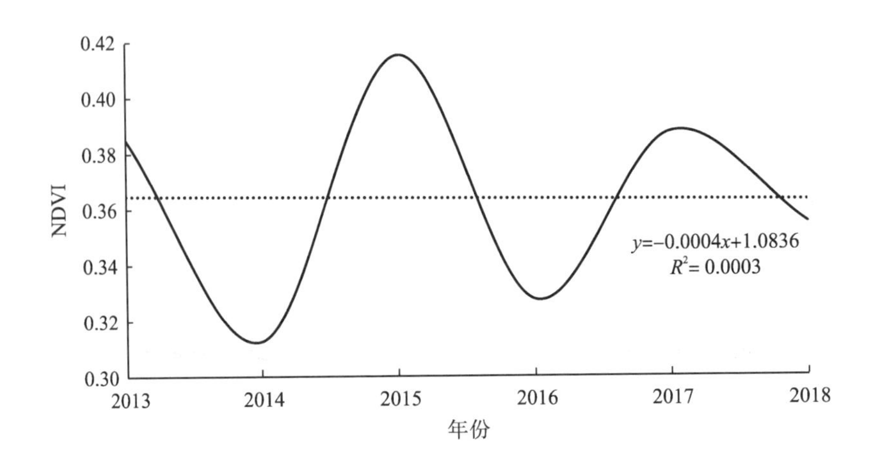

图 4-43 2013～2018 年归一化植被指数月最大值

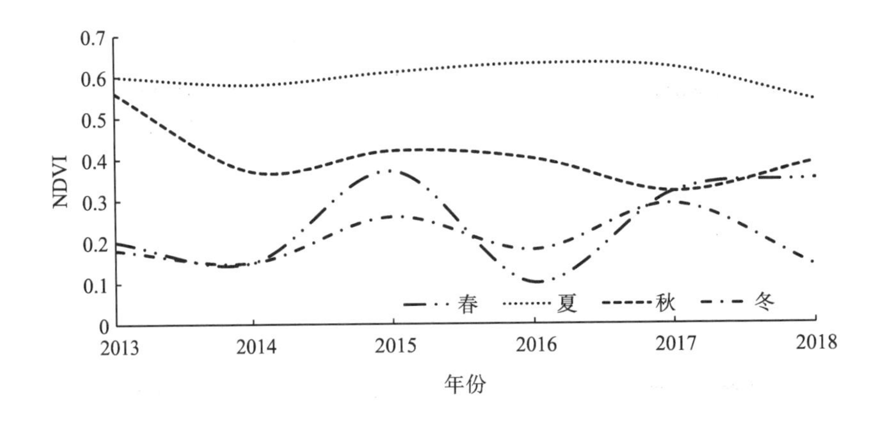

图 4-44 2013～2018 年归一化植被指数各季最大值

由图 4-43 可以看出，天然植被 NDVI 值在 2013～2018 年随时间起伏波动，最大值为 0.4125，最小值为 0.315。由图 4-44 可以看出通过春夏秋冬的最大 NDVI 可以看出，最大 NDVI 都小于 0.7，夏季最大 NDVI 最大，不同季节差异较大。春冬两季小于夏秋两季，春冬两季 NDVI 变化趋势相似，夏秋两季 NDVI 变化趋势相似，冬季和春季的值普遍小于夏季和秋季。

2) NDVI 的空间变化特征

通过波段计算得到 2013～2018 年天然植被（耕地）的归一化植被指数，如图 4-45 所示。

对图 4-45 进行平均值统计，发现历年 NDVI 值在 0.45～0.63 波动，其中 2013 年最低，2016 年最大。每年的最大值分布区域略有变化，主要集中在 8 团、9 团、12 团、14 团、15 团和 16 团附近。

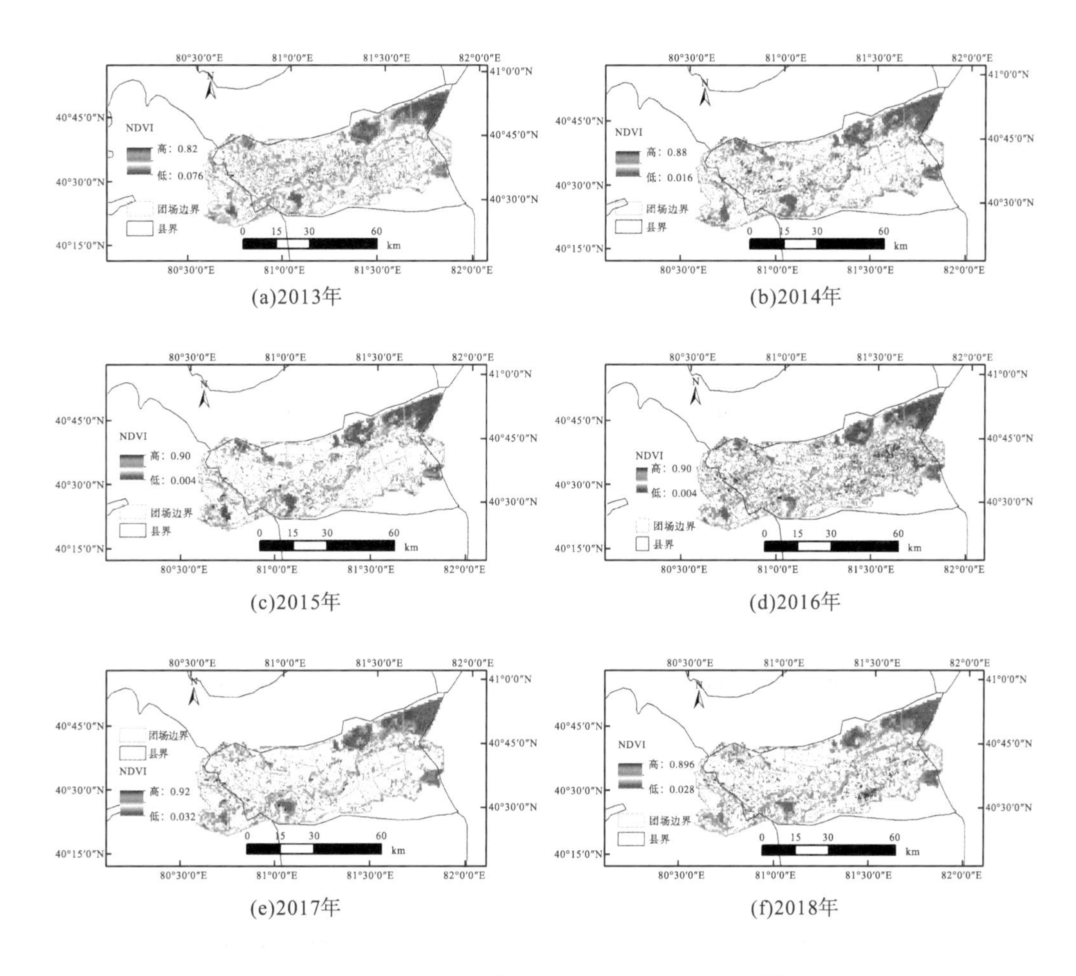

图 4-45　2013～2018 年天然植被(耕地)归一化植被指数分布图

4.6　阿拉尔绿洲植被与苦咸水分布的响应关系分析

4.6.1　植被与土壤盐分分布响应关系

1. 土壤盐分空间分布

选择归一化植被指数作为植被的表征因子，根据前文介绍，以 2017 年模拟数据进行分析。

通过图 4-46，结合阿拉尔地区农一师各团的边界，可以得到其偏大值、偏小值分布范围，如表 4-27 所示。

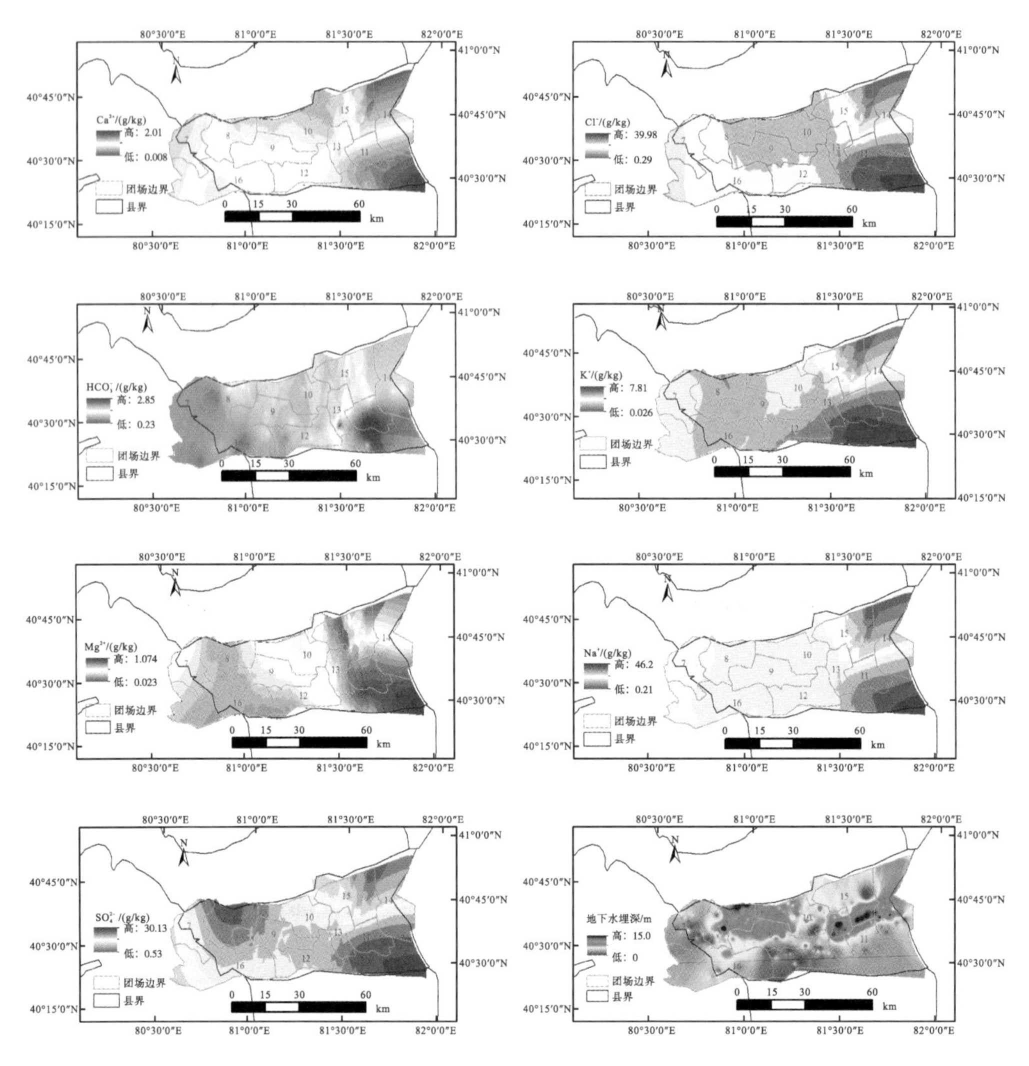

图 4-46 研究区盐分离子分布图

表 4-27 影响因素分布表

指标	范围	偏大值范围	偏大值所在区域	偏小值范围	偏小值所在区域
地下水埋深	0.32～14.99m	8m 以上	8 团、13 团大部分地区和 15 团小部分地区	2m 以下	7 团和 12 团大部分地区和 15 团小部分地区
溶解固体总量(total dissolved solid，TDS)	0.3～25.8g/kg	20g/kg 以上	7 团和 9 团的小部分地区	2g/kg 以下	7 团大部分区域和 12 团、13 团、16 团小部分区域
K^+	0.02～7.8g/kg	2.7g/kg 以上	12 团小部分地区	0.1g/kg 以下	7 团和 9 团的小部分地区
Na^+	0.21～46.2g/kg	21g/kg 以上	8 团和 12 团小部分	0.1g/kg 以下	11 团大部分地区
Ca^{2+}	0.008～2.01g/kg	1.34g/kg 以上	8 团和 12 团小部分地区	0.37g/kg 以下	11 团和 13 团大部分区域、7 团小部分
Cl^-	0.29～39.98g/kg	20.66g/kg 以上	8 团和 12 团小部分地区	2g/kg 以下	7 团、11 团、12 团和 13 团小部分区域

续表

指标	范围	偏大值范围	偏大值所在区域	偏小值范围	偏小值所在区域
Mg^{2+}	0.02～1.07g/kg	0.67g/kg 以上	7 团和 16 团小部分地区	0.1g/kg 以下	7 团、11 团、12 团和 13 团小部分区域
HCO_3^-	0.23～2.85g/kg	1.93g/kg 以上	12 团小部分地区	0.1g/kg 以下	7 团大部分区域和 11 团、13 团、15 团小部分区域
总盐	1.24‰～115.07‰	89.77‰以上	12 团和 8 团小部分地区	8‰以下	7 团、10 团、11 团、13 团和 15 团小部分区域
SO_4^{2-}	0.53～30.13g/kg	15g/kg 以上	12 团和 14 团大部分地区	1.5g/kg 以下	7 团、11 团和 13 团小部分区域

通过表 4-26 分析结果可知，8 团及 12 团部分区域的含盐量、Cl^-、Na^+、Ca^{2+}含量较高，反映 8 团和 12 团环境情况比较恶劣，需要及时治理；7 团部分区域地下水埋深、TDS、K^+、Cl^-、Mg^{2+}、HCO_3^-、含盐量、SO_4^{2-} 指标较低。

2. 人工植被与土壤含盐量分布

将图 4-46 裁剪成含盐量因子的区域，通过地理探测器将土壤含盐量参数与 2017 年人工植被 NDVI 输入其中，得出含盐量因子对人工植被的解释程度，如表 4-28 所示。

表 4-28　土壤中人工植被因子探测和交互作用探测

影响因子	地理探测器 q/%
含盐量	32.99
Na^+	21.47
K^+	19.51
Cl^-	18.97
SO_4^{2-}	16.77
HCO_3^-	13.46
TDS	11.60
Ca^{2+}	10.83
Mg^{2+}	2.76
地下水埋深	1.24
含盐量+TDS	71.53
含盐量+地下水埋深	66.66

从表 4-28 可以看出，在所有盐分中，土壤含盐量最能解释人工植被的分布(q=32.99%)，相对于其他因子也反映出此区域盐分对人工植被是影响比较大的，含盐量最大为 59.3g/kg，最小为 1.32g/kg。Na^+能够解释 21.47%的人工植被分布。由前文分析可知，Na^+含量最大为 46.2g/kg，最小为 0.21g/kg，土壤中 Na^+含量越多，土壤板结的可能性越大，土壤板结会导致透气性下降，使得根吸收到的氧气减少，直接导致的结果就是根系的有氧

呼吸减弱甚至进行无氧呼吸，根系提供的能量减少，不利于植物的生长，所以 Na^+的含量过多对植被有抑制作用。其他因素都在 20%以下，所以这里就不一一讨论了。

在交互作用影响植被的因素中，含盐量和溶解固体总量(TDS)的共同作用对人工植被分布的影响是 71.53%，反映出含盐量和溶解固体总量综合作用的区域对人工植被影响非常大。

由表 4-29 可知，盐分按照含盐量可分为非盐化、弱盐化、强盐化、轻盐土、中盐土和重盐土。由图 4-46 可知，阿拉尔地区人工植被中面积最大的是轻盐土(20~50g/kg)，其次是强盐化(10~20g/kg)，次之是弱盐化(5~10g/kg)。由于此地区大部分都是轻盐土，对植被的影响比较大，所以含盐量为主要影响因素。

表 4-29 盐分分级标准

0～30cm 土壤盐分含量/(g/kg)	＜5	5～10	10～20	20～50	50～150	＞150
盐分分级标准	非盐化	弱盐化	强盐化	轻盐土	中盐土	重盐土

在含盐量和溶解固体总量共同作用下，对人工植被的影响百分比为 71.53%。含盐量和地下水埋深共同存在的地区，对人工植被分布的解释程度为 66.66%，说明含盐量及地下水埋深共同作用对人工植被的影响比较大，地下水埋深较浅的地方，通过盐分运移，使区域的盐分能够更适应于植被生长。

3. 天然植被与土壤含盐量分布

将图 4-46 裁剪成含盐量因子的区域，通过地理探测器将土壤盐分参数与 2017 年天然植被 NDVI 输入其中，得出含盐量因子对天然植被的解释程度，如表 4-30 所示。

表 4-30 土壤中天然植被因子探测和交互作用探测

环境因子	地理探测器 q/%
含盐量	36
Mg^{2+}	24
Cl^-	22.72
Na^+	20.26
SO_4^{2-}	17.22
TDS	11.99
HCO_3^-	10.41
K^+	7.19
Ca^{2+}	6.82
含盐量+SO_4^{2-}	80.21

由表 4-30 可知，在影响天然植被的因子中，土壤含盐量对天然植被分布的解释最好，达到 36%；相对于其他因子，盐分对天然植被影响较大，含盐量最高为 35.46g/kg，最小为 8.06g/kg。Mg^{2+}能够解释 24%的天然植被分布，Mg^{2+}含量最大为 1.07g/kg，最小为 0.05g/kg。其次是 Cl^-和 Na^+，分别能解释 22.72%和 20.26%；其他因素都在 20%以下。

在相互作用影响植被的因素中，含盐量和SO_4^{2-}的共同作用可以解释 80.21%的天然植被分布，共同作用对天然植被的解释程度明显大于其单一解释程度之和。由表 4-30 可知，SO_4^{2-}、Na^+和 Cl^-这三大离子对天然植被分布及长势的影响分别为 17.22%、20.26%和 22.72%，因此，可以真实地看出此地区土壤盐分因子对天然植被分布和长势的影响。

4.6.2　植被与地下苦咸水分布响应关系

1. 典型荒漠区植被与地下水物化性质的关系

在典型荒漠研究区阿拉尔的 A3 观测点上，获得水温、矿化度、地下水埋深、电导率、土壤温度等观测数据和 2013～2018 年的 NDVI。将地下水、土壤参数与 NDVI 输入地理探测器中，得出地下水因子对人工植被的解释程度，如表 4-31 所示。

表 4-31　地下水中典型荒漠区胡杨林的因子探测和交互作用探测

环境因子	地理探测器 q/%
地下水电导率	53.09
土壤温度	47.29
地下水温度	33.57
地下水埋深	25.11
矿化度	12.71
地下水电导率+土壤温度	95.00
地下水电导率+地下水温度	79.12

表 4-31 表明，在影响典型荒漠区胡杨林的因子中，地下水电导率对人工植被分布的解释最好，为 53.09%。地下水电导率对典型荒漠区胡杨林的影响较大，在胡杨林的生长中，地下水电导率对胡杨林的影响巨大，远高于土壤温度的影响；其次为土壤温度的解释度(47.29%)；再次为地下水温度的解释度(33.57%)；大于 20%的还有地下水埋深，其解释度为 25.11%。在相互作用影响植被的因素中，地下水电导率和土壤温度的共同作用可以解释 95%的荒漠区胡杨林长势和分布，二者共同作用对天然植被的解释程度大于其单一解释程度之和。

2. 人工植被与地下苦咸水分布关系

将地下水影响因子参数与人工植被 NDVI 输入地理探测器中，得出盐分因子对人工植被的解释程度，如表 4-32 所示。

表 4-32 地下水中人工植被因子探测和交互作用探测

环境因子	地理探测器 q/%
矿化度	30.46
TDS	8.65
地下水埋深	4.74
矿化度+地下水埋深	72.52

由表 4-32 可知，在影响人工植被的因子中，地下水矿化度对人工植被分布的解释最好，为 30.46%，地下水矿化度最大为 25.19g/kg，最小为 0.27g/kg。溶解固体总量(TDS)能够解释 8.65%的人工植被分布，溶解固体总量(TDS)含量最大为 25.38g/kg，最小为 0.3g/kg。在相互作用影响植被的因素中，矿化度和地下水埋深的共同作用可以解释 72.52%的人工植被分布，二者共同作用对天然植被的解释程度大于其单一解释程度之和。该区域地下水埋深大部分在 1.5～7m，而人工植被的根系深度一般小于 0.5m，所以地下水对人工植被的影响不大，与实际情况相符。

3. 天然植被与地下苦咸水分布关系

将地下水参数与天然植被 NDVI 输入地理探测器中，得出地下水因子对天然植被的解释程度，如表 4-33 所示。

表 4-33 地下水中天然植被因子探测和交互作用探测

环境因子	地理探测器 q/%
矿化度	68.23
溶解固体总量	23.14
地下水埋深	8.8
矿化度+地下水埋深	82

由表 4-33 可知，在影响天然植被的因子中，地下水矿化度对天然植被分布的解释最好，为 68.23%；溶解固体总量(TDS)能够解释 23.14%的天然植被分布，溶解固体总量(TDS)含量最大为 25.8g/kg，最小为 0.3g/kg。在相互作用影响植被的因素中，矿化度和地下水埋深的共同作用可以解释 82%的天然植被分布。单一要素中，矿化度可以解释 68.23%的天然植被分布，地下水埋深可以解释 8.8%的天然植被分布，可以看出共同作用对天然植被的解释程度大于其单一解释程度的之和。该区域地下水埋深在 2.18～8.09m，与实际情况相符。

参 考 文 献

阿拉尔市统计局, 2013. 新疆兵团第一师阿拉尔市年鉴[M].北京：中国统计出版社.

陈文波，肖笃宁，李秀珍, 2002. 景观指数分类、应用及构建研究[J]. 应用生态学报, (01)：121-125.

冯宾春，赵卫全, 2009. 风能海水(苦咸水)淡化现状[J]. 水利水电技术, 40(09):8-11.

胡广录, 赵文智, 2008. 干旱半干旱区植被生态需水量计算方法评述[J]. 生态学报, (12): 6282-6291.

刘钰, Pereira L S, 2000. 对 FAO 推荐的植物系数计算方法的验证[J]. 农业工程学报, 16(5): 26-27.

牛建龙, 柳维扬, 王家强, 2017. 塔里木河干流流域气候变化特征及其突变分析[J]. 灌溉排水学报, (2): 34.

沈荣开, 1987. 土壤水运动滞后机理的试验研究[J]. 水力学报, (4): 33-35.

史海滨, 田军仓, 刘庆华, 2006. 灌溉排水工程学[M]. 北京: 中国水利水电出版社.

王巧英, 2006. 回归估计标准误差与可决系数的比较[J]. 统计与决策, (23): 141.

夏军, 郑冬燕, 刘青娥, 2002. 西北地区生态环境需水估算的几个问题研讨[J]. 水文, (05): 12-17.

张静, 雍会, 2018. 干旱区塔里木河流域地下水生态调节与监测预警研究[J]. 中国农业资源与区划, 39(5): 82-88.

张小岳, 2012. 黄骅市苦咸水资源评价及其利用初步研究[D]. 保定: 河北农业大学.

周洪华, 陈亚宁, 李卫红, 2009. 塔里木河下游绿洲—荒漠过渡带植物多样性特征及优势种群分布格局[J]. 中国沙漠, 29(4):688-696.

周景春, 苏玉杰, 张怀念, 等, 2007. 0～50cm 土壤含水量与降水和蒸发的关系分析[J]. 中国土壤与肥料, (6): 23-27.

Allen R G, Pereira L S, Raes D, et al., 1998. Crop Evapotranspiration-Guidelines for Computing Crop Water Requirements [R]. FAO Irrigation and Drainage Paper, 56, Rome.

Bastawesy E M, Ali R R, Faid A, et al., 2013. Assessment of waterlogging in agricultural megaprojects in the closed drainage basins of the Western Desert of Egypt[J]. Hydrology and Earth System Sciences, 17(4): 1493-1501.

Cammalleri C, Anderson M, Gao F, et al., 2013. A data fusion approach for mapping daily evapotranspiration at field scale[J]. Water Resources Research, 49(8): 4672-4686.

Fisher J B, Whittaker R J, Malhi Y, 2011. ET come home: potential evapotranspiration in geographical ecology[J]. Global Ecology and Biogeography, 20(1): 1-18.

Harris P M, Ventura S J , 1995. The integration of geographic data with remotely sensed imagery to improve classification in an urban area[J]. Photogrammetric Engineering and Remote Sensing, 61(8): 993-998.

Jenerette G D, Harlan S L, Stefanov W L, et al., 2011. Ecosystem services and urban heat riskscape moderation: water, green spaces, and social inequality in Phoenix, USA[J]. Ecological Applications, 21(7): 2637-2651.

Kuplich T, Freitas C, Soares J, 2000. The study of ERS-1 SAR and Landsat TM synergism for land use classification[J]. International Journal of Remote Sensing, 21(10): 2101-2011.

Li K, Chen J, Tan M, et al., 2011. Spatio-temporal variability of soil salinity in alluvial plain of the lower reaches of the Yellow River—a case study[J]. Pedosphere, 21: 793-801.

Luque S, Saura S, Fortin M J, 2012. Landscape connectivity analysis for conservation: insights from combining new methods with ecological and genetic data[J]. Landscape Ecology, 27(2): 153-157.

Pal S, Mukherjee S, Ghosh S, 2014. Application of HYDRUS 1D model for assessment of phenol-soil adsorption dynamics[J]. Environmental science & Pollution Research ,21(7): 5249-5261.

Peters-Lidard C, Blackburn E, Liang X, et al., 1998. The effect of soil thermal conductivity parameterization on surface energy fluxes and temperatures[J]. Journal of the Atmospheric Sciences, 55(7): 1209-1224.

Seneviratne S I, Corti T, Davin E L, et al., 2010. Investigating soil moisture–climate interactions in a changing climate: a review[J]. Earth Science Reviews, 99(3-4):125-161.

Tabari H, Talaee P H, 2011. Local calibration of the Hargreaves and Priestley-Taylor equations for estimating reference evapotranspiration in arid and cold climates of Iran based on the Penman-Monteith model[J]. Journal of Hydrologic Engineering, 16(10): 837-845.

第 5 章　变化环境下新疆水资源承载力变化

5.1　数据与方法

5.1.1　新疆水资源现状

新疆三大山脉的积雪、冰川总面积达 2.4 万多平方千米，孕育汇集了 500 多条河流分布于天山南北的盆地，其中较大的有塔里木河(中国最大的内陆河)、伊犁河、额尔齐斯河(流入北冰洋)、玛纳斯河、乌鲁木齐河等。新疆 2001～2015 年水资源量状况如表 5-1 所示。

表 5-1　2001～2015 年新疆水资源量

年份	水资源总量/亿 m^3	地表水资源量/亿 m^3	地下水资源量/亿 m^3	地表水与地下水资源重复量/亿 m^3	人均水资源量/(m^3/人)
2001	1024.40	966.90	692.31	634.81	5500
2002	1068.60	1006.00	724.85	662.25	5652
2003	920.10	863.20	604.30	547.40	4793
2004	855.40	809.20	502.60	456.40	4390
2005	962.82	910.66	562.57	510.41	4789
2006	953.12	903.84	554.13	504.85	4695
2007	863.80	816.60	514.10	466.90	4168
2008	802.60	759.50	518.50	475.36	3790
2009	754.29	713.64	470.47	429.82	3517
2010	1124.00	1063.00	624.30	563.20	5120
2011	885.70	841.00	539.80	495.10	4035
2012	903.20	854.20	557.00	508.00	4141
2013	956.07	905.58	561.27	510.89	4223
2014	726.93	686.55	443.93	403.55	3130
2015	930.40	880.10	545.00	494.70	3943

由表 5-1 可以看出，新疆的水资源量极为丰富，年均水资源总量 917.74 亿 m^3，人均水资源量 4446.81m^3，人均占有量居全国前列。但由于水资源分布不均和社会经济发展水平不平衡的限制，在缺少调节工程的情况下，水资源的开发利用水平较低。

新疆的用水情况主要由第一产业用水、第二产业用水、第三产业用水、居民生活用水和生态用水五部分组成(表 5-2)。2012 年开始，新疆水资源开发利用率就已超出 70%，超过了新疆水资源“三条红线”中水资源开发利用控制指标。随着“丝绸之路经济带”的提出，新疆在新时期获得了新的发展机遇，对水资源的需求急剧增长，主要面临着水资源配置不合理、地下水开采量增加迅猛和水价偏低等问题。

表 5-2 2005～2010 年新疆用水结构情况 单位：亿 m^3

年份	第一产业用水	第二产业用水	第三产业用水	居民生活用水	生态用水
2005	469.70	9.97	1.64	5.37	21.73
2006	471.44	10.59	1.63	5.87	24.20
2007	478.44	10.79	1.62	6.44	20.45
2008	487.78	11.43	1.64	7.27	20.10
2009	492.80	11.78	1.54	8.27	16.52
2010	495.95	13.60	1.14	7.00	17.39

5.1.2 数据来源与处理

1. 统计数据

本书统计数据主要用来构建系统动力学模型以及检验模型的可靠性。所涉及的基础统计资料主要包括新疆维吾尔自治区统计局同期公布的 2005～2016 年的《新疆统计年鉴》、《新疆 50 年》、《新疆水资源公报》以及《国民经济和社会发展统计公报》等。本书由于具体到区/县级行政单元，部分区/县级单元统计数据难以获得，故采用插值等方法获取数据作为替代值；对于某些统计年鉴无法查阅的数据，便在各地区统计局网站、环保局网站等进行搜集。整理得到各区/县级行政单元的人口数量、水量、耕地面积、工业、农业以及第三产业增加值等方面数据。

2. 水文遥感数据

构建 SWAT(soil and water assessment tool)水文模型所需的数据主要包括 DEM 数据、土地利用数据、土壤数据、气象数据以及径流数据等，表 5-3 列出了水文遥感数据的来源和精度属性。构建 SWAT 模型所用的遥感投影坐标均为 WGS_1984_UTM_Zone_45N，栅格数据分辨率统一为 100m。其中 DEM 数据是描述研究区地形地貌空间分布的 GIS 数据，利用 DEM 数据进行研究区流域的水系生成及子流划分。土地利用影响着降水在陆地面的产汇流过程，建模过程中利用到的土地利用数据包括土地利用分布图以及土地利用类型索引表。土壤数据是 SWAT 建模过程主要的输入参数之一，其数据精确程度对模型精度产生重要影响，建模中用到的土壤数据包括土壤类型分布图、土壤类型索引表及土壤物理属性文件，土壤的物理属性直接决定土壤剖面中水、气的运动状况，影响着水文响应单元(hydrological response units，HRU)中的水循环。ERA-Interim 数据通过 ERA 数据格点提取流域内日降水数据、日最高气温和最低气温。SWAT 模型中气象数据包括驱动数据以及天气发生器数据，天气发生器依据多年逐月气象资料模拟生成逐日气象资料，用来弥补缺测的部分逐日气象数据(张爱玲等，2017)。径流数据采用各个流域出口水文站的观测数据。

表 5-3　水文遥感数据列表

数据类型	数据来源	数据精度
DEM 数据	地理空间数据云	90m
土地利用数据	寒区旱区科学数据中心	1：150 万
土壤数据	寒区旱区科学数据中心	1：100 万
ERA-Interim 数据	欧洲中期天气预报中心	0.125°日数据
站点气象数据	中国地面气候资料数据集	日数据
径流数据	水文站观测	年数据

5.1.3　模拟方法

1. 水资源需求模拟——系统动力学方法

系统动力学(system dynamics，SD)(Forrester，1987)由美国麻省理工学院 Forrester 教授于 1956 年创立。系统动力学创立之初主要应用于公司企业管理，直至 20 世纪 90 年代，广泛应用于能源、城市人口、生态环境等领域。系统动力学极其强调系统与整体，联系、发展与运动的观点，易于解决社会系统中存在的问题，从整体出发获取改善和解决问题的有效途径(杨书娟，2005)。

系统动力学是基于系统理论，并借助计算机技术模拟分析问题的方法(张贞等，2011；王海宁和薛惠锋，2012)。基于系统动力学构建的仿真模型，通过调整模型中不同参数变量以及外部条件对模型系统的影响，用于调整优化模型系统结构(冯丹等，2017)。从系统理论的观点出发，系统是由相互联系又有区分的各子系统复杂综合叠加，组成复合开放的集合体。而系统结构既指组成系统的基本单元，又指各个单元之间的关系(惠泱河等，2001)。因此构建水资源承载力系统动力学模型既要充分考虑单元要素，又要研究单元彼此间的反馈关系、因果关系等，才能够动态地认识系统以及系统长期的变化特征。

1) 系统动力学模型结构

水资源承载力研究包括社会、经济、生态和水资源等庞大复杂的系统。在这个系统中，水资源作为承载主体，仅在其可持续发展的前提下，才能为社会经济发展提供必要的条件，为人类生存提供健康的生态环境。而社会经济的发展为水资源的开发利用以及生态环境的修复提供必要的物质基础和条件。因此这些子系统及其相互关系构成了复杂的水资源-社会-经济-生态环境系统。

深入分析水资源承载力系统构成以及各子系统之间联系，需先构建系统动力学模型系统结构图，确定系统界限，分析各主要子系统之间的联系。水资源承载力系统动力学模型结构如图 5-1 所示。

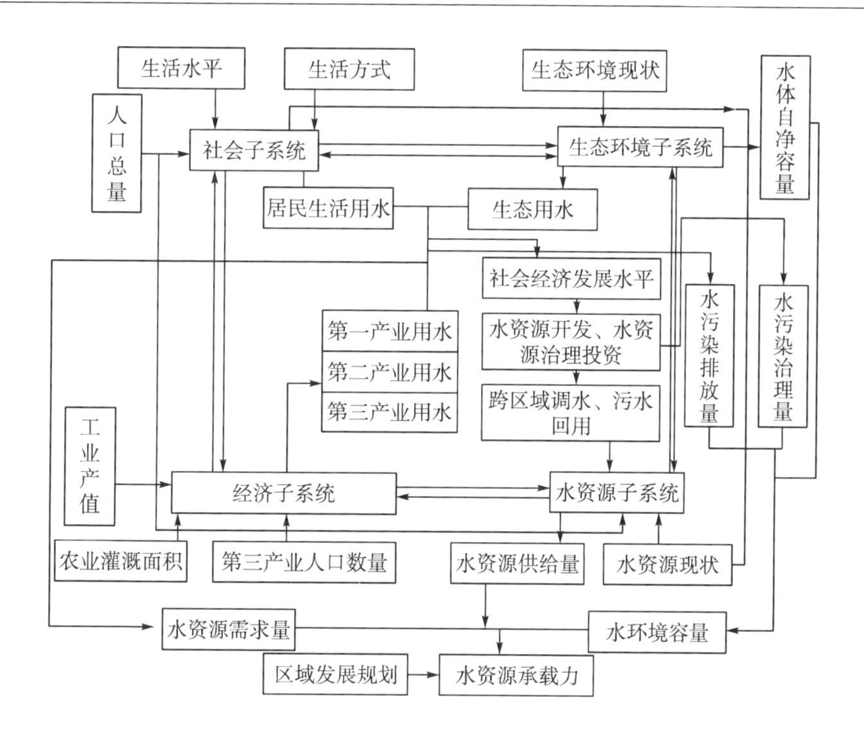

图 5-1 水资源承载力系统动力学模型系统结构图

2) 系统动力学模型原理

水资源承载力系统动力学模型中系统各要素间数量关系通过结构方程得以体现，主要包括以下四种方程。

(1) 状态方程：凡是能对输入和输出变量(或其中之一)进行积累的变量称为状态变量。在系统动力学中计算状态变量的方程称为状态变量方程。状态变量方程的一般形式为(王其藩，1985)

$$\mathrm{LEVEL}_K = \mathrm{LEVEL}_J + DT(\mathrm{INFLOW}_{JK} - \mathrm{OUTFLOW}_{JK}) \tag{5-1}$$

式中，LEVEL 为方程的状态变量；INFLOW 为方程的输入速率(变化率)；OUTFLOW 为方程输出速率(变化率)；DT 为计算时间的间隔(从 J 时刻到 K 时刻) (图 5-2)。

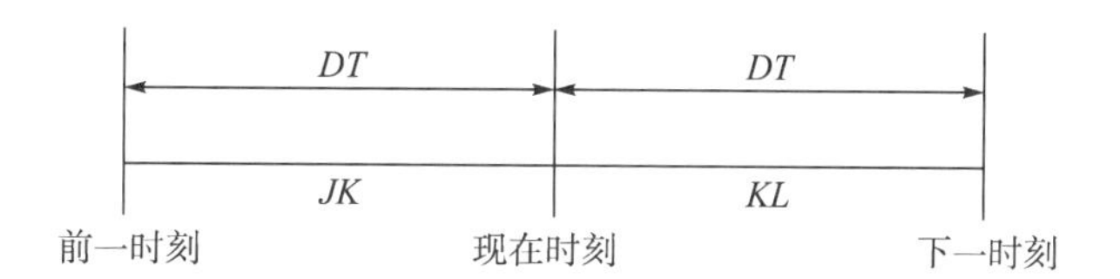

图 5-2 SD 方程时间间隔示意图

(2) 速率方程：对式(5-1)进行变形可得

$$\frac{L_K - L_J}{DT} = \frac{DL}{DT} = \mathrm{IR}_{JK} - \mathrm{OR}_{JK} \tag{5-2}$$

由式(5-2)可知，在状态变量方程中，代表输入与输出的变量为速率，它由速率方程求出。在系统动力学中，以字母 *R* 作为速率方程的标志，速率变量的时间以 *KL* 为标志。

(3)辅助方程：用来描述系统信息关系的方程式，便于建立速率方程。以字母 *A* 作为系统动力学辅助方程的标志。

(4)表函数：由于模型中的某些变量之间存在非线性关系，此时往往需要用辅助变量描述这些变量之间的非线性关系，而简单的代数辅助变量并不能描述非线性关系，所需的非线性函数若能以图形的方式给出，那么则可以运用表函数来表示。系统动力学中以 *T* 作为表函数标志。

2. 可利用水资源模拟——SWAT 模型

SWAT 模型(Arnold et al.,1998)是由美国农业部农业研究中心(USDA-ARS)开发的流域尺度分布式水文模型。该模型可以描述水文循环时空变化过程的物理基础，能够研究气候变化对水文循环的影响。通过模型输入流域内的地形、土地利用方式、土壤属性以及气象等详细数据，即可模拟出该流域人类活动或下垫面因素的变化对水文循环过程的影响(Govers，1990；Prosser and Rustomji，2000)。

SWAT 模型是一种适用于不同土壤类型、不同土地利用类型和管理措施的分布式水文模型，可以直接在模型中输入常规的水文气象观测数据，优势之一便是能够在数据资料缺乏的研究区建模，与 GIS 技术相结合，计算效率高效，可以长期地模拟流域内的水文变化过程(Govers，1990)。

1)SWAT 模型结构

SWAT 模型模拟通常以日、月或年为时间步长，是可以连续长时间段地对研究区进行模拟的分布式水文模型。模型主要分为水文过程子模型、土壤侵蚀子模型和污染负荷子模型三大部分(肖海等，2016；Zhang et al.，2017)，由于本书主要基于 SWAT 模型模拟径流量，因此本章仅介绍水文过程子模型。

首先按建模要求输入数字高程 DEM 数据，数字地形分析和定义流域范围主要由模型中自带的 TOPOAZ 软件完成，紧接着进行研究流域的划分，得到若干个子流域；然后在若干个子流域基础上，根据土地利用以及土壤类型，将各子流域进一步划分为多个水文响应单元(HRU)；随后输入长时间序列的日值气象数据，逐步计算每个水文响应单元的径流量，最后通过汇流计算得到流域的总径流量。SWAT 模型水文模块结构如图 5-3 所示。

2)SWAT 模型原理

SWAT 模型通过自身体系系统把自然环境中涵盖的大多数的地理因子与物理过程相互联系起来，而这主要依据模型中上千个方程以及变量，模拟研究区内不同的水文循环物理过程(贾仰文等，2005)，在模型运行期间会根据 DEM、土壤类型以及土地利用方式划分成若干个子流域。在SWAT模型中，对水文循环的模拟计算基于如下的水量平衡方程(黄锋华等，2018)：

$$\mathrm{SW}_t = \mathrm{SW}_0 + \sum_{i=1}^{t}(R_{\mathrm{day}} - Q_{\mathrm{surf}} - E_{\mathrm{a}} - W_{\mathrm{seep}} - Q_{\mathrm{gw}}) \tag{5-3}$$

式中，SW_t 和 SW_0 分别表示第 i 天的末期、初期土壤层的含水量(mm)；t 表示时间步长(d)；R_{day} 表示第 i 天降水量(mm)；Q_{surf} 表示第 i 天地表径流量(mm)；E_a 表示第 i 天蒸发蒸腾量(mm)；W_{seep} 表示第 i 天土壤表面入渗到非饱和带的水量(mm)；Q_{gw} 表示第 i 天地下水回归流量(mm)。

SWAT 模型的径流模拟包括地表径流、蒸散发、渗透、壤中流以及地下径流等几个部分。

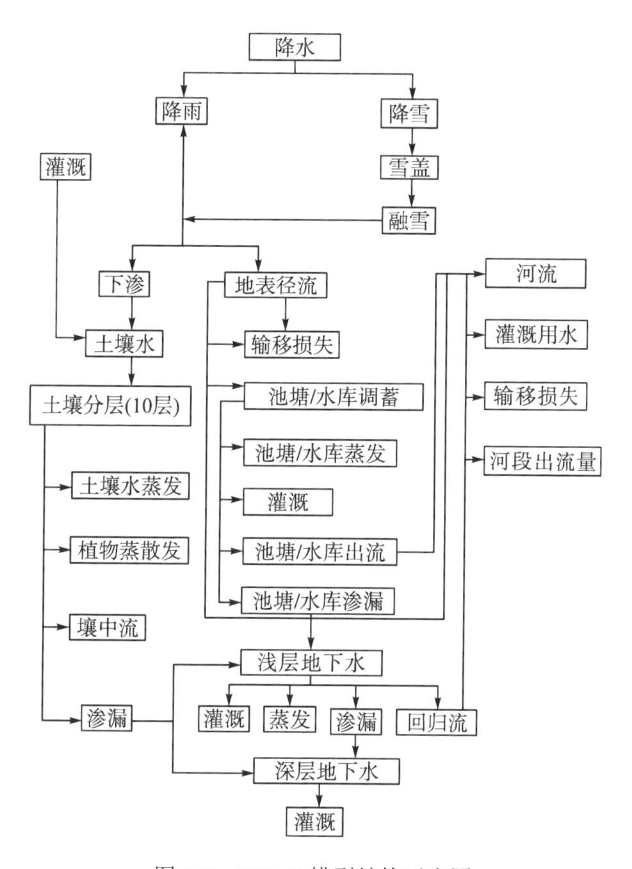

图 5-3　SWAT 模型结构示意图

(1)地表径流。

当降雨强度大于下渗率时开始填洼，一旦填满地表洼地，就会产生地表径流。对于估算地表径流，SWAT 模型提供了两种方法，土壤保护服务(Soil Conservation Service，SCS)曲线法和 Green & Ampt 下渗法。SCS 径流方程是普遍使用的经验模型，具有参数少，计算方便，同时考虑了流域下垫面的特点，如土地利用方式、土壤、植被、坡度等，可应用于无资料流域，能针对未来土地利用情况的变化，预测降雨径流关系的可能变化。SCS 曲线法计算方程为

$$Q_{surf}=\frac{(R_{day}-I_a)^2}{R_{day}-I_a+S} \tag{5-4}$$

式中，Q_{surf} 表示累积径流量或超渗雨量(mm)；R_{day} 表示某天的雨深(mm)；I_a 表示初损量，

包括产流前的地面填洼量、植物截留量和下渗量(mm)；S 表示滞留参数(mm)。

滞留参数随着土壤、土地利用方式、管理措施和坡度的不同而呈现空间上的差异，随着土壤含水量的变化而呈现时间上的差异。滞留参数定义为

$$S=25.4\left(\frac{1000}{\text{CN}}-10\right) \tag{5-5}$$

式中，CN 表示某日的曲线数。

初损 I_a 通常近似为 0.2S，则式(5-4)变为

$$Q_{\text{surf}}=\frac{(R_{\text{day}}-0.2S)^2}{R_{\text{day}}+0.8S} \tag{5-6}$$

仅当 $R_{\text{day}}>I_a$ 时，产生地表径流。CN 值是综合指标，是反映土壤透水性、土地利用方式和土壤前期含水状况的综合参数。SCS 模型中的 CN 值与土壤的渗透性、土地利用方式、前期土壤湿度有关，SCS 模型定义了三种前期土壤水分条件：Ⅰ——干燥(萎蔫系数)；Ⅱ——一般湿度；Ⅲ——湿润(田间持水量)。假定土壤水分处于干燥条件(Ⅰ)，则其曲线数为日曲线数的最低值。其中，土壤水分条件Ⅰ和Ⅲ的曲线数可以通过式(5-7)和式(5-8)计算得到。

$$\text{CN}_1=\text{CN}_2-\frac{20(100-\text{CN}_2)}{100-\text{CN}_2+\exp\left[2.533-0.0636(100-\text{CN}_2)\right]} \tag{5-7}$$

$$\text{CN}_3=\text{CN}_2\cdot\exp\left[0.00673(100-\text{CN}_2)\right] \tag{5-8}$$

对于滞留参数 S 的计算，SWAT 模型提供了两种方法：一种是传统方法，滞留参数随土壤剖面含水量的变化而变化；另一种方法中滞留参数随植物蒸散发累积量的变化而变化。由于土壤水分方法预测的是浅层土壤径流，因此引入植物蒸散发的函数来计算 CN 值，滞留参数对土壤蓄水量的依赖变小。当滞留参数随土壤剖面含水量的变化时，则

$$S=S_{\max}\times\left\{1-\frac{\text{SW}}{\left[\text{SW}+\exp(w_1-w_2\cdot\text{SW})\right]}\right\} \tag{5-9}$$

式中，S 表示某天的滞留参数(mm)；$S_{\max}$ 表示某天滞留参数可以达到的最大值(mm)；SW 表示整个土壤剖面中除凋萎含水量外的土壤含水量(mm)；w_1 和 w_2 表示形状系数。滞留参数 $S_{\max}$ 可以通过 CN_1 求解方程式(5-7)计算得到。

前期土壤水分条件Ⅰ曲线数的滞留参数，对应于土壤剖面的凋萎含水量；前期土壤水分条件Ⅱ曲线数的滞留参数，对应于土壤剖面的田间持水量；当土壤完全饱和时，曲线数为 99(S=2.54)。

(2)蒸散发。

蒸散发是流域水分散失的主要途径，降水量与蒸散发量之间的差量可供人类利用与管理。SWAT 模型将植物冠层水分的蒸散发和土壤水分的蒸散发分开计算，土壤水分潜在蒸散发(potential evapotranspiration，PET)计算方法有三种：彭曼-蒙特斯(Penman-Monteith)法、Priestley-Taylor 法以及哈格里夫斯(Hargreaves)法。实际蒸散发量的计算是在潜在蒸散发量计算的基础上，再计算植被冠层截留的蒸发量、最大蒸发量、最大升化量、最大土壤水分蒸发量，最后土壤水分蒸发量。计算植物的蒸散发可运用式(5-10)计算：

$$\begin{cases} E_t=\dfrac{E_0 \cdot \mathrm{LAI}}{3.0}, & 0 \leqslant \mathrm{LAI} \leqslant 3.0 \\ E_t=E_0, & \mathrm{LAI}>3.0 \end{cases} \tag{5-10}$$

式中，E_t 表示某日的最大蒸散发量(mm)；E_0 表示考虑冠层自由水分蒸发后的潜在蒸散发量(mm)；LAI 表示叶面积指数。

式(5-10)计算出的蒸散发量是生长在理想条件下某天的植物蒸散发量，若土壤剖面缺乏有效的水分，实际蒸散发量可能小于该值。

(3)渗透。

SWAT 模型中分成多个土壤层，采用耦合衰退流模型的储量传输技术计算通过每个土壤层的渗透量，最终计算土壤剖面渗透量。当某土壤层中的含水量超过田间持水量，而且其下层土壤的含水量未达到饱和时就发生下渗。土壤层中的可渗透水量通过式(5-11)计算得到。

$$\begin{cases} \mathrm{SW}_{\mathrm{ly,\,excess}}=\mathrm{SW}_{\mathrm{ly}}-\mathrm{FC}_{\mathrm{ly}}, & \mathrm{SW}_{\mathrm{ly}}>\mathrm{FC}_{\mathrm{ly}} \\ \mathrm{SW}_{\mathrm{ly,\,excess}}=0, & \mathrm{SW}_{\mathrm{ly}} \leqslant \mathrm{FC}_{\mathrm{ly}} \end{cases} \tag{5-11}$$

式中，$\mathrm{SW}_{\mathrm{ly,\,excess}}$ 表示某日土层的可渗透水量(mm)；$\mathrm{SW}_{\mathrm{ly}}$ 表示某日土层的含水量(mm)；$\mathrm{FC}_{\mathrm{ly}}$ 表示土层的田间持水量(mm)。

其中，上层渗透到下层水量的计算方法为

$$w_{\mathrm{pere,\,ly}}=\mathrm{SW}_{\mathrm{ly,\,excess}}\left[1-\exp\left(\frac{-\Delta t}{\mathrm{TT}_{\mathrm{pere}}}\right)\right] \tag{5-12}$$

式中，$w_{\mathrm{pere,\,ly}}$ 表示某日渗透到下土层的水量(mm)；$\mathrm{SW}_{\mathrm{ly,\,excess}}$ 表示某日土层的可渗透水量(mm)；Δt 表示时间步长(h)；$\mathrm{TT}_{\mathrm{pere}}$ 表示渗透时间(h)。

每层的渗透时间都不相同，其计算公式为

$$\mathrm{TT}_{\mathrm{pere}}=\frac{\mathrm{SAT}_{\mathrm{ly}}-\mathrm{FC}_{\mathrm{ly}}}{K_{\mathrm{sat}}} \tag{5-13}$$

式中，$\mathrm{TT}_{\mathrm{pere}}$ 表示渗透时间(h)；$\mathrm{SAT}_{\mathrm{ly}}$ 表示土层的饱和含水量(mm)；$\mathrm{FC}_{\mathrm{ly}}$ 表示土壤层的田间持水量(mm)；K_{sat} 表示该层的饱和渗透系数(mm/h)。

(4)壤中流。

SWAT 模型综合了由斯隆(Sloan)和穆尔(Moore)汇总的壤中流运动储存模型，在其推导中采用了运动学近似方法，用于模拟沿陡峭坡面向下运动的二维壤中流。

模型基于水量平衡方程，将整个坡段作为控制体，定义坡段上透水土壤表层深 D_{perm}、长 L_{hill}，下层是不透水土层或边界，山坡坡面与水平方向的夹角为α_{hill}。

在壤中流的动力波近似值计算中，假设饱和水流区的水流线平行于不透水层边界，而且水力梯度等于河床比降。单位面积坡段上的饱和带中储存的可排泄水量为

$$\mathrm{SW}_{\mathrm{ly,\,excess}}=\frac{1000 H_0\, \varphi_{\mathrm{d}}\, L_{\mathrm{hill}}}{2} \tag{5-14}$$

式中，$\mathrm{SW}_{\mathrm{ly,\,excess}}$ 表示单位面积坡段上饱和带中储存的可排水量(mm)；H_0 表示出山口断面处垂直于坡段的饱和带厚度，以总厚度的分数表示(mm/mm)；φ_{d} 表示土壤层的有效孔

隙度(mm/mm)；L_{hill} 表示坡长(m)；1000 表示将米换算成毫米所需的换算因子。

通过变换，可以求解出 H_0：

$$H_0=\frac{2\text{SW}_{\text{ly, excess}}}{1000\varphi_{\text{d}}L_{\text{hill}}} \tag{5-15}$$

土壤层的有效孔隙度为

$$\varphi_{\text{d}}=\varphi_{\text{soil}}-\varphi_{\text{fe}} \tag{5-16}$$

式中，φ_{d} 表示土壤层的有效孔隙度(mm/mm)；φ_{soil} 表示土壤层的总孔隙度(mm/mm)；φ_{fe} 表示在田间持水量时充满水的孔隙(mm/mm)。

当土壤层的含水量超过其田间持水量时，认为土层饱和。储存的有效水量为

$$\begin{cases}\text{SW}_{\text{ly, excess}}=\text{SW}_{\text{ly}}-\text{FC}_{\text{ly}}, & \text{SW}_{\text{ly}}>\text{FC}_{\text{ly}}\\ \text{SW}_{\text{ly, excess}}=0, & \text{SW}_{\text{ly}}\leqslant\text{FC}_{\text{ly}}\end{cases} \tag{5-17}$$

式中，$\text{SW}_{\text{ly, excess}}$ 表示某天土壤层中储存的可排水量(mm)；SW_{ly} 表示某天土壤层的含水量(mm)；FC_{ly} 表示土壤层的田间持水量(mm)。

坡面出口断面处的净出流量为

$$Q_{\text{lat}}=24H_0v_{\text{lat}} \tag{5-18}$$

式中，Q_{lat} 表示坡面出口断面处的流量(mm/d)；H_0 表示出口断面垂直于坡面的饱和带厚度，以总厚度的分数表示(mm/mm)；v_{lat} 表示出口断面处的流速(mm/h)。

出口断面处的流速为

$$v_{\text{lat}}=K_{\text{sat}}\sin\alpha_{\text{hill}} \tag{5-19}$$

式中，K_{sat} 表示饱和渗透系数(mm/h)；α_{hill} 表示坡面的坡度(°)。因为 SWAT 模型中输入的坡度是单位距离上的高程增加(slp)，其值为 $\tan\alpha_{\text{hill}}$，由于 $\tan\alpha_{\text{hill}}\approx\sin\alpha_{\text{hill}}$，修改方程式(5-19)后，输入坡度值：

$$v_{\text{lat}}=K_{\text{sat}}\tan\alpha_{\text{hill}}=K_{\text{sat}}\text{slp} \tag{5-20}$$

将方程式(5-15)、式(5-20)代入式(5-18)，可以得

$$Q_{\text{lat}}=0.024\left(\frac{2\text{SW}_{\text{ly, excess}}K_{\text{sat}}\text{slp}}{\varphi_{\text{d}}\cdot L_{\text{hill}}}\right) \tag{5-21}$$

(5)地下径流。

SWAT 模型将地下水分为浅层地下水和深层地下水，浅层地下径流流入流域之内河流；深层地下径流流入流域之外河流。

①浅层地下水的水量平衡方程为

$$\text{aq}_{\text{sh}, i}=\text{aq}_{\text{sh}, i-1}+w_{\text{rchrg}}-Q_{\text{gw}}-w_{\text{revap}}-w_{\text{pump, sh}} \tag{5-22}$$

式中，$\text{aq}_{\text{sh}, i}$ 表示第 i 天浅层含水层的储水量(mm)；$\text{aq}_{\text{sh}, i-1}$ 表示第 i-1 天浅层含水量的储水量(mm)；w_{rchrg} 表示第 i 天浅层含水量的补给量(mm)；Q_{gw} 表示第 i 天汇入主河道的地下水径流量或基流量(mm)；w_{revap} 表示第 i 天因土壤水分不足而进入土壤带的水量(mm)；$w_{\text{pump, sh}}$ 表示第 i 天浅层含水层的抽水量(mm)。

浅层含水量的补给量 w_{rchrg} 计算如下：

$$w_{\text{rchrg}}=\left[1-\exp(-1/\delta_{\text{gw}})\right]w_{\text{seep}}+\exp(-1/\delta_{\text{gw}})w_{\text{rchrg}, i-1} \tag{5-23}$$

式中，w_{rchrg} 表示第 i 天含水层的补给量(mm)；δ_{gw} 表示水在蓄水层之上地质体中的延迟时间或平排水时间(d)；w_{seep} 表示第 i 天从土壤底部流出的总水量(mm)；$w_{rchrg,\ i-1}$ 表示第 i-1 天含水层的补给量(mm)。

地下径流(或基流) Q_{gw} 的计算公式为

$$Q_{gw}=\frac{8000K_{sat}}{L_{gw}^2}\cdot h_{wtbl} \tag{5-24}$$

式中，Q_{gw} 表示第 i 天汇入主河道的地下水径流量或基流(mm)；K_{sat} 表示含水层的渗透系数(mm/d)；L_{gw} 表示子流域的地下水分水岭到主河道的距离(m)；h_{wtbl} 表示浅层地下水的埋深(m)。

计算最大土壤补给量 $w_{revap,\ max}$ 公式如下：

$$w_{revap,\ max}=\beta_{rev}\cdot E_0 \tag{5-25}$$

式中，$w_{revap,\ max}$ 表示由于土壤水分不足而进入土壤层的最大反哺量(mm)；β_{rev} 表示反哺系数；E_0 表示某天的潜在蒸散发量(mm)。

某天的实际反哺育水量为

$$\begin{cases} w_{revap}=0, & aq_{sh}\leqslant aq_{shthr,\ rvp} \\ w_{revap}=aq_{sh}-aq_{shthr,\ rvp}, & aq_{shthr,\ rvp}<aq_{sh}<(aq_{shthr,\ rvp}+aq_{shthr,\ max}) \\ w_{revap}=w_{revap,\ max}, & aq_{sh}\geqslant(aq_{shthr,\ rvp}+aq_{shthr,\ max}) \end{cases} \tag{5-26}$$

式中，w_{revap} 表示由于土壤水分不足而进入土壤层的实际反哺量(mm)；$w_{revap,\ max}$ 表示由于土壤水分不足而进入土壤层的最大反哺量(mm)；aq_{sh} 表示在该天开始时储存在浅蓄水层中的水量(mm)；$aq_{shthr,\ rvp}$ 表示允许反哺发生的地下水位阈值(mm)。

②深层含水层的水量平衡方程为

$$aq_{dp,\ i}=aq_{dp,\ i-1}+w_{deep}-w_{pump,\ dp} \tag{5-27}$$

式中，$aq_{dp,i}$ 表示第 i 天深层含水层的储存水量(mm)；$aq_{dp,i-1}$ 表示第 i-1 天深层含水层的储存水量(mm)；w_{deep} 表示第 i 天浅水层渗入到深层含水层的水量(mm)；$w_{pump,dp}$ 表示第 i 天深层含水量的抽水量(mm)。

进入深层含水量的水量不参与水量收支的计算，视为系统中水的损失。

3. 气象数据降尺度模型

1) 空间降尺度模型

本书运用多模式集合统计降尺度进行典型相关分析筛选—多模式集合—极限学习机回归空间降尺度模型，对各研究流域降水、气温进行空间降尺度，最后使用同倍比法进行时间降尺度，以获取各流域未来气候情景。

气象站点的密度(尤其是雨量站点)直接决定了 SWAT 模型模拟结果的精确性(杨凯杰和吕昌河，2018)。由于新疆各大流域产流区气象观测站点处于流域的中下游，且观测站点稀少，观测资料难以代表流域产流区气象概况，因此本书利用获取的 ERA-Interim 再分析数据作为补充数据。ERA-Interim 是由欧洲中期天气预报中心制作的一套再分析数据集，涉及气温、降水当量等要素，在中亚具有较好的精度(胡增运等，2013)。

世界已有的GCMs模式有近40个，本研究获取了26个(表5-4)，为得到多模式集合数据预测精度，需对获取到的GCMs模式进行筛选。因此本书通过典型相关分析(canoncila correlation analysis，CCA)方法(Hotelling，1992)对26个GCMs模式进行筛选，分别获取对流域日最低气温月均值($T_{min\text{-}M}$)、日最高气温月均值($T_{max\text{-}M}$)、日平均降水月均值(P_M)解释能力最高的四个模式，组建对应的多模式集合。

表5-4 研究获取的26个GCMs模式空间分辨率表

模式	精度(经度×纬度)	模式	精度(经度×纬度)
GFDL-ESM2M	2.5°×2.022°	BCC-CSM1-1	2.813°×2.791°
GISS-E2-H	2.5°×2.0°	BCC-CSM1-1-m	1.125°×1.121°
GISS-E2-R	2.5°×2.0°	BNU-ESM	2.813°×2.791°
HadGEM2-AO	1.875°×1.25°	CanESM2	2.813°×2.791°
HadGEM2-ES	1.875°×1.25°	CCSM4	1.25°×0.942°
IPSL-CM5A-LR	3.75°×1.895°	CESM1-CAM5	1.25°×0.942°
IPSL-CM5A-MR	2.5°×1.268°	CESM1-WACCM	2.5°×1.895°
MIROC5	1.406°×1.401°	CNRM-CM5	1.406°×1.401°
MIROC-ESM	2.813°×2.791°	CSIRO-Mk3-6-0	1.875°×1.865°
MIROC-ESM-CHEM	2.813°×2.791°	FGOALS-g2	2.813°×2.791°
MPI-ESM-LR	1.875°×1.865°	FIO-ESM	2.813°×2.791°
MPI-ESM-MR	1.875°×1.865°	GFDL-CM3	2.5°×2.0°
MRI-CGCM3	1.125°×1.121°	GFDL-ESM2G	2.5°×2.022°

分别提取每种GCMs模式中与NCECP每个数据点最邻近的16个数据点日最高气温月均值、日最低气温月均值、日平均降水月均值数据，并在去冗余化处理后组成相应GCMs模式数据集矩阵，然后以此为自变量矩阵，以ERA-Interim数据集为因变量矩阵进行典型相关分析，计算所有典型变量对ERA-Interim数据集变异的累积解释能力(表5-5)。

表5-5 GCMs数据集矩阵对ERA-Interim数据集矩阵变异累积解释能力

模型	$T_{max\text{-}M}$	$T_{min\text{-}M}$	P_M
GFDL-ESM2M	0.962	0.959	0.471
GISS-E2-H	0.961	0.962	0.430
GISS-E2-R	0.963	0.965	0.410
HadGEM2-AO	0.962	0.964	0.559
HadGEM2-ES	0.895	0.868	0.371
IPSL-CM5A-LR	0.948	0.911	0.389

续表

模型	$T_{max\text{-}M}$	$T_{min\text{-}M}$	P_M
IPSL-CM5A-MR	0.953	0.936	0.452
MIROC5	0.965	0.965	0.528
MIROC-ESM	0.959	0.960	0.448
MIROC-ESM-CHEM	0.955	0.944	0.482
MPI-ESM-LR	0.961	0.968	0.423
MPI-ESM-MR	0.963	0.973	0.409
MRI-CGCM3	0.939	0.959	0.501
BCC-CSM1-1	0.960	0.959	0.430
BCC-CSM1-1-m	0.954	0.959	0.062
BNU-ESM	0.953	0.951	0.375
CanESM2	0.965	0.963	0.445
CCSM4	0.968	0.969	0.451
CESM1-CAM5	0.967	0.969	0.378
CESM1-WACCM	0.962	0.965	0.435
CNRM-CM5	0.967	0.966	0.422
CSIRO-Mk3-6-0	0.963	0.968	0.443
FGOALS-g2	0.945	0.958	0.000
FIO-ESM	0.952	0.957	0.435
GFDL-CM3	0.965	0.965	0.455
GFDL-ESM2G	0.962	0.958	0.336

由表 5-5 可知，GCMs 模式对气温变异解释能力较强，而对降水率变异解释能力较弱，主要原因是降水率具有较大的空间、时间变异性，模拟较为困难，而 GCMs 模式较低的时间、空间分辨率以及较差的模型概化准确性则进一步降低了对降水率变异的解释能力。筛选出对 ERA-Interim 数据集日最低气温月均值、日最高气温月均值、日平均降水月均值解释能力最高的四个模式，由各自解释能力最高的 4 个模式组成。

因此自变量矩阵共由 64 个数据点相应气候因子的时间序列组成。本书引入决定系数 R^2［式(5-28)］与相对平均绝对残差(relative mean absolute residual，RMAR)［式(5-29)］两个指标，分别从拟合优度与相对残差大小角度评估极限学习机(cextreme learning machine，ELM)回归效果。

$$R^2 = 1 - \frac{\sum_{i=1}^{n}(y_{\text{ob},i} - y_{\text{si},i})^2}{\sum_{i=1}^{n} y_{\text{ob},i}^2} \tag{5-28}$$

$$\mathrm{RMAR}=\frac{\sum\left|y_{\mathrm{ob}}-y_{\mathrm{si}}\right|}{n\cdot\left[\max y_{\mathrm{ob}}-\min y_{\mathrm{ob}}\right]} \tag{5-29}$$

式中，n 为时间序列长度；y_{ob} 为观测时间序列；y_{si} 为模拟时间序列。

表 5-6 各气候因子对应的 R^2 和 RMAR

气候因子	情景	R^2	RMAR
$T_{\mathrm{max\text{-}M}}$	RCP2.6	0.953	0.036
	RCP4.5	0.965	0.039
	RCP8.5	0.968	0.040
$T_{\mathrm{min\text{-}M}}$	RCP2.6	0.950	0.041
	RCP4.5	0.945	0.038
	RCP8.5	0.962	0.038
P_{M}	RCP2.6	0.395	0.175
	RCP4.5	0.401	0.170
	RCP8.5	0.398	0.169

由表 5-6 可知，对于日最高气温月均值($T_{\mathrm{max\text{-}M}}$)和日最低气温月均值($T_{\mathrm{min\text{-}M}}$)，评价指标 R^2 均在 0.90 以上，且 RMAR 较低，说明 ELM 回归降尺度效果较好。日平均降水月均值(P_{M})评价指标 R^2 较低，RMAR 较高，表明日平均降水月均值 ELM 回归降尺度效果差于日最高气温月均值和日最低气温月均值，主要原因是降水率巨大的空间、时间变异性以及 GCMs 较差的模拟效果。

2) 时间降尺度模型

由于 SWAT 水文模型输入气象数据时间尺度为日值，而 GCMs 数据时间尺度为月值，因此需要在此基础上进行时间降尺度。本书采用同倍比放大法和反距离权重法，考虑网格点空间相关性对日平均气温月均值、日最高气温月均值、日最低气温月均值、日平均降水率月均值进行时间降尺度。其详细过程如下：

(1) 寻找网格临近点并赋值临近点权重。待降尺度点权重为 1，与待降尺度点经度或纬度相差 0.125° 点的权重为 0.25，与经度及纬度均相差 0.125° 的点权重为 0.0625，其余点由于距离较远，不予考虑。

(2) 寻找气候情景最接近待降尺度月份的历史月份。从历史年份中选择四种气象要素月均值与待降尺度月份月均值差值绝对值最小的月份，若四种气象要素对应月份相同，则选择此月份作为典型月份；若不相同，首先将差值绝对值化，并除以对应气象要素在 1979～2015 年 0～1 标准化的相对差值，然后将四种气象要素的相对差值等权重相加得到综合相对差值，最后寻找综合相对差值最小的月份作为典型月份，典型月份要求与待降尺度月份年内序号相同，不同序号月份不参加筛选。

(3) 计算四种气象要素待降尺度月份月均值与典型月份月均值之间的倍比，并以此对典型月份日值进行放大或缩小得到待降尺度月份日值。

以 1979～2015 年为历史待选择年份，采用同倍比法对 2016～2030 年日平均气温月均值、日最高气温月均值、日最低气温月均值、日平均降水率月均值进行时间降尺度。由于气象要素具有极强的随机性，同倍比法时间降尺度也仅能大概模拟气象要素的月内概率分布，进行实际值与模拟值对比也意义不大，故不再进行时间降尺度效果校核。

4. 模型精度评价

本书采用(Nash-Sutcliffe)模拟效率系数 Ens 和决定系数 r^2 对 SWAT 模型的模拟结果进行评价(盛春淑和罗定贵，2006)：

$$\mathrm{Ens}=1-\frac{\sum_{i=1}^{n}(Q_{\mathrm{obs},i}-Q_{\mathrm{sim},i})^2}{\sum_{i=1}^{n}\left(Q_{\mathrm{obs},i}-\overline{Q}_{\mathrm{obs}}\right)^2} \tag{5-30}$$

$$r^2=\frac{\left[\sum_{i=1}^{n}\left(Q_{\mathrm{obs},i}-\overline{Q}_{\mathrm{obs}}\right)\left(Q_{\mathrm{sim},i}-\overline{Q}_{\mathrm{sim}}\right)\right]^2}{\sum_{i=1}^{n}\left(Q_{\mathrm{obs},i}-\overline{Q}_{\mathrm{obs}}\right)^2\sum_{i=1}^{n}\left(Q_{\mathrm{sim},i}-\overline{Q}_{\mathrm{sim}}\right)^2} \tag{5-31}$$

式中，$Q_{\mathrm{obs},i}$ 为实测流量；$Q_{\mathrm{sim},i}$ 为模拟流量；$\overline{Q}_{\mathrm{obs}}$ 为多年平均实测流量；$\overline{Q}_{\mathrm{sim}}$ 为多年平均模拟流量；n 为模拟流量序列长度。

对于年尺度径流模拟，通常将 Ens＞0.6，r^2＞0.65 作为模拟结果的检验标准(薛晨，2011; Moriasi et al.，2016)。

5.2　变化情景下的新疆水资源需求模拟分析

5.2.1　变化条件下新疆水资源需求结构情景假设

目前新疆水资源分布不均和短缺已经成为制约其经济社会发展的主要因素，而新疆属于典型的绿洲农业经济，根据 2005～2010 年用水数据，2010 年农业用水、工业用水、城乡生活用水比例为 96.01∶2.63∶1.36。农业用水占总用水量 95%左右，利用率却仅为 49%左右(关东海，2013)，新疆的节水潜力巨大，此外，随着社会经济的发展，人口水量的增加，产业用水和生活用水也随之增加。因此，必须使新疆水资源得到合理利用，提高新疆水资源承载力，促进水资源与经济协调发展，在“三条红线”约束下，主要通过节流来完成。本书利用 Vensim 软件构建各流域水资源承载力 SD 流程图，并结合相关的规划及政策，设计三种不同方案，模拟各流域不同方案下需水量情景。

本书根据《新疆维吾尔自治区国民经济和社会发展第十三个五年规划纲要》，结合水资源承载力内涵和特点，以及决策变量的选取原则，合理调整各决策变量。主要选取城市生活用水定额、农村生活用水定额、农业灌溉定额、第三产业增加值用水量、工业增加值增长率和第三产业增加值增长率 6 个变量作为决策变量，通过对各决策变量的合理调整，设计 3 种不同方案，具体方案如下：①延续型方案。按照当前惯性发展。②节水型方案。

将城市生活用水定额、农村生活用水定额、农业灌溉定额及工业增加值用水量逐步减少20%左右。③产业结构调整型方案。在节水型方案基础上，合理调整产业结构。新疆农业用水比重达到95%，通过适当提高工业增加值增长率和第三产业增加值增长率来实现水资源合理配置，模拟新疆水资源承载力的变化趋势及改善程度。三种不同方案的决策变量设置值如表5-7所示。

表5-7 三种不同方案的决策变量设置值

决策变量	延续型方案		节水型方案		产业结构调整型方案	
	2020年	2030年	2020年	2030年	2020年	2030年
城市生活用水定额/［人/(d·L)］	129.0	129.0	103.2	103.2	103.2	103.2
农村生活用水定额/［人/(d·L)］	65	65	52	52	52	52
农业灌溉定额/(m^3/亩)	750	750	600	600	600	600
工业增加值用水量/(m^3/万元)	25	15	20	12	20	12
工业增加值增长率	0.137	0.143	0.137	0.143	0.145	0.152
第三产业增加值增长率	0.18	0.18	0.18	0.18	0.20	0.22

5.2.2 变化情景下的新疆水资源需水量情景模拟

1. 需水量系统结构构建

各流域水资源承载力的研究内容复杂，影响因素较多，分析牵涉方面较多，诸如社会、经济、水资源和生态等因素，而这些因素都是随时间动态变化的变量，各系统的因素之间相互联系与影响。

本书根据各流域的实际情况并基于构建水资源承载力系统动力学模型所需数据资料，参考与之相关的文献，将各流域的水资源承载力系统分为四个子系统：社会子系统、经济子系统、水资源子系统和生态子系统。各子系统构成要素如下。

(1)社会子系统：主要由人口和生活用水两部分组成。其中，总人口、人口增长率等要素反映人口的变化状况，城市人口、农村人口等要素主要反映人口分布和城市进步情况，城市生活用水量、农村生活用水量等要素反映居民生活用水情况。

(2)经济子系统：主要由GDP、农业用水、工业用水、第三产业用水等部分组成。其中，农业用水方面主要包括有农业耕地面积、农田灌溉定额、耕地面积变化率等，反映第一产业的用水情况；工业用水方面主要包括工业废水排放量、工业废水处理量、单位工业增加值用水量等，反映第二产业的用水情况；第三产业用水方面主要为第三产业单位用水量。

(3)水资源子系统：主要由常规水资源量、再生水资源量等构成，反映水资源来源。

(4)生态子系统：主要有城市生态用水、城市绿地面积、绿地用水定额等要素，反映生态补水情况。

2. 系统变量的确定和系统流图的构建

系统动力学模型涉及的参数变量众多，主要涉及状态变量、速率变量、辅助变量和常量。首要需要确定模型中的状态变量以及表函数，然后再确定与其相关的其他变量。本书选取的状态变量与表函数如表 5-8 所示。

表 5-8　模型状态变量与表函数

变量类型	变量名称	单位
状态变量	总人口	万人
	GDP	万元
	农业耕地面积	亩
	工业增加值	万元
	第三产业增加值	万元
	绿地面积	亩
表函数	人口变化率	—
	城市化率	—
	耕地面积变化率	—
	GDP 变化率	—
	工业增加值增长率	—
	第三产业增加值增长率	—
	常规水资源可供水量	万 m^3
	再生水资源可供水量	万 m^3
	单位工业增加值用水量	m^3/万元
	生活污水处理率	—
	绿地面积变化率	—

如前文所述，水资源承载力系统包括 4 个一级子系统，即社会子系统、经济子系统、水资源子系统和生态子系统。为更加详细地描述系统内部结构以及系统变量之间的相互联系，利用 Vensim 软件构建水资源承载力 SD 流程图(图 5-4)。在图 5-4 中，使用状态变量、速率变量、辅助变量、常量及信息流描述系统结构关系，能够清晰地看出整个系统内部物质、信息和能量的传递方向以及系统的反馈回路。

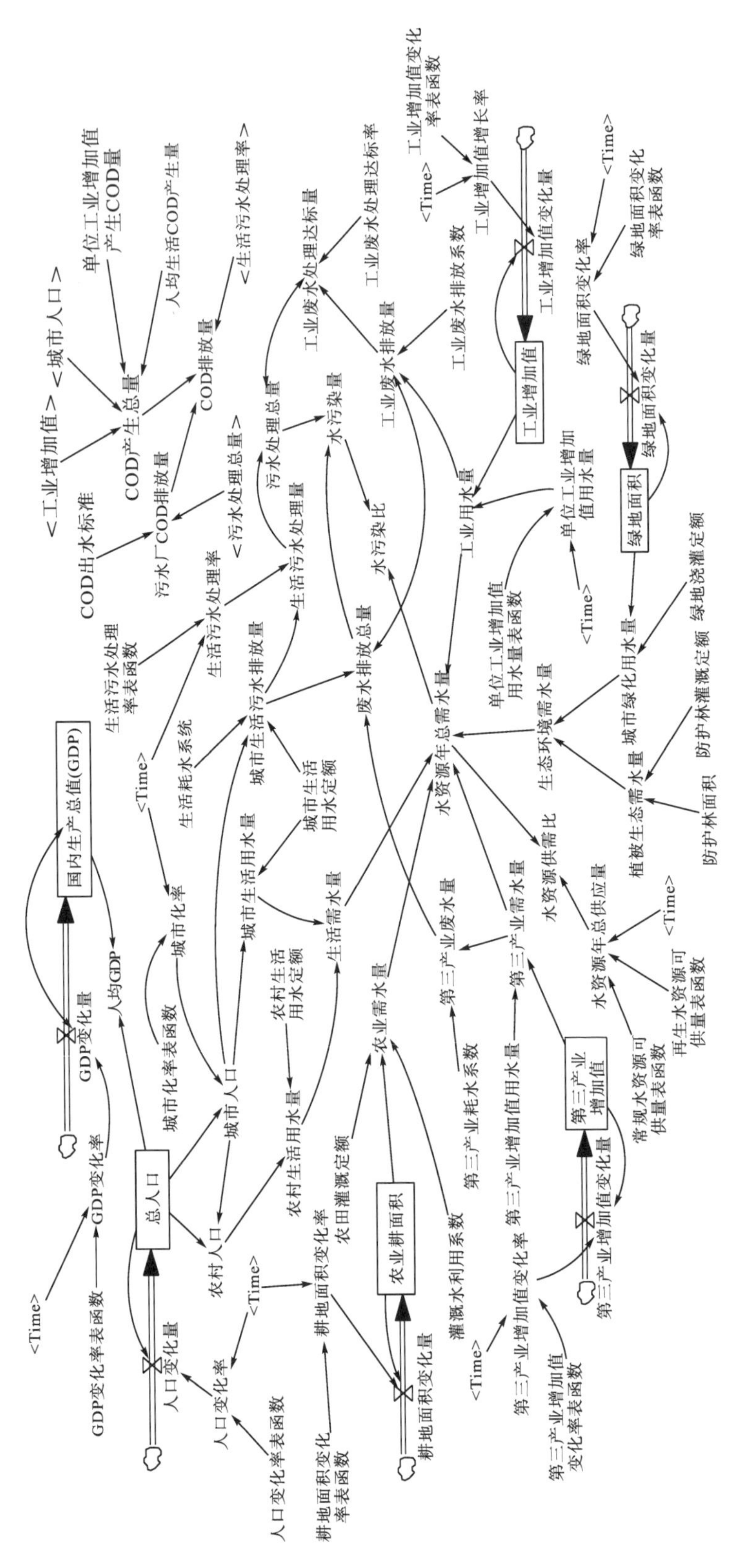

图5-4 水资源承载力SD流程图

3. 模型参数的确定和方程的建立

水资源承载力模型结构较为复杂，涉及参数众多，选择合适的参数对构建模型以及仿真模拟至关重要。在进行模拟之前，首先应对模型中的所有常数、表函数及状态变量方程的初始值进行赋值。本书采用的主要确定方法有以下几种：

(1) 对《新疆统计年鉴》、《新疆水资源公报》以及《新疆维吾尔自治区国民经济和社会发展统计公报》等历年资料获取的相关参数值进行整理和检验，确保数据的准确性；

(2) 对模型中各变量之间的关系方程式进行求解，以获取参数值；

(3) 依据已获取的历史数据，运用统计回归等方法推算参数值；

(4) 在模型模拟过程中，对参数值不断进行调试，使其更加符合研究区实际情况。

根据绘制出的水资源承载力 SD 流程图(图 5-4)，采用 Vensim 建模软件确定模型变量的数量关系。模型的主要方程式见表 5-9。

表 5-9 模型主要方程式

变量名称	单位	主要方程
总人口	万人	INTEG(人口变化量，人口初始值)
人口变化量	人/年	人口变化率 · 总人口
城市人口	万人	总人口 · 城市化率
城市生活用水量	亿 m^3	(城市人口 · 城市生活用水定额 · 365/1000)/10000
农村人口	万人	总人口−城市人口
农村生活用水量	亿 m^3	(农村人口·农村生活用水定额 · 365/1000)/10000
城市生活污水排放量	亿 m^3	(城市人口·城市生活用水定额·生活耗水系数·365/1000)/10000
生活污水处理量	亿 m^3	城市生活污水排放量 · 生活污水处理率
耕地面积变化量	公顷/年	农业耕地面积 · 耕地面积变化率
农业需水量	亿 m^3	(农田灌溉定额 · 农业耕地面积 · 灌溉水利用系数)/(1×10^8)
工业用水量	亿 m^3	单位工业增加值用水量 · 工业增加值/10000
工业废水排放量	亿 m^3	单位工业增加值废水排放量 · 工业增加值/10000
工业废水处理量	亿 m^3	工业废水处理率 · 工业废水排放量
第三产业用水量	亿 m^3	单位第三产业增加值用水量 · 第三产业增加值/10000
生态环境需水量	亿 m^3	城市绿化用水量+植被生态需水量
GDP 变化量	亿元/年	GDP 变化率 · 国内生产总值(GDP)
国内生产总值(GDP)	亿元	INTEG[GDP 变化量，国内生产总值(GDP)初始值]
人均 GDP	元/人	国内生产总值(GDP) · 10000/总人口
第三产业增加值变化量	亿元/年	第三产业增加值 · 第三产业增加值增长率
水资源年总供应量	亿 m^3	再生水资源可供量表函数(Time)+常规水资源可供量表函数
水资源总需水量	亿 m^3	农业需水量+生活需水量+工业用水量+生态环境需水量+第三产业需水量
水资源供需差	亿 m^3	水资源年总供应量−水资源年总需水量
COD 产生总量	T	人均生活 COD 产生量·城市人口 · 10+单位工业增加值产生量 COD 量 · 工业 GDP · 10

续表

变量名称	单位	主要方程
COD 排放量	T	COD 产生总量 ·（1-生活污水处理率）+污水厂 COD 排放量
污水处理总量	亿 m^3	工业废水处理达标量+生活污水处理量
废水排放总量	亿 m^3	城市生活污水排放量+工业废水排放量+第三产业废水量
水污染量	亿 m^3	废水排放总量-污水处理总量
水污染比	—	水污染量/水资源年总需水量

4. 模型的有效性检验

构建各研究区水资源承载力系统动力学模型，在模型应用到实际模拟之前需要检验校准，确保模拟结构真实反映现实系统的特征。本书运用历史检验法对模型进行精度检验，即模拟部分参数值，与实际真实值比较，作为模型精度的判断依据。由于研究区部分数据难以获得，本书以 2011～2015 年模型模拟仿真数据与历史数据对比，进行误差分析。考虑到模型参数众多，篇幅有限，本书以库尔勒市为例，对总人口、工业增加值以及总用水量进行检验。

表 5-10 库尔勒市历史检验

时间		2011 年	2012 年	2013 年	2014 年	2015 年
总人口	实际值/万人	54.20	55.15	56.86	56.42	55.90
	模拟值/万人	54.16	53.22	55.27	56.14	56.46
	相对误差	0.001	0.035	0.028	0.005	0.010
工业增加值	实际值/万元	475661	499371	530407	4410784	5267636
	模拟值/万元	438084	485888	495931	3930009	4951578
	相对误差	0.079	0.027	0.065	0.109	0.060
总用水量	实际值/亿 m^3	10.78	11.92	11.58	11.8	11.89
	模拟值/亿 m^3	10.52	10.85	10.68	10.72	10.81
	相对误差	0.024	0.090	0.078	0.092	0.091

由表 5-10 可知，库尔勒市总人口、工业增加值及总用水量指标相对误差基本都在 0.1 以内，工业增加值指标有个别年份相对误差超过 0.1，但仿真值的变化趋势同实际值的变化趋势基本一致，说明该模型能够用来预测该流域水资源承载力未来的发展变化趋势。

5.2.3 不同情景下的需水量分析

本书以各流域的行政区划为模型边界，模拟时间为 2005～2030 年，其中 2005～2015 年为建模与检验校准阶段，2016～2030 年为预测与模拟决策阶段，为了减少时间步长所带来的误差，以 2005 年为基准年，模拟时间间隔为一年。

1. 延续型方案下的水资源需求分析

按延续现状来预测新疆部分地区 2020 年和 2030 年的总需水量，将表 5-7 中延续型方案的各决策变量数值赋予到新疆部分地区水资源承载力 SD 模型后运行，将模型输出的仿真值进行空间化，得到延续型方案下新疆部分地区 2020 年和 2030 年的总需水量分布图(图 5-5)，并统计分析部分地区需水量如表 5-11 所示。

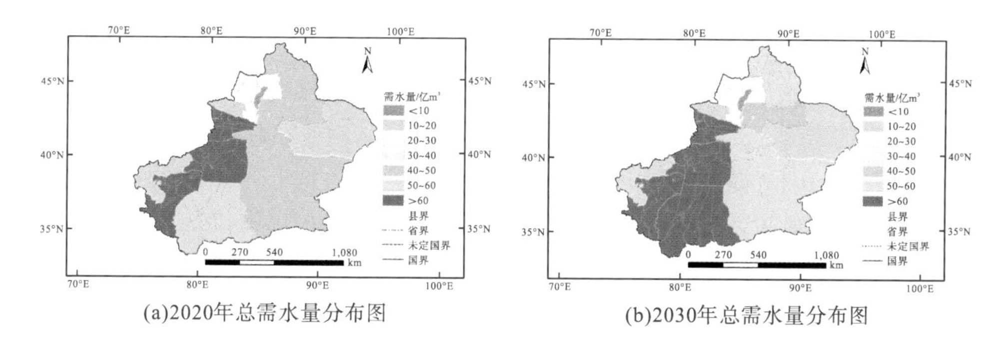

(a)2020年总需水量分布图　(b)2030年总需水量分布图

图 5-5　延续型方案下 2020 年和 2030 年新疆总需水量空间分布图

表 5-11　延续型方案下新疆部分地区需水量　单位：亿 m^3

地区	2020 年需水量	2030 年需水量
乌鲁木齐市	13.98	16.59
石河子市	17.17	19.57
克拉玛依市	7.50	8.90
吐鲁番市	15.81	17.03
哈密市	12.54	13.52
昌吉回族自治州	41.88	47.58
博尔塔拉蒙古自治州	17.01	18.91
巴音郭楞蒙古自治州	49.26	53.33
阿克苏地区	109.25	115.32
克孜勒苏柯尔克孜自治州	10.44	11.76
喀什地区	129.46	136.52
和田地区	53.77	70.49
伊犁哈萨克自治州	62.10	67.90
塔城地区	21.58	24.90
阿勒泰地区	48.18	51.53

注：除石河子市外，本章表格数据不含兵团管辖的其他县级市。

由图 5-5 可以看出，延续型方案下 2020～2030 年新疆部分地区需水量增加明显，其中和田市增量最大，达到 6.69 亿 m^3。需水量超过 15 亿 m^3 的县市有阿克苏市、和田市、莎车县、温宿县、石河子市等，其中阿克苏市需水量由 24.46 亿 m^3 增加到 28.24 亿 m^3，和田市需水量由 21.54 亿 m^3 增加到 28.24 亿 m^3，莎车县需水量由 21.44 亿 m^3 增加到 22.62 亿 m^3，石河子市需水量由 17.17 亿 m^3 增加到 19.57 亿 m^3。

由表 5-11 统计分析可看出，延续型方案下 2020～2030 年需水量变化率较大的有和田地区，变化率高达 31.10%；乌鲁木齐市和克拉玛依市变化率均在 18.67%左右；塔城地区变化率为 15.38%。延续型方案下全疆用水量增长明显，由 2020 年的 609.95 亿 m^3 增加到 2030 年的 673.84 亿 m^3，主要原因在于经济增长过分依赖资源的粗放型增长模式。

2. 节水型方案下的水资源需求分析

节水是提高水资源承载力的重要途径，新疆水资源利用效率较低，水资源利用效率的提高存在着巨大的潜力。水资源承载对象主要是生活用水、农业灌溉用水以及工业生产用水，因此在现有的基础上提高生活、农业以及工业的节水能力是十分必要的。节水型方案是在现阶段发展的基础上，将城市生活用水定额、农村生活用水定额、农业灌溉用水定额及单位工业增加值用水量逐步减少 20%左右。

将表 5-7 中节水型方案的各决策变量数值赋值到新疆部分地区水资源承载力 SD 模型后运行，将模型输出的仿真值进行空间化，得到节水方案下新疆部分县/市 2020 年和 2030 年的总需水量分布图(图 5-6)，并统计分析部分地区总需水量如表 5-12 所示。

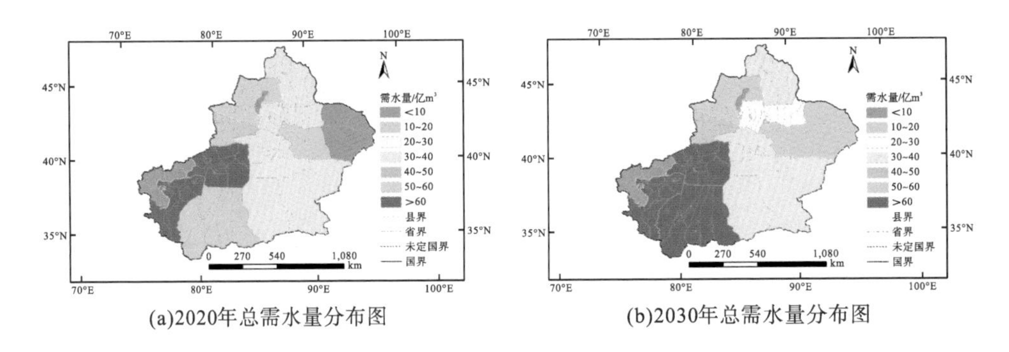

(a)2020年总需水量分布图　　(b)2030年总需水量分布图

图 5-6　节水型方案下 2020 年和 2030 年新疆总需水量空间分布图

表 5-12　节水方案下新疆部分地区需水量　　单位：亿 m^3

地区	2020 年需水量	2030 年需水量
乌鲁木齐市	12.24	15.80
石河子市	15.91	17.94
克拉玛依市	6.57	8.48
吐鲁番市	12.02	12.88
哈密市	9.71	10.32
昌吉回族自治州	33.98	36.11
博尔塔拉蒙古自治州	13.81	15.74
巴音郭楞蒙古自治州	38.82	41.80

续表

地区	2020 年需水量	2030 年需水量
阿克苏地区	93.22	98.57
克孜勒苏柯尔克孜自治州	7.78	8.60
喀什地区	109.53	115.99
和田地区	53.30	62.53
伊犁哈萨克自治州	50.07	53.88
塔城地区	16.70	19.88
阿勒泰地区	39.17	41.93

从图 5-6 可以看出，总体上新疆的总需水量空间差异较明显。2020～2030 年需水量超过 15 亿 m^3 地区有阿克苏市、和田市、石河子市、乌鲁木齐市、莎车县、温宿县等，其中阿克苏市需水量由 21.62 亿 m^3 增加到 22.56 亿 m^3，和田市需水量由 21.38 亿 m^3 增加到 24.05 亿 m^3，石河子市需水量由 15.91 亿 m^3 增加到 17.94 亿 m^3，乌鲁木齐市需水量由 12.24 亿 m^3 增加到 15.80 亿 m^3。农业经济以及人口的增长致使需水量有小幅上涨。

由表 5-12 统计分析可看出，节水型方案下 2020～2030 年各市州/地区需水量较延续型方案有明显的减小，其中喀什地区、阿克苏地区以及伊犁州等尤为突出，分别由 2020 年延续型方案下 129.46 亿 m^3、109.25 亿 m^3、62.10 亿 m^3 减至 109.53 亿 m^3、93.22 亿 m^3、50.07 亿 m^3，节约水量分别为 19.93 亿 m^3、16.03 亿 m^3、12.03 亿 m^3；由 2030 年延续型方案下 136.52 亿 m^3、115.32 亿 m^3、67.90 亿 m^3 减至 115.99 亿 m^3、98.57 亿 m^3、53.88 亿 m^3，节约水量分别为 20.53 亿 m^3、16.75 亿 m^3、14.02 亿 m^3。

节水型方案下全疆需水量较延续型方案减少明显，2020 年减少 97.15 亿 m^3 水量，2030 年减少 113.41 亿 m^3 水量。因此减少农业灌溉定额、生活用水定额以及工业 GDP 用水量可以有效节约用水量。

3. 产业结构调整型方案下的水资源需求分析

产业结构调整型方案就是在节水的基础上，考虑产业调整对水资源承载力的影响。2010 年新疆的三次产业比例为 19.8∶46.8∶33.3，但农业用水、工业用水和生活用水的比例分别为 95.78∶2.21∶2.01，农业用水比重过大，严重挤占工业和生活用水，而农业产值却远低于第二、第三产业的产值。因此，需通过合理调整产业结构来实现水资源的合理有效配置，提高流域水资源的利用效益，减少需水量，以达到水资源供需平衡的目的。产业结构调整型方案的参数设计为：将城市生活用水定额、农村生活用水定额、农业灌溉定额及工业单位增加值用水量减少 20%，同时提高工业增加值变化率和第三产业增加值变化率。

将调整产业结构型方案的各决策变量数值输入 SD 模型运行并进行空间化处理，得到调整产业结构型方案下流域 2020 年和 2030 年的总需水量分布图(图 5-7)，统计分析的部分地区总需水量如表 5-13 所示。

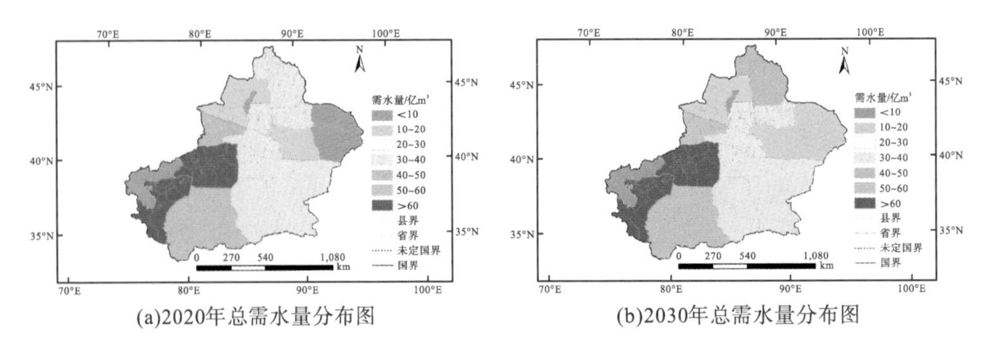

(a)2020年总需水量分布图　　(b)2030年总需水量分布图

图 5-7　产业结构调整型方案下 2020 年和 2030 年新疆总需水量

由图 5-7 可以看出，随着人口和经济的发展，产业结构调整型方案下 2020～2030 年的总需水量略有增加。需水量较大的县市主要有阿克苏市、和田市、莎车县和石河子市等。其中阿克苏市需水量由 20.70 亿 m^3 增加到 23.55 亿 m^3，增幅达 14.18%；和田市需水量由 20.30 亿 m^3 增加到 23.49 亿 m^3，增幅达 15.71%；莎车县需水量由 17.49 亿 m^3 增加到 18.43 亿 m^3，增幅达 5.37%；石河子市需水量由 15.61 亿 m^3 增加到 17.42 亿 m^3，增幅达 11.60%。因此，产业发达、人口集中的县市需水量随着人口和经济的增长持续增大。

表 5-13　产业结构调整型方案下新疆部分地区需水量　　单位：亿 m^3

地区	2020 年需水量	2030 年需水量
乌鲁木齐市	12.01	15.71
石河子市	15.61	17.42
克拉玛依市	6.45	8.43
吐鲁番市	11.93	12.68
哈密市	9.57	10.25
昌吉回族自治州	33.14	35.43
博尔塔拉蒙古自治州	13.01	14.67
巴音郭楞蒙古自治州	37.38	39.96
阿克苏地区	89.53	94.44
克孜勒苏柯尔克孜自治州	7.69	8.48
喀什地区	105.01	110.58
和田地区	50.65	58.78
伊犁哈萨克自治州	47.94	51.58
塔城地区	15.92	18.64
阿勒泰地区	37.88	40.51

由图 5-7 和表 5-13 可以看出，产业结构调整型方案下全疆需水量较节水型方案有所下降，2020 年减少 19.08 亿 m^3 需水量，2030 年减少 22.88 亿 m^3 需水量；各地区需水量较节水型方案下有所减少，但是减小的幅度较小。具体到水资源稀缺且需水量较大的县市来说，依旧不能从根本上解决水资源短缺的问题。

5.3　变化情景下的新疆可利用水资源模拟分析

5.3.1　气候变化情景假设

气候变化情景根据一系列科学性数据，对未来全球气候变化进行合理的假设推测。目前获取区域气候变化情景的方法主要有任意情景设置法、时间序列分析法和全球气候模式(global climate models，GCMs)，GCMs 也是预测气候变化最有效和最具有代表性的工具之一。GCMs 耦合水文模型在水文预报领域方面也被广泛应用。

GCMs 主要是用来描述地球大气、海洋和陆地等物理过程的数学模型，被广泛应用于天气预报、理解大气运动、预测气候变化等方面(张徐杰，2015)。GCMs 输出主要基于温室气体以及气溶胶排放情景。2011 年，政府间气候变化专门委员会(IPCC)第五次评估报告发布了四种温室气体排放情景，分别为 RCP8.5、RCP6.0、RCP4.5 和 RCP2.6 四种排放情景(Moss et al.，2010)。

本书利用 SWAT 软件构建各流域出山口集水区水文模型，分别输入预测的 RCP2.6、RCP4.5、RCP8.5 三种温室气体排放情景下的日降水、最高气温和最低气温数据，对气候变化下各流域水资源进行模拟，并分析各流域可利用水量的变化趋势。

目前，各国科学家已经研制出了四十多种全球气候模式，较为常用的全球气候模式主要包括：美国国家大气研究中心模式(NCAR)、美国哥达空间研究所开发的 GISS 模式、德国马普气象研究所模式(ECHAM4)、英国 Hadley 气候中心开发的 HadCM3 模式、日本气候科学研究中心模式(CCSR)、中国科学院大气物理研究所模式(IAP、EAC、GOALS)和国家气候中心模式(NCC)等。GCMs 可以较准确地模拟出大尺度区域的平均特征，但由于受限于资料可靠性等因素，GCMs 预估也存在较大差异。

5.3.2　变化情景下的新疆可利用水资源模拟

1. 模拟思路

本书以新疆南部和北部两大区域为对象，分析气候变化条件下可利用水资源量的变化。选取南部区域的典型流域——塔里木河流域为研究对象，由于可利用水资源主要源自流域出山口以上，而出山口以下的平原区不产流，因此将主要研究塔里木河流域上游四大源流，分别为阿克苏河流域、和田河流域、叶尔羌河流域和开孔河流域，通过模型模拟得到的未来水资源量与现水资源量计算得到水资源量变化率，南部区域其他流域水资源变化率则参考靠近四大源流的水资源量变化率。北部区域河流水系分布分散，且多数河流的水文资料难以获取，因此选取玛纳斯河流域作为研究对象，其气候变化条件下水资源量变化率代表北部区域的水资源量变化率。

2. 模拟基础数据处理

首先对数据进行预处理，然后应用 ArcSWAT 2012 版本进行流域定义：基于 DEM 数据进行河网定义，设置汇水面积阈值进行子流域的划分。研究区子流域划分图、土地利用分布图和土壤分布图如图 5-8～图 5-10 所示。

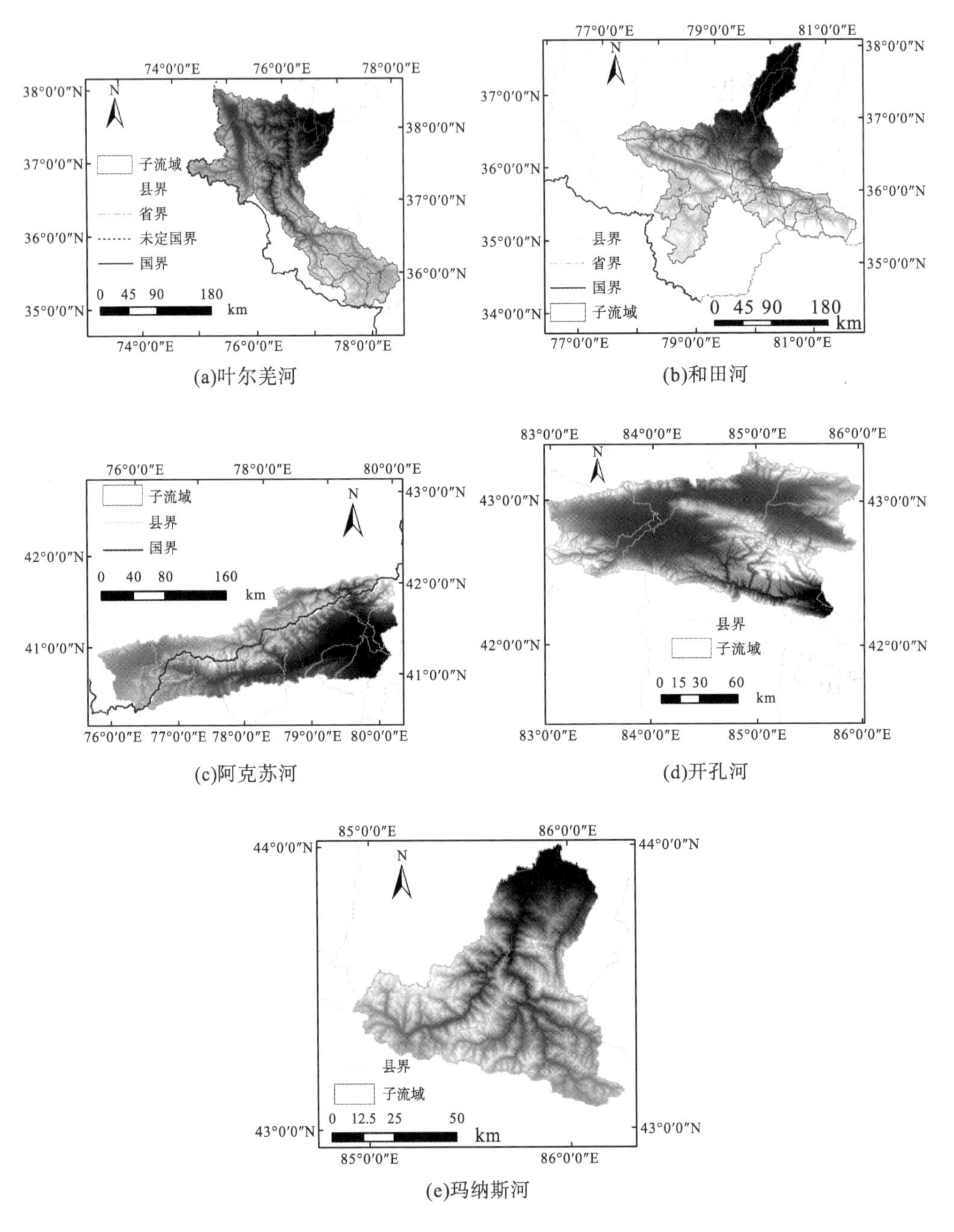

图 5-8 各流域子流域划分图

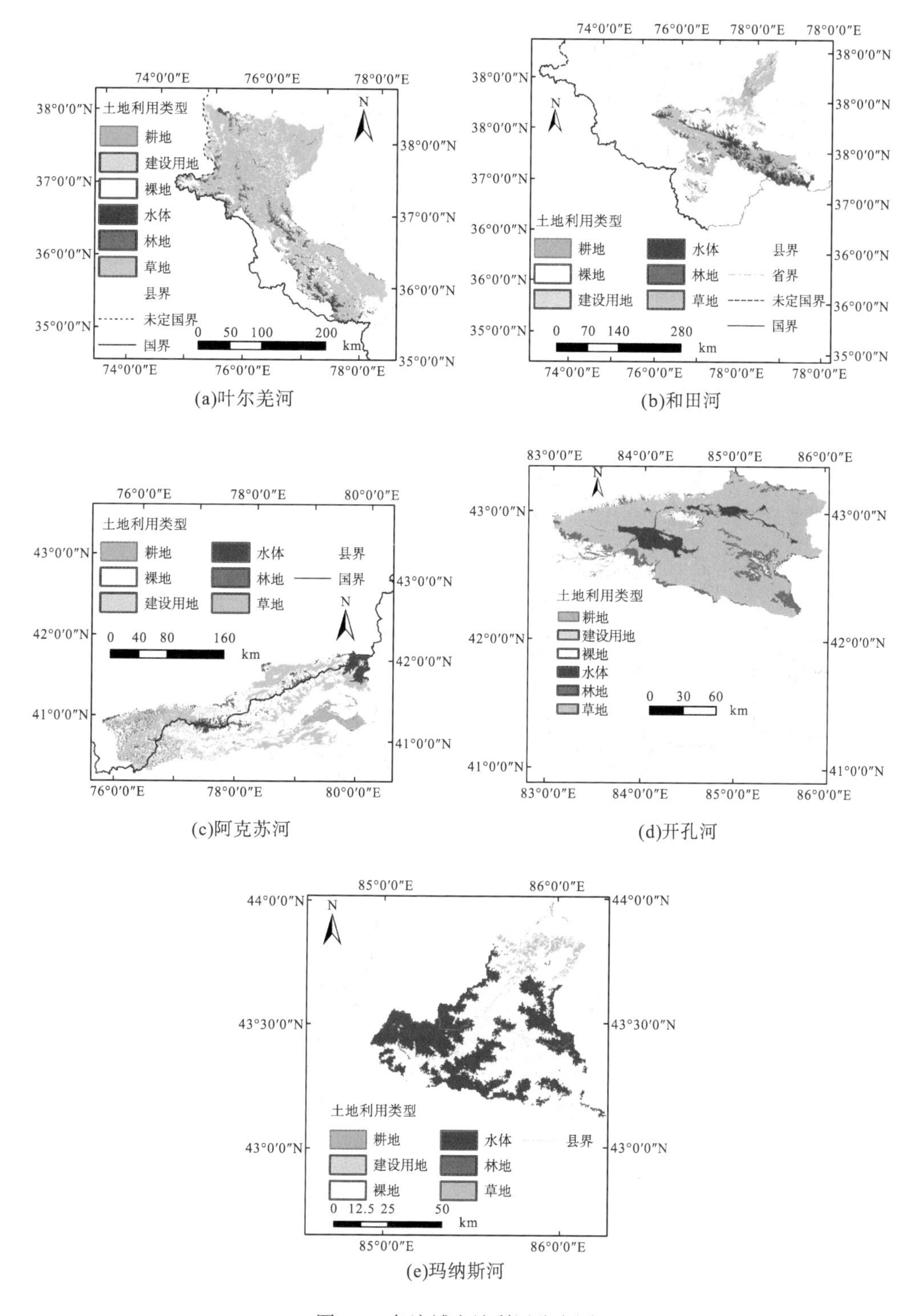

(a)叶尔羌河 (b)和田河

(c)阿克苏河 (d)开孔河

(e)玛纳斯河

图 5-9 各流域土地利用分布图

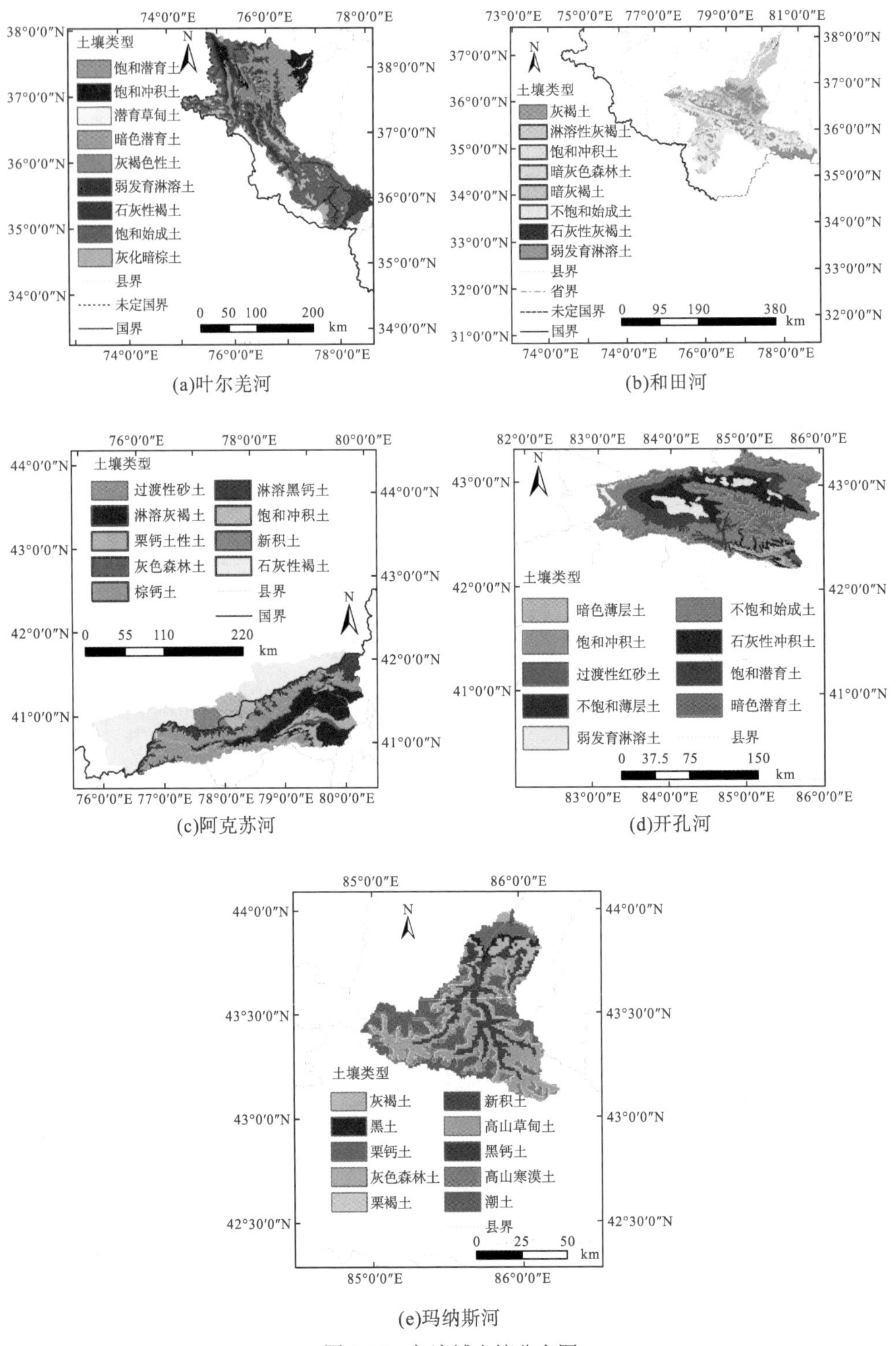

图 5-10 各流域土壤分布图

研究区子流域划分需要在以上数据基础上进行子流域水文响应单元(HRU)的划分。水文响应单元具有相同土地利用方式、土壤类型以及坡度分级，是 SWAT 模型最基本的计算单元。SWAT 模型中划分水文响应单元有两种方式：第一种是考虑子流域内主要的土壤类型和土地利用方式，每个子流域只形成一个 HRU，适用于子流域内土壤类型和土地利用方式较为单一的情况；第二种是根据子流域内不同土地利用方式、土壤类型和坡度分级所占的比例确定划分 HRU 的阈值，每个为子流域划分多个 HRU，适用于子流域内土地利用方式和土壤状况相对复杂的情况。

本书选用第二种方式进行水文响应单元的划分。首先将土地利用方式图和土壤图进行叠加，计算每种土地利用方式在子流域中所占的面积百分比，设定土地利用面积比阈值，大于该阈值的土地利用方式被保留下来，而被去掉的土地利用方式所占的面积以面积比的大小的形式被分配到保留下来的土地利用方式当中，用同样的方法处理土壤类型。本书中设置各研究区中土地利用方式在子流域中占比 10%为阈值，土壤类型在土地利用方式中占比 15%为阈值，坡度在子流域占比 10%为阈值，划分各研究区水文响应单元(HRU)。

3. 参数敏感性分析及率定

考虑到模型众多，本书参考 SWAT 模型参数敏感性分析的相关文献(李慧等，2010；白淑英等，2013；祁敏和张超，2017)，并综合考虑研究区地形、土壤以及土地利用方式等因素选取敏感参数。由于篇幅有限，本书仅对叶尔羌河流域 SWAT 模型进行参数率定。选用 1980～1997 年(1980～1981 年作为预热年)共 18 年资料对叶尔羌河流域 SWAT 模型进行参数率定，经过 SWAT2012 软件模拟计算，运行灵敏度分析模块和参数自动率定模块，得到影响叶尔羌河流域年径流模拟结果精度的 12 个重要参数。

表 5-14　参数敏感性分析及率定结果

等级	参数名称	敏感值	参数率定结果
1	SOL_K(土壤饱和导水率)	6.1578	−0.9073
2	SOL_BD(土壤湿密度)	1.9517	0.7082
3	SFTMP(降雪基温)	1.7791	0.4315
4	SOL_AWC(土壤有效持水量)	1.6911	−0.2909
5	CH_N2(主河道曼宁系数)	1.6110	0.29879
6	SMTMP(融雪基温)	1.5782	−3.2023
7	ALPHA_BNK(河岸调蓄基流因子)	1.1454	0.5703
8	GW_DELAY(地下水延迟天数)	1.0434	94.5595
9	CN2(SCS 径流曲线数)	0.9866	−0.2186
10	CH_K2(主河道有效渗透系数)	0.7839	227.6901
11	TIMP(积雪温度滞后因子)	0.7678	0.7187
12	ESCO(土壤蒸发补偿因子)	0.4417	0.8942

在运用 SWAT 模型模拟水文过程中，控制模拟的参数众多，而对于不同研究区，对其水文过程产生影响的参数也不尽相同。根据敏感值检验排序结果显示，排序前十的参数依次为土壤饱和导水率、土壤湿密度、降雪基温、土壤有效持水量、主河道曼宁系数、融

雪基温、河岸调蓄基流因子、地下水延迟天数、SCS径流曲线数和主河道有效渗透系数。土壤饱和导水率用来度量水流在土壤中运动的难易程度，是连接地表水文过程和地下水文过程的重要参数。降雪基温主要影响冰雪融水对河流的补给量。河岸调蓄基流因子表示河岸调蓄能力对主河道及子流域河段水量的影响。地下水延迟天数指水分下渗补给浅层含水层之前通过包气带的时间，其快慢取决于潜水面的埋深及包气带地层的水利特性。其他参数虽然也在一定程度上对径流模型模拟过程产生影响，但较之上述参数影响相对较弱。

4. 模型精度验证

利用各流域出山口水文站逐年流量数据进行模型验证，并采用纳什-萨克利夫(Nash-Sutcliffe)模拟效率系数Ens和决定系数r^2对模型的验证结果进行评价。率定期、验证期的年径流模拟效率及相关程度如图5-11所示。

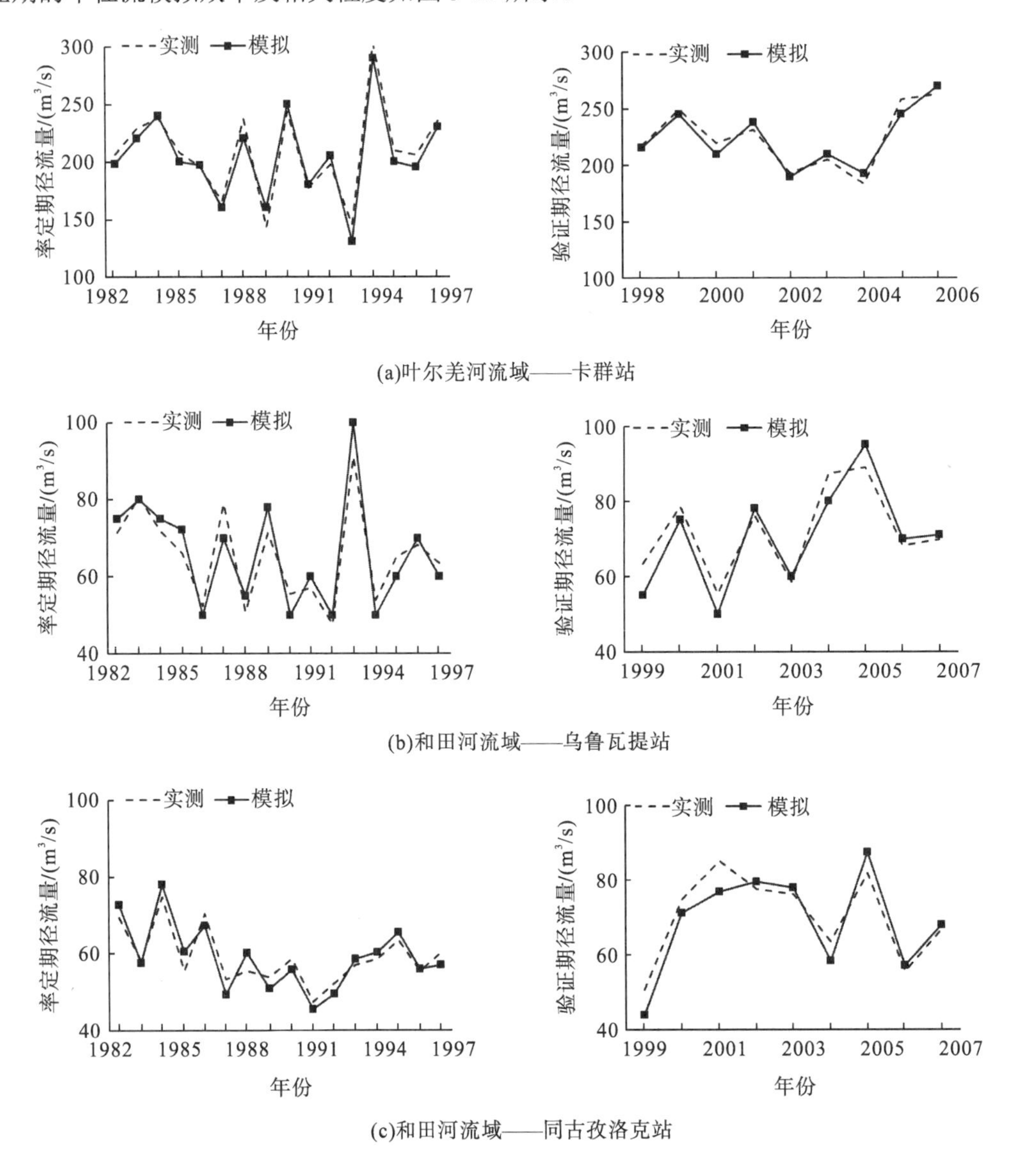

(a)叶尔羌河流域——卡群站

(b)和田河流域——乌鲁瓦提站

(c)和田河流域——同古孜洛克站

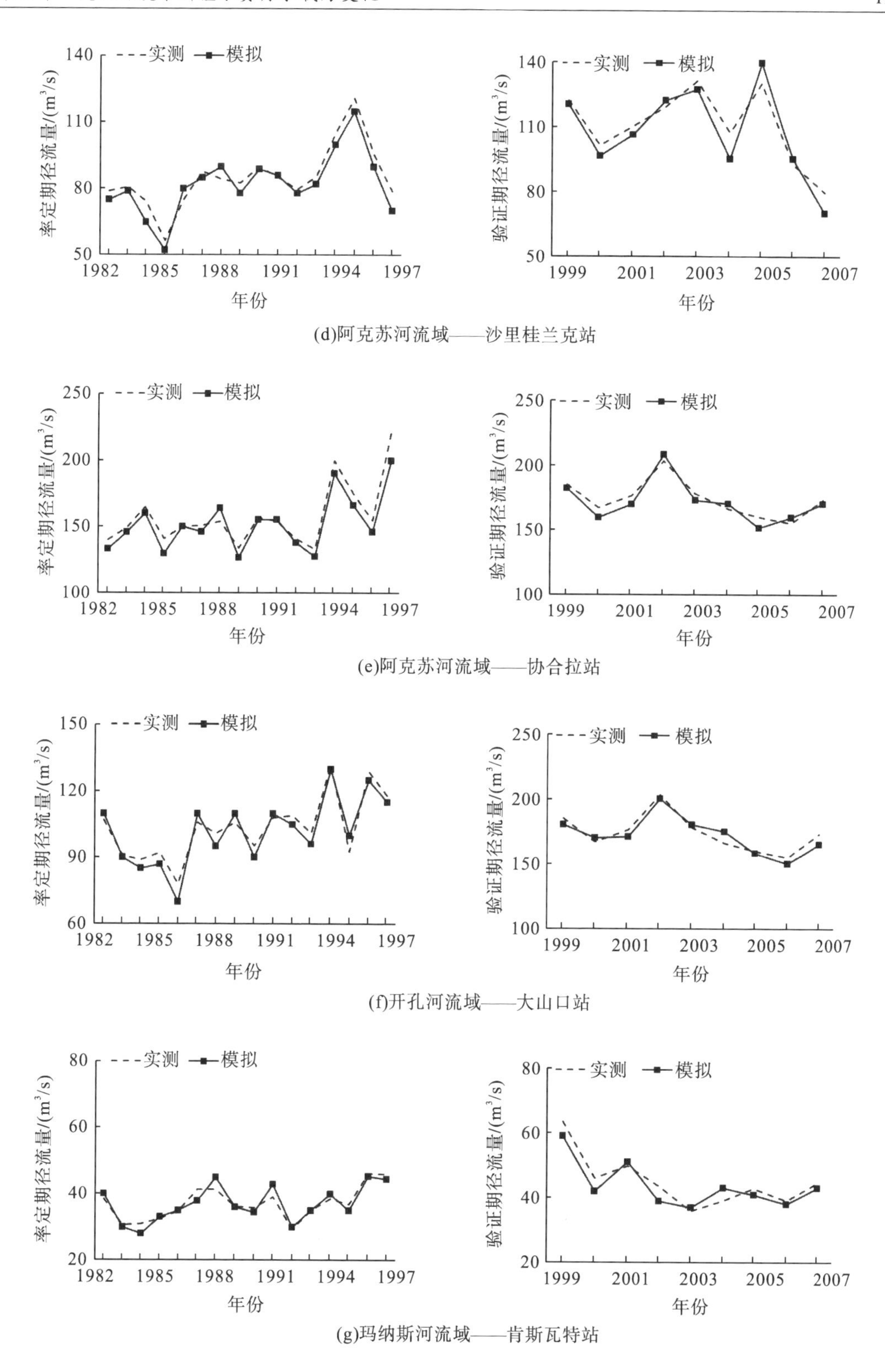

图 5-11　各流域 SWAT 模型率定期与验证期模拟情况

研究区各流域率定期与验证期指标如表 5-15 所示，验证期决定系数 r^2 均达到 0.82 以上，模拟效率系数 Ens 均超过 0.79，说明各研究区 SWAT 模型符合精度要求，可用于流域的径流量模拟。

表 5-15 各流域 SWAT 模型率定期与验证期指标

流域	站点	率定期		验证期	
		r^2	Ens	r^2	Ens
叶尔羌河	卡群	0.95	0.90	0.94	0.87
和田河	乌鲁瓦提	0.90	0.84	0.89	0.81
	同古孜洛克	0.90	0.82	0.87	0.82
阿克苏河	协合拉	0.87	0.86	0.85	0.81
	沙里桂兰克	0.85	0.85	0.84	0.83
开孔河	大山口	0.91	0.89	0.86	0.85
玛纳斯河	肯斯瓦特	0.92	0.85	0.89	0.85

5.3.3 不同情景下可利用水资源模拟与分析

1. 不同气候情景下可利用水资源量变化分析

基于 5.1 节模型获得的 GCMs 降尺度数据，驱动率定好的 SWAT 水文模型，模拟(2017～2030 年)在 RCP2.6、RCP4.5 和 RCP8.5 三种温室气体排放情景下的水资源量，模拟结果如图 5-12 所示。

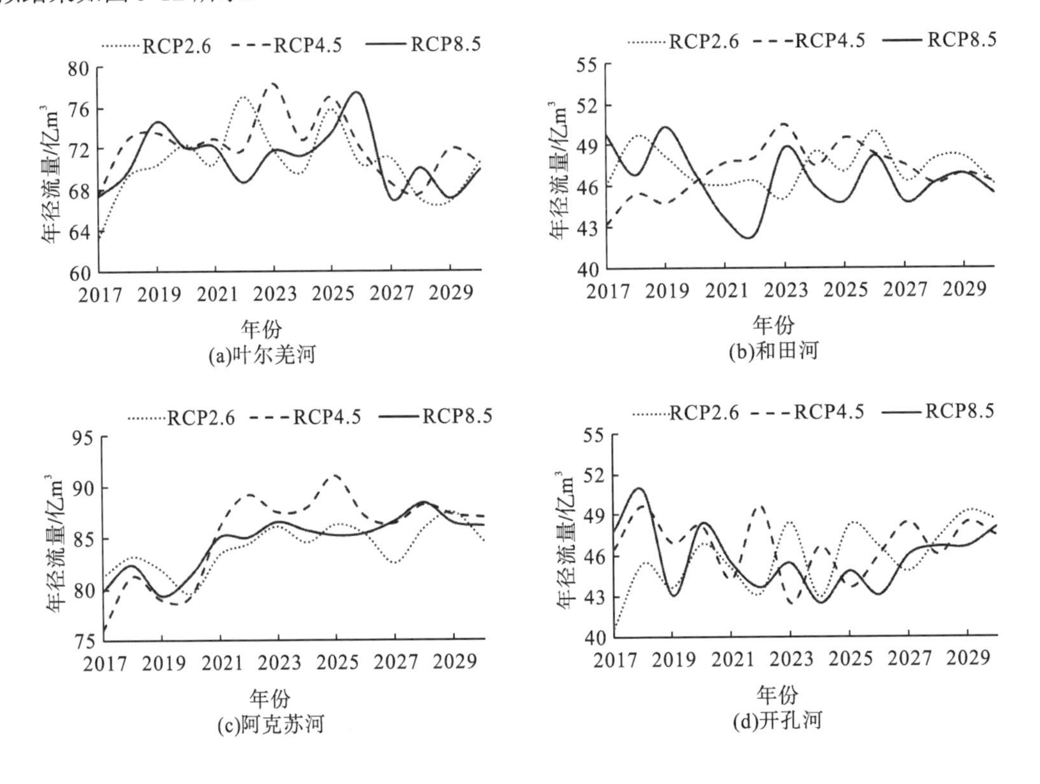

(a)叶尔羌河
(b)和田河
(c)阿克苏河
(d)开孔河

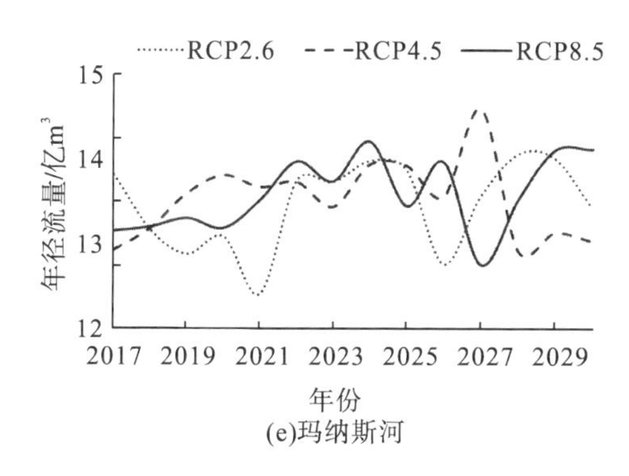

图 5-12　不同气候情景下新疆主要流域水资源量模拟

由图 5-12 可知，三种气候情景下，各流域水资源量年际变化幅度较为平稳。对于叶尔羌河流域，RCP4.5 情景下水资源量大于同时期 RCP2.6 和 RCP8.5 情景下水资源量，水资源量主要在 70 亿～75 亿 m^3，呈先增大后减小的趋势；和田河流域在 RCP8.5 情景下水资源量变化幅度较大，低于同时期 RCP2.6 和 RCP4.5 情景下水资源量，主要集中在 40 亿～50 亿 m^3，整体呈现下降的趋势；阿克苏河流域在三种情景下水资源量都呈上升的趋势，其中 RCP4.5 情景下水资源量较为丰富，波动范围在 75 亿～90 亿 m^3；开孔河流域在三种情景下水资源量较为平稳，均集中在 30 亿～40 亿 m^3；玛纳斯河流域，三种情景下水资源量变化幅度均较大，变化幅度在 13 亿～14 亿 m^3。

统计不同情景下 2020 年和 2030 年水资源量如表 5-16 所示，根据各流域历史多年平均水资源量(1980～2005 年)，计算出不同情景下各流域水资源变化率，如表 5-17 所示。

表 5-16　新疆各流域不同气候情景下水资源量　单位：万 m^3

流域	2020 年水资源量			2030 年水资源量		
	RCP2.6	RCP4.5	RCP8.5	RCP2.6	RCP4.5	RCP8.5
叶尔羌河	722802	719945	720000	705843	704795	698273
和田河	463253	462765	468897	461399	462750	454592
阿克苏河	796119	793763	814001	846095	869600	861311
开孔河	363176	385240	388575	393210	373830	384038
玛纳斯河	140098	138097	130372	139625	131906	141227

表 5-17　新疆各流域不同气候情景下水资源量变化率/%

流域	2020 年变化率			2030 年变化率		
	RCP2.6	RCP4.5	RCP8.5	RCP2.6	RCP4.5	RCP8.5
叶尔羌河	11.20	10.76	10.77	8.59	8.43	7.43
和田河	7.73	7.62	9.05	7.30	7.62	5.72
阿克苏河	3.39	3.09	5.71	9.88	12.94	11.86
开孔河	3.32	9.60	10.55	11.87	6.35	9.26
玛纳斯河	10.31	8.74	2.66	9.94	3.86	11.20

由表 5-16 可知，各流域 2020 年、2030 年 RCP2.6、RCP4.5、RCP8.5 三种情景下水资源量总体趋势相对稳定，较历史多年平均水资源量均呈增加趋势。2030 年相较于 2020 年，阿克苏河、开孔河（表 5-16）水资源量总体呈增加趋势，而叶尔羌河、和田河、玛纳斯河水资源量总体呈减小趋势。

2. 不同气候情景下新疆可利用水资源空间变化推算及分析

根据各流域水资源变化率，得出流域内各县市水资源变化率，其中跨流域的行政区根据面积比例换算：

$$x = \frac{\sum_{i=1}^{n} x_i S_i}{S} \tag{5-32}$$

式中，x、S 分别表示该行政区水资源变化率和面积；x_i、S_i 表示流域内水资源变化率和该县市在流域内部分面积。

由于产流区域在流域出山口以上，而出山口以下的平原区几乎不产流，因此流域上游集水区的水资源量变化即代表整个流域的水资源量变化。本书对 2020 年和 2030 年三种气候情景下各县市的可供水资源量进行空间化，得到可供水资源量空间分布图，并按各地市统计分析可利用水资源量未来变化情况（表 5-18）。

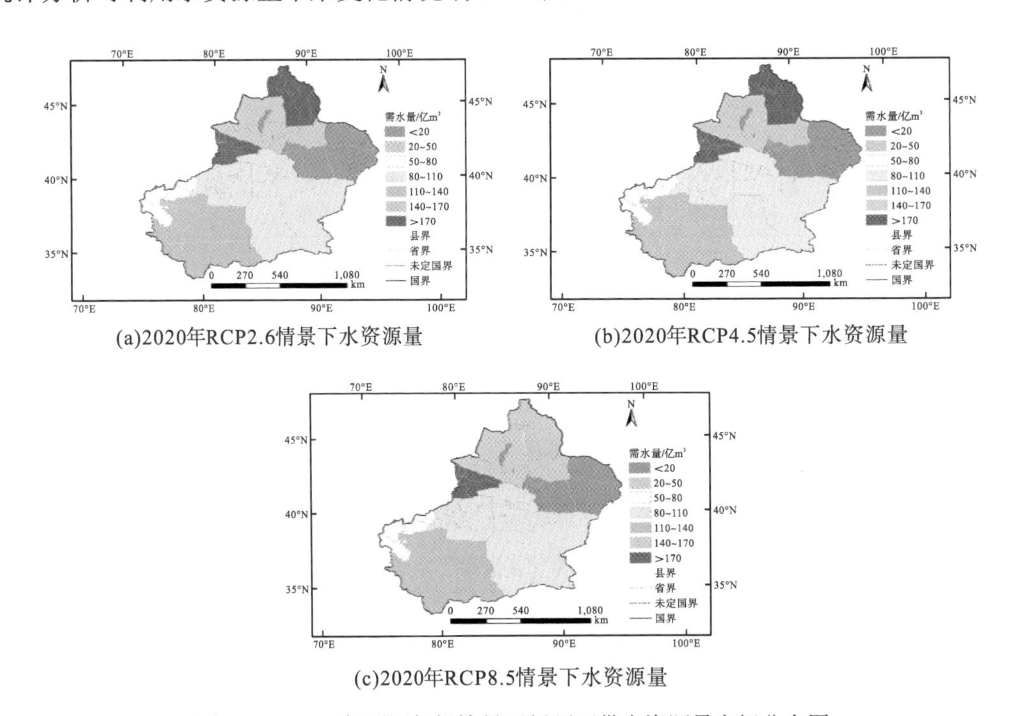

(a)2020年RCP2.6情景下水资源量　(b)2020年RCP4.5情景下水资源量

(c)2020年RCP8.5情景下水资源量

图 5-13　2020 年不同气候情景下新疆可供水资源量空间分布图

由图 5-13 可以看出，2020 年，三种气候排放情景下，新疆各地区可供水资源空间分布差异较明显，可供水资源量较为丰沛的地区由于靠近产流区，流域内的地表水对其进行了很好的补给。其中和静县、塔什库尔干塔吉克自治县、阿勒泰市、巩留县、叶城县可供水资源量在 50 亿 m³左右，极为丰富，但多数地区可供水资源量低于 3 亿 m³，且主要集中在南疆地区，说明地区水资源量既分布不均，又匮乏。

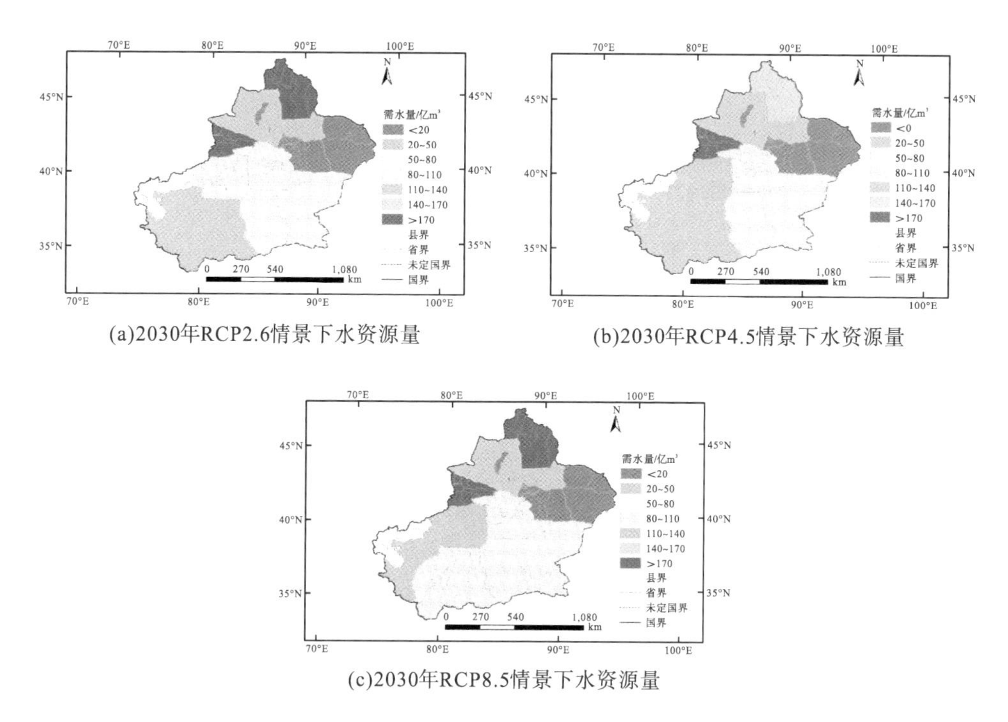

(a)2030年RCP2.6情景下水资源量

(b)2030年RCP4.5情景下水资源量

(c)2030年RCP8.5情景下水资源量

图 5-14　2030 年不同气候情景下新疆可供水资源量空间分布图

由图 5-14 可以看出，2030 年，三种气候情景下，新疆各地区水资源量变化并不明显，且相对于 2020 年同时期气候情景下各地区水资源量，变化也微小，水资源量变化率均集中在 6.5～8.0，说明近年内不同气候情景对水资源量影响较小。此外，可供水量稀缺的地区主要集中于流域下游或气候异常干旱区。

表 5-18　新疆各地区不同情景下可利用水资源量　　单位：亿 m³

地区	2020 年水资源量			2030 年水资源量		
	RCP2.6	RCP4.5	RCP8.5	RCP2.6	RCP4.5	RCP8.5
乌鲁木齐市	10.53	10.38	9.80	10.50	9.92	10.62
石河子市	16.55	16.31	15.40	16.49	15.58	16.68
克拉玛依市	1.01	1.00	0.94	1.01	0.96	1.02
吐鲁番市	9.85	10.44	10.54	10.66	10.14	10.41
哈密市	9.82	10.41	10.50	10.63	10.10	10.38
昌吉回族自治州	44.12	43.50	41.06	43.98	41.54	44.48
博尔塔拉蒙古自治州	30.49	30.06	28.38	30.39	28.71	30.74
巴音郭楞蒙古自治州	92.91	97.00	97.96	98.45	94.92	96.39
阿克苏地区	103.85	103.56	105.93	109.19	111.81	110.66
克孜勒苏柯尔克孜自治州	52.32	52.16	53.43	55.41	56.89	56.34

续表

地区	2020 年水资源量			2030 年水资源量		
	RCP2.6	RCP4.5	RCP8.5	RCP2.6	RCP4.5	RCP8.5
喀什地区	114.98	114.53	114.59	112.47	112.37	111.34
和田地区	111.37	111.26	112.74	110.93	111.26	109.29
伊犁哈萨克自治州	192.58	189.84	179.23	191.94	181.32	194.14
塔城地区	29.81	29.38	27.74	29.71	28.06	30.05
阿勒泰地区	178.47	175.93	166.10	177.87	168.04	179.63

由表 5-18 可以看出，三种气候情景下，2020～2030 年各地区的可利用水资源量均变化不大。其中伊犁州、阿勒泰地区可利用水资源量最为丰富，分别占全疆可利用水量 19%和 17%左右；哈密市、吐鲁番市可利用水资源量最为匮乏，均仅占全疆可利用水资源量 1%左右。

5.4 新疆水资源承载力变化分析

5.4.1 气候变化对水资源承载力的影响分析

为了判断各地区水资源供给量是否满足需求，本书根据供需平衡原理，计算供水量与需水量的差值，即通过供需差来反映各地区的水资源承载力现状，供需差为正值时表示水资源盈余，为负值时表示水资源亏缺。

1. 不控水条件下的水资源承载力变化

根据 5.2 节延续型方案下各地区的需水量，以及 5.3 节三种气候情景下各地区的可供水量，计算出不同情景下 2020 年和 2030 年水资源供需差，并对各地区供需差进行空间化，得到不同情景下供需差空间分布结果。

1) RCP2.6 气候情景下水资源承载力对比分析

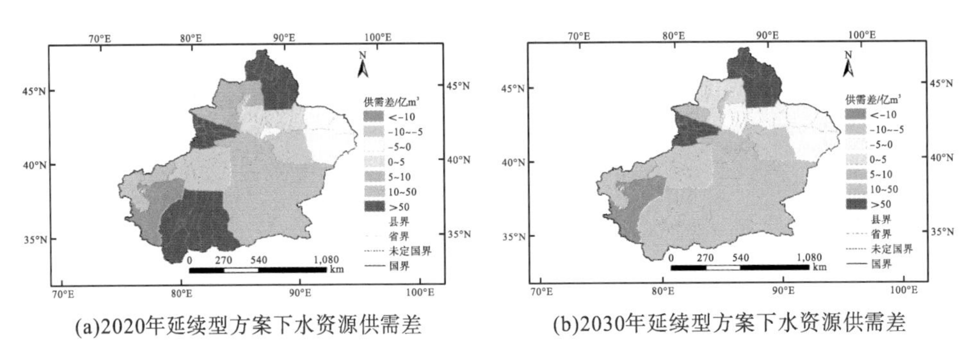

(a)2020年延续型方案下水资源供需差 (b)2030年延续型方案下水资源供需差

图 5-15 RCP2.6 气候情景下水资源供需差空间分布图

由图 5-15 可以看出，RCP2.6 气候情景下，2020～2030 年新疆各地区的水资源供需差基本上呈逐年增加趋势。水资源供需差最大的为莎车县，亏缺量由 2020 年的-19.78 亿 m^3

增加到 2030 年的-20.99 亿 m^3；其次为伽师县，由 15.40 亿 m^3 增加到 16.19 亿 m^3。水资源承载力最高的为塔什库尔干塔吉克自治县，盈余量由 2020 年的 55.10 亿 m^3 减小到 2030 年的 53.27 亿 m^3；其次为和静县，由 48.64 亿 m^3 增加到 52.99 亿 m^3。

2）RCP4.5 气候情景下水资源承载力对比分析

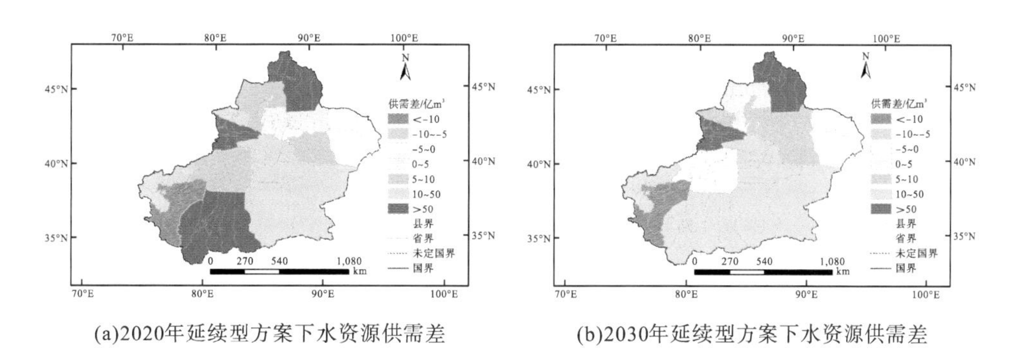

(a)2020年延续型方案下水资源供需差　　(b)2030年延续型方案下水资源供需差

图 5-16　RCP4.5 气候情景下水资源供需差空间分布图

由图 5-16 可知，RCP4.5 气候情景下，2020～2030 年新疆各地区的水资源供需差基本上呈逐年增加趋势。水资源供需差最大的为莎车县，亏缺量由 2020 年的 19.79 亿 m^3 增加到 2030 年的 21.00 亿 m^3；其次为伽师县，由 15.40 亿 m^3 增加到 16.19 亿 m^3。水资源承载力最高的为塔什库尔干塔吉克自治县，盈余量由 2020 年的 54.88 亿 m^3 减小到 2030 年的 53.48 亿 m^3；其次为和静县，由 52.03 亿 m^3 减小到 50.01 亿 m^3。可以看出，较 RCP2.6 气候情景下同时期的水资源承载力几乎无变化。

3）RCP8.5 气候情景下水资源承载力对比分析

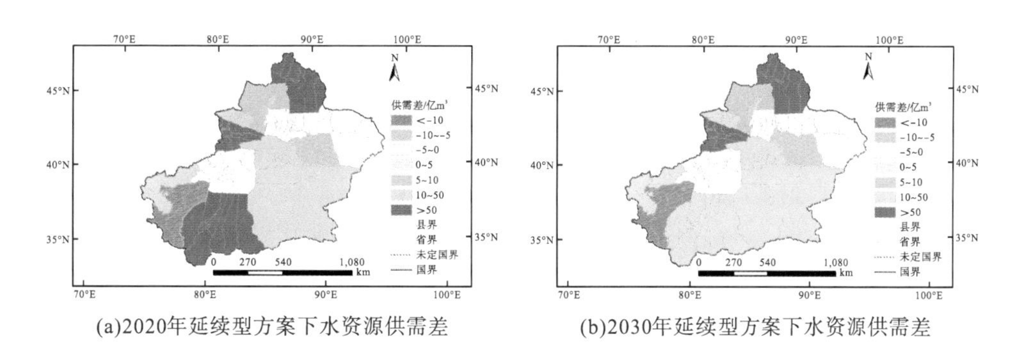

(a)2020年延续型方案下水资源供需差　　(b)2030年延续型方案下水资源供需差

图 5-17　RCP8.5 气候情景下水资源供需差空间分布图

由图 5-17 可知，RCP8.5 气候情景下，2020～2030 年新疆各地区的水资源供需差基本上呈逐年增加趋势。水资源供需差最大的为莎车县，亏缺量由 2020 年的 19.78 亿 m^3 增加到 2030 年的 21.01 亿 m^3；其次为伽师县，由 15.40 亿 m^3 增加到 16.19 亿 m^3。水资源承载力最高的为塔什库尔干塔吉克自治县，盈余量由 2020 年的 54.88 亿 m^3 减小到 2030 年的 52.98 亿 m^3；其次为和静县，由 52.55 亿 m^3 减小到 51.88 亿 m^3。

综上所述，延续型方案下 2020～2030 年新疆各地区的水资源供需差基本上呈逐年增加趋势，三种气候情景下各地区的水资源盈余和亏缺相差巨大。

2. “三条红线”条件下的水资源承载力变化

利用气候情景下全疆可利用水资源量分别与延续型方案下全疆需水量、“三条红线”下全疆用水总量指标的差值，得到各种类型下 2020 年、2030 年水资源供需差，如表 5-19 所示。

表 5-19 全疆水资源供需状况

单位：亿 m^3

类型	2020 年	RCP2.6	RCP4.5	RCP8.5	2030 年	RCP2.6	RCP4.5	RCP8.5
	需水量	供需差	供需差	供需差	需水量	供需差	供需差	供需差
延续型方案	609.9	388.8	385.9	364.4	673.8	335.8	307.8	338.4
“三条红线”	550.2	448.5	445.6	424.1	526.7	482.9	454.9	485.5

由表 5-19 可以得出，延续型方案下 2020 年和 2030 年新全疆用水量均不能达到“三条红线”下用水指标，分别超出 59.7 亿 m^3、147.1 亿 m^3。

对于延续型方案，同时期气候情景下水资源承载力呈减小趋势，其中 RCP4.5 气候情景下水资源承载力变化最为明显，水资源供需差由 2020 年 385.9 亿 m^3 减小到 2030 年 307.8 亿 m^3；对于“三条红线”下全疆用水指标，同时期气候情景下水资源承载力呈增加趋势，其中 RCP8.5 气候情景下水资源承载力变化最为明显，水资源供需差由 2020 年 424.1 亿 m^3 增加到 2030 年 485.5 亿 m^3。不同条件下全疆水资源供需差均在 300 亿 m^3 以上，说明全疆水资源丰富，但分布极不均匀，部分地区水资源极度匮乏。

5.4.2 用水调控情景下的水资源承载力变化

根据 5.2 节节水型以及产业结构调整型情景下各地区的需水量、5.3 节三种气候情景下各地区的可供水量，计算出不同情景下 2020 年和 2030 年水资源供需差，并对各地区供需差进行空间化，得到不同情景下供需差空间分布结果。

1. 用水调控情景下的水资源承载力变化

1) RCP2.6 气候情景下水资源承载力对比分析

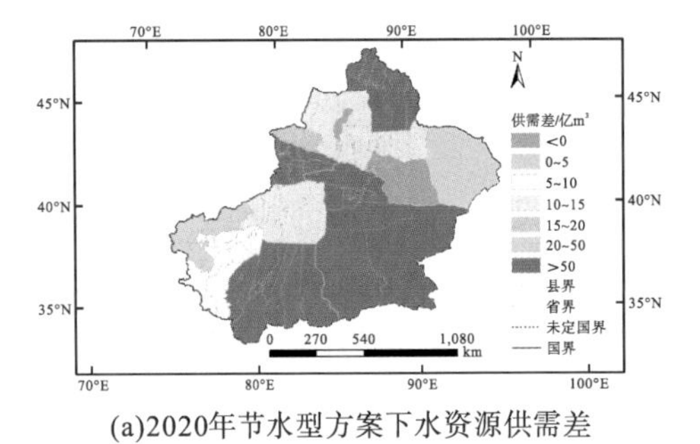

(a)2020年节水型方案下水资源供需差

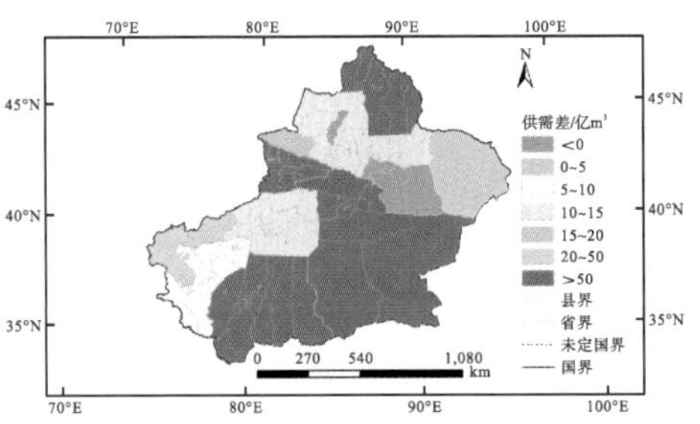

(b)2020年产业结构调整型方案下水资源供需差

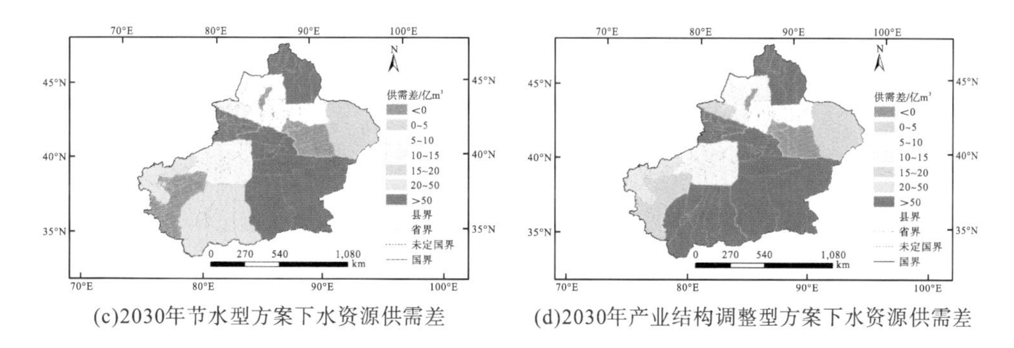

(c)2030年节水型方案下水资源供需差　　(d)2030年产业结构调整型方案下水资源供需差

图 5-18　RCP2.6 气候情景下水资源供需差空间分布图

由图 5-18 可以看出，RCP2.6 气候情景下，2020～2030 年间，节水型或产业结构调整型方案条件下，新疆各地区的水资源供需差呈逐年增加趋势。

在节水型方案下，水资源供需差较大的有莎车县，亏缺量由 2020 年的 16.76 亿 m^3 增加到 2030 年的 17.91 亿 m^3；伽师县由 13.37 亿 m^3 增加到 14.12 亿 m^3；库尔勒市由 11.31 亿 m^3 增加到 12.04 亿 m^3，水资源承载力很低。水资源承载力较高的有塔什库尔干塔吉克自治县、和静县、巩留县、阿勒泰市，水资源供需差均在 40 亿～50 亿 m^3。在产业结构调整型方案下，水资源供需差较大的有莎车县，亏缺量由 2020 年的 15.82 亿 m^3 增加到 2030 年的 16.80 亿 m^3；伽师县由 12.74 亿 m^3 增加到 13.37 亿 m^3；库尔勒市由 10.68 亿 m^3 增加到 11.29 亿 m^3，水资源承载力很低。总体上看，在产业结构型方案下，各县市的水资源承载力较节水型模式下有明显的提高，但各县市的水资源盈余和亏缺依旧相差明显。

2）RCP4.5 气候情景下水资源承载力对比分析

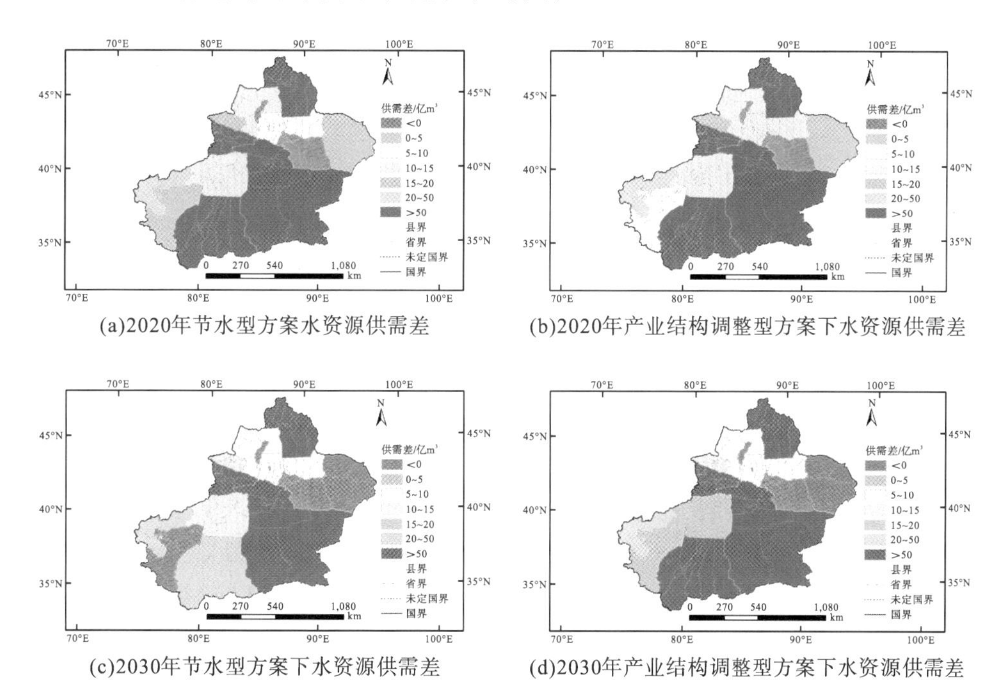

(a)2020年节水型方案水资源供需差　　(b)2020年产业结构调整型方案下水资源供需差

(c)2030年节水型方案下水资源供需差　　(d)2030年产业结构调整型方案下水资源供需差

图 5-19　RCP4.5 气候情景下水资源供需差空间分布图

由图 5-19 可以看出，RCP4.5 气候情景下，节水型或产业结构调整型方案下，新疆各地区的水资源供需差呈逐年增加趋势。

在节水型方案下，水资源供需差最大的为莎车县，亏缺量由 2020 年的 16.77 亿 m^3 增加到 2030 年的 17.92 亿 m^3；其次为伽师县，由 13.37 亿 m^3 增加到 14.12 亿 m^3，此外库尔勒市、疏勒县水资源供需差均较大。水资源承载力最高的为塔什库尔干塔吉克自治县，盈余量由 55.23 亿 m^3 减小到 2030 年的 53.97 亿 m^3，随着社会经济以及人口的发展，水资源承载力略有降低，其次和静县、巩留县、叶城县、阿勒泰市水资源供需差均在 40 亿～50 亿 m^3，水资源承载力均很高。在产业结构调整型方案下，水资源供需差最大的为莎车县，亏缺量由 16.77 亿 m^3 增加到 17.92 亿 m^3；伽师县由 12.74 亿 m^3 增加到 13.37 亿 m^3，此外巴楚县、库尔勒市、疏勒县水资源供需差均在–10 亿 m^3 左右，水资源承载力很低。总体上看，产业结构调整型方案下水资源承载力较节水型方案下有明显的提高。

3）RCP8.5 气候情景下水资源承载力对比分析

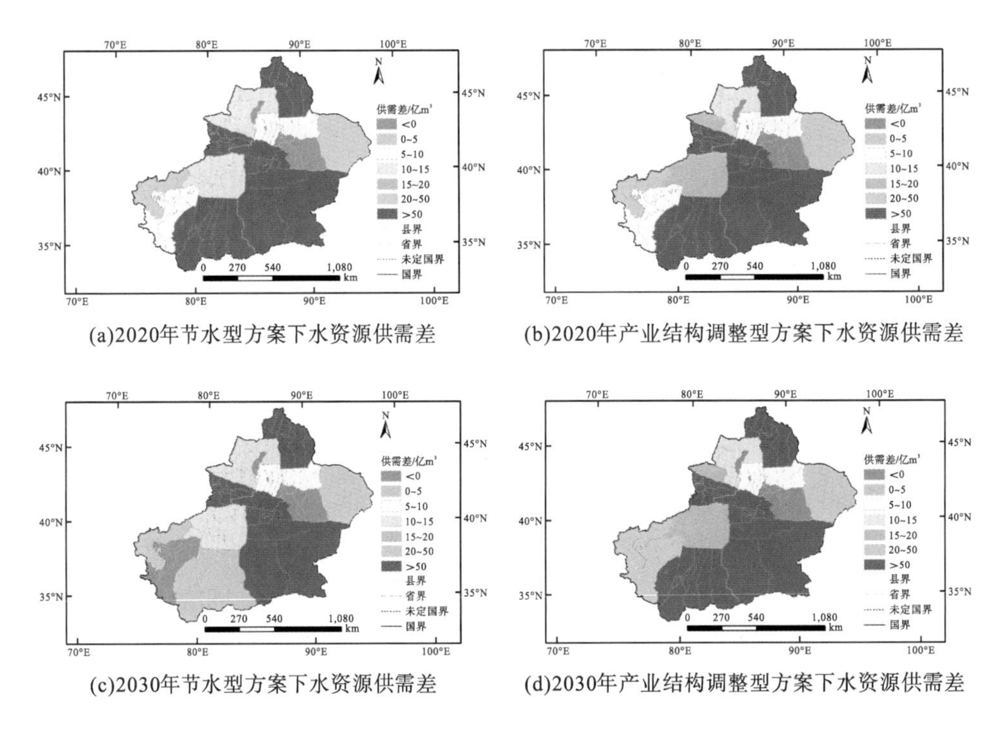

(a)2020年节水型方案下水资源供需差　(b)2020年产业结构调整型方案下水资源供需差

(c)2030年节水型方案下水资源供需差　(d)2030年产业结构调整型方案下水资源供需差

图 5-20　RCP8.5 气候情景下水资源供需差空间分布图

由图 5-20 可以看出，RCP8.5 气候情景下，节水型或产业结构调整型方案下，新疆各县市的水资源供需差呈逐年增加趋势。

在节水型方案下，水资源供需差最大的为莎车县，亏缺量由 2020 年的 16.77 亿 m^3 增加到 2030 年的 17.93 亿 m^3；其次为伽师县，由 13.37 亿 m^3 增加到 14.12 亿 m^3，此外巴楚县、库尔勒市、疏勒县水资源供需差均很大，水资源承载力很低。水资源承载力最高的为塔什库尔干塔吉克自治县，盈余量由 55.24 亿 m^3 减小到 2030 年的 53.46 亿 m^3，随着社会经济以及人口的发展，水资源承载力略有降低，其次和静县、巩留县、叶城县、阿勒泰市水资源供需差均在 40 亿～50 亿 m^3，水资源承载力均很高。在产业结构调整型方案下，水资源供需差最大的为莎车县，亏缺量由 15.83 亿 m^3 增加到 16.82 亿 m^3；伽师县由 12.74 亿 m^3 增加到 13.37 亿 m^3，此外巴楚县、库尔勒市、疏勒县水资源供需差均在–10 亿 m^3 左右，水资源承载力很低。

2. 不同用水调控方案与“三条红线”的关系

利用不同气候情景下全疆可利用水资源量分别与节水型方案下全疆需水量、产业结构调整型方案下全疆需水量以及“三条红线”下全疆用水总量指标的差值，得到各种类型下 2020 年、2030 年水资源供需差，如表 5-20 所示。

表 5-20　新疆水资源供需状况　单位：亿 m^3

类型	2020 年	RCP2.6	RCP4.5	RCP8.5	2030 年	RCP2.6	RCP4.5	RCP8.5
	需水量	供需差	供需差	供需差	需水量	供需差	供需差	供需差
节水型方案	512.8	485.9	483.0	461.5	560.4	449.2	421.2	451.8
产业结构调整型方案	493.7	505.0	502.1	480.6	537.6	472.0	444.0	474.6
“三条红线”	550.2	448.5	445.6	424.1	526.7	482.9	454.9	485.5

由表 5-20 可以得出，2020 年节水型方案和产业结构调整型方案下全疆用水量均达到“三条红线”用水指标，RCP2.6 时，产业结构调整型方案下用水量较“三条红线”用水指标节省 56.5 亿 m^3；而 2030 年均未达到“三条红线”用水指标，其中产业结构调整型方案下用水量较“三条红线”用水指标仅多 10.9 亿 m^3，而延续型方案下用水量较用水指标却多 147.1 亿 m^3(表 5-19)，说明产业结构调整型方案有利于减少水资源消耗量，但还需采取减少灌溉面积、提高节水灌溉效率以及用水效率等措施使全疆用水量达到“三条红线”用水指标。

5.5　基于经济-生态可持续发展的新疆水资源利用对策分析

5.5.1　新疆气候变化的适应性对策分析

气候为人类提供赖以生存的持续大环境，气候变化必然引起生态环境的自然演变甚至演替。而人类高强度的活动一方面改变了自身生存的生态环境，另一方面人类长期、持续的活动对环境的冲击将会影响更大的环境——气候系统(龙爱华等，2012)。最终气候变化将会引起生态环境的更替以及人类活动一系列的反应——适应性对策。因此，为积极应对气候变化，新疆水资源开发利用要在水资源储备、水利工程建设等方面适时实施适应性对策。

1. 实施地下水资源战略储备

新疆地下水资源作为水资源的重要组成部分，对新疆社会经济发展起着重要的作用。但近些年来对新疆地下水过度的开采利用暴露出严重生态问题，如地下水位持续下降、土壤盐渍化、土地荒漠化和湖泊萎缩等。

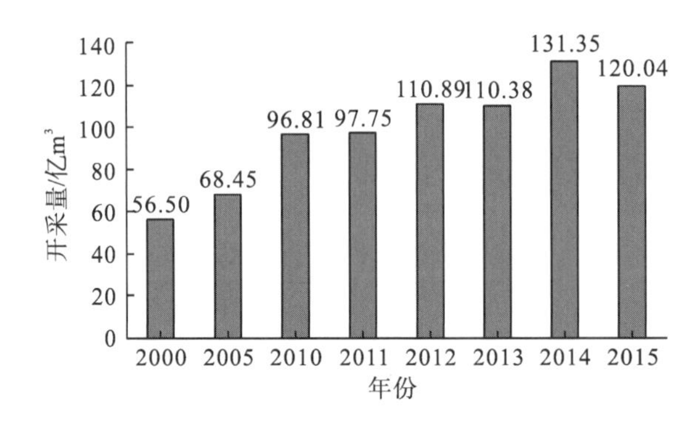

图 5-21　新疆地下水开采量变化图

由图 5-21 可得出，2000～2015 年新疆地下水开采量总体上呈增加趋势。在 2010 年之前，新疆地下水开采量增加趋势迅速，但开采量均维持在 90 亿 m^3 以下；2012 年之后，地下水开采速度虽有所减缓，但开采量均超出 110 亿 m^3，其中 2014 年地下水开采量高达 131.35 亿 m^3。因此必须加强对新疆地下水开采的监测和管理，同时利用有利的气候时期抓紧恢复对地下水超采区的地下水储量，将深层地下水作为水资源战略储备，以应对气候变化可能带来的不利影响。

2. 实施可持续水利建设

新疆的水资源主要源自山区，因此应加强山区水库的建设，提高对水资源的调控能力，逐步废弃水量损失大的平原水库，减少水资源的无效损耗。如南疆可通过在流域(和田河、阿克苏河、叶尔羌河、开孔河)上游修建山区水库，结合配套引水工程建设及塔里木河干流的整治，提高对塔里木河流域水资源的统一调控，减少水资源的无效损耗，重点保护和改善塔里木河下游的生态环境。北疆的重点是伊犁河流域和额尔齐斯河流域，应考虑修建山区控制性水利枢纽。

此外，新疆灌区水利枢纽大多数建于 20 世纪 80 年代以前，目前其引水能力远达不到设计要求，输水干渠的水资源利用率和灌溉水的利用系数都较低，水资源浪费严重，同时由于排水能力普遍较差，导致灌区土壤盐渍化问题十分严重。因此，灌区应实施水利枢纽节水改造工程，以提高渠系水的有效利用系数。

3. 实施跨流域调水

由于新疆水资源时空分布不均，需要实施跨流域调水，以缓解资源型缺水地区的水资源匮乏问题。如新疆的伊犁河流域和额尔齐斯河流域水资源极为丰富，因此应考虑在公平合理利用原则和尽可能不对下游国家造成重大损害的前提下，适当调水至以乌鲁木齐市为中心的天山北麓经济带资源型缺水地区(乌鲁木齐经济区和克拉玛依市)和生态型缺水地区(艾比湖流域)，以缓解该地区的严重缺水问题，改善当地的生态环境。

5.5.2 新疆用水量的调控

1. 产业结构优化

基于 5.4 节各情景方案的模拟可知，产业结构调整型方案相对于节水型方案，对各市/县水资源承载力有着明显的提高，说明通过调整产业结构可以有效实现水资源的合理配置，提高流域水资源的利用效益，减少需水量。其中调整产业结构主要是从两方面调整用水量：充分节约农业灌溉定额、工业单位增加值用水量、农村和城市用水定额；合理控制农业耕地面积以及工业增加值等增长。表 5-21 列出了产业结构调整型方案下同时期水资源供需差较大的部分市/县，对于一些农业用水量巨大的市/县，并不能起到很好的遏制作用，水资源供需差依旧较大。

表 5-21　产业结构调整型方案下部分市/县水资源供需差　单位：亿 m^3

地名	2020 年		2030 年	
	农业用水	供需差	农业用水	供需差
莎车县	19.47	−15.83	20.69	−16.82
伽师县	14.18	−12.74	14.88	−13.37
巴楚县	14.33	−12.47	15.08	−13.12
库尔勒市	12.10	−10.68	12.79	−11.29
疏勒县	10.32	−9.18	10.90	−9.70
麦盖提县	9.70	−8.46	10.27	−8.96
阿瓦提县	14.82	−7.90	16.06	−8.56
疏附县	9.40	−7.36	9.95	−7.79
英吉沙县	8.25	−6.78	8.80	−7.23
泽普县	6.50	−6.37	6.71	−6.58

由表 5-21 可以看出，莎车县、伽师县、巴楚县、库尔勒市水资源供需差达到−10 亿 m^3 以上，水资源供需差较大，主要是由于这些市/县农业用水量占的比例巨大，占总用水量的90%以上，随着社会经济的发展，未来的水资源会变得更加稀缺，水资源供需矛盾会变得更加突出。因此，在发展经济的前提下，更需合理地调整产业结构，而仅仅是控制农业耕地面积的增长和节约灌溉，显然不能满足对未来水资源的需求。对于水资源供需差较大的市/县不仅需要控制其农业的增长，更需要退耕还林还草，一方面可以极大地缓解水资源的紧缺，另一方面也可以利用更多的水资源来发展工业经济，以调动整个生态系统的良性发展，达到水资源合理配置的目标，使部分县市有限的水资源得到了充分的利用。

2. 节约用水

居民生活节水以及产业节水将带来巨大的环境效益和社会效益。因此需要强化节水措施，提高节水水平，大力发展农业节水，广泛推行工业和生活节水。农业应改进灌溉方式和灌溉制度，节约灌溉用水；同时，应大力开发节水工业技术，建立节水城市和节水工业，制定单位产品用水定额和水重复开发利用率考核指标等。

3. 控制用水

实行最严格的水资源管理制度，制定“三条红线”具体约束指标，加大对水资源“供—用—排”过程的审批、监测和执法力度，同时建立水市场机制，通过水价等措施进行统一管理与调配，以合理限制水资源开发利用活动，实现水资源系统的良性运转。

参 考 文 献

白淑英, 王莉, 史建桥, 等, 2013. 基于SWAT模型的开都河流域径流模拟[J]. 干旱区资源与环境, 27(9): 79-84.

冯丹, 宋孝玉, 晁智龙, 2017. 淳化县水资源承载力系统动力学仿真模型研究[J]. 中国农村水利水电, (4): 117-124.

关东海, 2013. 新疆农业灌溉用水定额现状分析[J]. 农业科技与装备, (06): 112-114.

胡增运, 倪勇勇, 邵华, 等, 2013. CFSR、ERA-Interim 和 MERRA 降水资料在中亚地区的适用性[J]. 干旱区地理(中文版), 36(4):700-708.

黄锋华, 黄本胜, 邱静, 等, 2018. 气候变化对北江流域径流影响的模拟研究[J]. 水利水电技术, 49(1): 23-28.

惠泱河, 蒋晓辉, 黄强, 等, 2001. 水资源承载力评价指标体系研究[J]. 水土保持通报, 21(1): 30-34.

贾仰文, 王浩, 倪广恒, 等, 2005. 分布式流域水文模型原理与实践[M]. 北京: 中国水利水电出版社.

李慧, 雷晓云, 包安明, 等, 2010. 基于SWAT模型的山区日径流模拟在玛纳斯河流域的应用[J]. 干旱区研究, 27(5): 686-690.

龙爱华, 邓铭江, 谢蕾, 等, 2012. 气候变化下新疆及咸海流域河川径流演变及适应性对策分析[J]. 干旱区地理, 35(3): 377-387.

祁敏, 张超, 2017. 基于SWAT模型的阿克苏河流域径流模拟[J]. 水土保持研究, 24(3): 282-287.

盛春淑, 罗定贵, 2006. 基于AVSWAT丰乐河流域水文预测[J]. 中国农学通报, 22(9): 493-496.

王海宁, 薛惠锋, 2012. 基于系统动力学的地下水资源承载力仿真研究[J]. 计算机仿真, (10): 240-244.

王其藩, 1985. 系统动力学[M]. 北京: 清华大学出版社.

肖海, 刘刚, 刘普灵, 2016. 集中流作用下黄土坡面剥蚀率对侵蚀动力学参数的响应[J]. 农业工程学报, 32(17): 106-111.

薛晨, 2011. 基于SWAT模型的产流产沙模拟与模型参数不确定性分析[D]. 北京: 华北电力大学.

杨凯杰, 吕昌河, 2018. SWAT模型应用与不确定性综述[J]. 水土保持学报, 32(1): 18-31.

杨书娟, 2005. 基于系统动力学的水资源承载力模拟研究——以贵州省为例[D]. 贵阳: 贵州师范大学.

张爱玲, 王韶伟, 汪萍, 等, 2017. 基于SWAT模型的资水流域径流模拟[J]. 水文, 37(5): 26-40.

张徐杰, 2015. 气候变化下基于SWAT模型的钱塘江流域水文过程研究[D]. 杭州: 浙江大学.

张贞, 高金权, 简广宁, 等, 2011. 基于系统动力学的土地质量变化[J]. 农业工程学报, (S2): 226-231.

Arnold J G, Srinivasan R, Muttiah R S, et al., 1998. Large area hydrologic modeling and assessment part I: model development[J]. Journal of the American Water Resources Association, 34(1): 73-89.

Forrester J W, 1987. System dynamics and its use in understanding urban and regional development[J]. Journal of Shanghai Institute of Mechanical Engineering, 14(4): 95-106.

Govers G, Wallings D E, Yair A, et al., 1990. Empirical relationships for the transport capacity of overland flow[C]. Erosion Transport and Deposition Processes, Jerusalem: LAHS Publ.

Hotelling H, 1992. Relations between two sets of variates[J]. Biometrika, 28(3/4): 321-377.

Moriasi D N, Gitau M W, Pai N, 2016. Hydrologic and water quality models: performance measure and evaluation criteria[J]. Hydrologic & Water Quality Calibration Guidelines, 58(6): 1763-1785.

Moss R H, Edmonds J A, Hibbard K A, et al., 2010. The next generation of scenarios for climate change research and assessment [J]. Nature, 463: 747-756.

Prosser I P, Rustomji P, 2000. Sediment transport capacity relations for overland flow[J]. Progress in Physical Geography, 24(2): 179-193.

Zhang Q W, Lei T W, Huang X J, 2017. Quantifing the sediment transport capacity in eroding rills using a REE tracing method[J]. Land Degradation &Development, 28(2): 591-601.